中國茶書

【明】上

鄭培凱

朱自振

主編

上海大學出版社

·上海·

再版序言：飲茶起源與茶道

鄭培凱

（一）

現代人喝茶，是日用的習慣，不會去想飲茶的起源。古人説，開門七件事，柴米油鹽醬醋茶。這個説法，在唐末五代就已流行，至今也超過一千年了，所以，大多數人認爲，中國人自古就有飲茶的習慣。然而，有人要打破砂鍋問到底："自古"是多古呢？兩千年前，三千年前，還是五千年前？孔子講學，口渴了，喝不喝茶？周朝打敗商朝，頒布禁酒令，是否考慮到老百姓可以喝茶？周文王遭到囚禁，幽居羑里演易，殫精竭慮，探索天地奧秘，一定有口乾舌燥的時候，是不是有茶可喝呢？歷史文獻無徵，我們不知道。

陸羽在《茶經》中説："茶之爲飲，發乎神農氏，聞於魯周公。齊有晏嬰，漢有揚雄、司馬相如，……皆飲焉。"告訴我們自古以來就有這麼多歷史人物飲茶，可以上溯到神農與周公。陸羽説飲茶始於神農，根據《神農食經》的説法："茶茗久服，令人有力，悦志。"他并不知道這部《神農食經》是漢代托名神農的著作，神農其實是漢朝人的神話傳説，不是確鑿的歷史事實。神農不是歷史人物，是上古傳説中的"文化英雄"，是古人創造文字之後，把農耕生活的始源歸諸神話人物的現象，就好像盤古開天地、女媧造人、夸父取火、后羿射日一樣。因此，説飲茶始於神農，只是姑妄言之、姑妄聽之的話頭，當不得真的。

人類飲茶的起源，從古代的記載中，只能找到神農的傳説神話，説他親嘗百草發現了茶，當然經不起驗證。真正可以肯定的文獻資料，明確人工栽種與廣泛飲用的出現，乃在上古的晚期，相當於戰國秦漢時期。西漢宣帝時王褒寫《僮約》，要求僮奴"牽犬販鵝，武陽買茶（荼）"，以及揚雄在《方言》中説"蜀西南人謂茶（荼）爲蔎"，算是比較可靠的文字資料。這種文獻資料的出現，晚到漢朝，當然不能作爲飲茶起源的上限，是研究物質文明史的專家很頭疼的問題。然而，研究上古的歷史，20 世紀以來，除了文獻之外，學者還會"上窮碧落下黃泉"，從考古發現中尋覓實物材料。尤其是到了 21 世紀，科技考古的研究方法相當精密，技術先進，發掘人類聚落的生活遺存，探知食衣住行的遺迹，就能運用科技實證的手段，在實驗室中發現炭化作物的類別屬性，確定出土材料是否暗藏着飲茶的痕迹。

在 1972 年的長沙馬王堆考古發掘中，出土了許多植物食品，而且都裝在竹編的箱籠中，配以木牌，標明作物的種類。當時有考古報導指出，其中有"櫃一笥"的木牌明確展示了辛追夫人的陪葬品中有當作食品的茶。這讓研究茶史的朋友大爲興奮，因爲有了考古學的科學證據，指明茶飲在西漢初年已經在長沙一帶流行，進入了日常生活，而且出土墓室的年代下限十分準確，比提供文獻資料的王褒與揚雄時間要早。还有人指出，《漢書・地理志》記載了"茶陵"（今湖南茶陵）地名，可见茶的种植在西漢時就出現在長沙一帶，反映了茶樹栽植已經發展到荆楚一帶，逐漸移向長江中下游地區。可惜好景不長，有古文字學家指出，那個所謂"櫃"字，認真辨識之後，是左邊木字旁，右上一個"古"，右下一個"月"，合起來是古文字的"柚"字，并不是"櫃"字，認錯字了。負責展示馬王堆考古發現的湖南省博物館，在構築新館之時規劃了馬王堆常設大展，設置特別的展廳，就展出了出土的各種作物并配有標示木牌，清楚列明了"柚一笥"，與茶沒有關係。這實在讓茶史專家大失所望，冀望考古發掘能夠證實西漢飲茶的實物，結果不是茶，空歡喜了一場。

然而，考古發掘時常會在你希望破滅、感到山窮水盡的時候，柳暗花明又一村，出現意外之喜。2012 年中國考古十大新發現，其中之一是西藏阿里地區故如甲木寺遺址，在約四千五百米的高原上，發現了茶葉的遺存。遺址的年代屬於象雄時期，相當於東漢時代，距今已有一千八百年。這個考古發現的信息量很大，明確顯示，既然在阿里這樣的高寒地區是不可能種植茶葉的，所以這些出土的茶葉遺存，必定從青藏高原的東邊轉運而來，而原產地可能就是巴蜀一帶。

霍巍在《西藏大学学报（社会科学版）》2016 年第 1 期發表一篇《西藏西部考古新發現的茶葉与茶具》的文章，從考古發現的角度，揭示阿里地區漢晉時代的墓葬當中已經有茶和茶具的遺存。這一發現改變了人們的傳統認識與舊有知識，大體可以肯定是在相當於中原漢晉時代甚至更早時期，已經有一定規模和數量的茶葉進入西藏地區。這些茶葉傳入藏地最早的路綫與途徑，也很可能與後來唐蕃之間通過“茶馬貿易”將四川、雲南、貴州等漢藏邊地茶葉輸入藏地的傳統路綫有所不同，而是更多地利用了這一時期通過西域“絲綢之路”進而南下阿里地區，與漢地的絲綢等奢侈品一道，行銷到西藏西部地區。

茶葉作爲商貿産品，轉販到阿里，成爲藏族先民的飲品，結合王褒説的“武陽買茶（荼）”，可見兩千年前茶葉作爲經濟作物，販運的規模應該是相當可觀的。

考古發掘帶來的驚喜，還不止如此。陝西考古研究院的考古專家於 1998 年，在西漢景帝陽陵東側的外藏坑中發現一些樹葉狀的東西，2008 年底送到中國科學院檢測。經過中外專家的研究，發現這些葉子竟然是茶葉，而且是頂級品質的茶芽。漢景帝死於公元前 141 年，由此推斷，外藏坑中出土的茶葉距今至少二千一百五十多年了，應該是目前發現的最早的茶飲實物。這項研究結果，在中國科學院地質與地球物理研究所古生態學專家吕厚遠領銜下，於 2016 年發表在英國《自然》雜志下屬的 Scientific Reports（《科學報告》）上，確證西漢初年景帝時代飲茶已經是當時的生活習慣。

近來山東大學考古團隊發表《山東鄒城邾國故城西崗墓地一號戰國墓茶葉遺存分析》（《考古與文物》2021 年第 5 期），正式公布山東濟寧鄒城市邾國故城遺址西崗墓地一號戰國墓隨葬的原始瓷碗中出土的茶葉樣品爲煮（泡）過的茶葉殘渣，比漢景帝外藏坑發現的茶葉實物又提前了至少三百年，證實了顧炎武在《日知錄》中的論斷，戰國時期已經有了飲茶習慣。

　　這些確切的考古材料可以作爲文獻資料的佐證,反映戰國秦漢時期茶飲已經相當普遍。既然西藏阿里地區都有輸入的茶葉,地處西北的漢代陵墓中出現頂級茶芽,而山東地區更有戰國時期飲茶實物的遺存,可想而知,在大量出產茶葉的南方地區,茶飲一定更爲普及。王褒《僮約》裏説的"武陽買茶(荼)",明顯透露出茶葉作爲商品的情況,四川是茶葉流轉的集散地。配合考古材料,與顧炎武在《日知録》中的推斷,茶葉由人工栽培成爲經濟作物,應當始源於中國西南,而以巴蜀爲中心。至於漢人飲茶的方式,漢代文獻無徵,大概還是比較原始的煮湯辦法,就如皮日休《茶中雜詠序》所説:"飲者必渾以烹之,與夫瀹蔬而啜者無異也。"也有可能加入鹽或薑同煮,作爲茶葉菜湯或藥湯飲用。

　　漢代種茶地區從巴蜀逐漸拓展到荊楚一帶,顯著擴大,到了三國時期,江南和浙江一帶都已經普遍種茶。飲茶的人也明顯增加,不再限於少數的統治階層,茶已變成江南士大夫日常待客之物了。三國魏張揖《廣雅》載:"荊巴間采茶作餅,葉老者餅成,以米膏出之。欲煮茗飲,先炙令赤色,搗末置瓷器中,以湯澆覆之,用蔥薑橘子芼之。其飲醒酒,令人不眠。"這條資料顯示,到了魏晉南北朝時期,除了生煮羹飲之外,還采用將茶制成茶餅并敷以米膏黏合的辦法以便保存。飲用之時,研磨成末,置放在瓷器之中,煮水澆覆烹煎,同時放入蔥、薑、橘子之類來調味。可見飲茶的研末煎點方式,在魏晉南北朝時期已經流行,而加果加料的飲用法顯然考慮的是茶湯的味覺口感或養生藥用,與陸羽强調的純粹茶湯不同,顯示茶飲的"史前"階段并不提倡茶的本色,也不會倡導茶能有益於精神德性的特質。

　　近幾十年考古發現,有些與茶飲起源有關,有的可以厘清歷史文獻的記載,有的却利用未經學術確認的媒體信息,炒作文化噱頭,以達"文化搭臺,經濟唱戲"的商業目的,實不可取。1972年馬王堆大墓隨葬的"檟一笥"事件,就令研究飲茶歷史的學術界十分尷尬。不過,説西漢時期就有飲茶的考古資料,倒是另有證據,在漢景帝陽陵中發現的芽茶實物,證明西漢早期宮廷已經懂得選取茶芽,喝的是上等茶葉。配合王褒《僮約》的記載,可以推論,飲茶習慣漢代已經在民間流傳,上等茶貢入宮廷,民間也普及了茶飲。

　　我們必須認清，人類飲茶的歷史，與茶樹最古的源頭，是兩件不同的事：一是人類生活因飲茶發生變化的文明進程，屬於人類的歷史；另一則是古植物學的探源，屬於自然界生物演化的歷史，其起源與發展與人類生活及物質文明可以無關。有的人混淆了人類飲茶的歷史與古植物學的歷史，不知是無知還是有意，大肆宣傳古茶樹的起源地，好像發現了千萬年前古茶樹的痕跡，就證明了人類飲茶的源起。這種思維的越界跳躍，不但顯示邏輯思維的混亂，還顯示提倡思維混亂背後的動機，或許有不可告人的商業利益，以及地方政府爲了發展產業，不遺餘力地炒作造勢。

　　1980 年在貴州晴隆縣出土了一塊茶籽化石，經過中國科學院南京地質古生物研究所三十多年的研究，鑒定爲第三紀至第四紀產物，距今至少一百萬年。這下子，貴州省官員找到天大的商機，在 2009 年中國貴州茶葉博覽會開幕式上，省政協主席向世人宣告："世界之茶，源於中國；中國之茶，源於雲貴；貴州是茶葉的故鄉。"強調茶籽化石源於貴州，目的是什麼呢？我們看到的，不是肯定古生物學的科研成果，而是要興建一個"中國古茶籽化石博物館"，建設世界一流的 4A 級以上古茶園風景區（園區）。貴州政協秘書長特別指出："雲頭大山的古茶籽化石是大自然賜予普安晴隆人民的致富福音，要充分利用好發揮好這塊金字招牌，藉此開發和打造'雲頭古茶'世界級品牌，吸引商賈雲集，造福桑梓鄉親。"這哪裏是探索飲茶的歷史呢？

（二）

　　20 世紀以來，中国人聽到"茶道"二字，一般都推舉爲日本文化的產物，甚至有人明確指出："中國會喝茶，日本精茶道。"言下之意是，中國雖然喝茶的歷史悠久，却只是滿足口腹之欲的"吃""喝""飲"，沒有上升到"道"的境界。而在日本，喝茶除了解渴、品味之外，還有晉升到精神超升領域的"茶道"，有嚴謹的儀式，有複雜的規矩，有冥想的沉思空間，有悟道的心靈感應。因此，在不少 20 世紀中國人的心目中，日本的茶道，日文所説的“茶之湯”（Chanoyu），有了華麗的轉身，成了真正的茶道，而日本茶人強調的“侂”（wabi），儼然就是飲茶的最高境界，是中國茶人難以企及的。甚至有中國學者以日本茶道的特點爲依據，聲稱中國没有茶道，只有茶文化，極言茶而有“道”是日本的文化專利。

這種説法表面上似乎有點道理，其實非常武斷而且片面，昧於茶飲歷史文化的演變不説，還有基本認識的偏差：一是昧於茶道認識論的意識形態偏差，忽視了茶道歷史的多元性格；二是昧於歷史上茶人的精神追求有不同的面向，有的注重文化道德修養，有的醉心審美提升，有的強調宗教超越的開悟；三是昧於東亞傳統文化結構如何定位“道”的意義，有儒家，有佛家，有道家，并非獨尊禪宗，以禪茶爲唯一依歸。

我們首先要問：什麽是道？什麽是茶之道？在普遍理論層次上，要給“茶道”一個恰當的定義，首先要確定飲茶成爲“道”的基本條件，應該是從物質性的喝茶提升到精神性的審美與修養，建立飲茶的規儀，出現精神領域的認知與追求。茶之道，是從飲茶的物質性提升到精神性，從形而下超越到形而上，如此，茶才有道。而不是采取一種獨斷排斥的態度，以日本茶道的踐行形式爲標準，拿日本茶道集大成的千利休作爲標尺，合乎日本標準（如千家茶）就是茶道，不合乎日本標準就不是茶道。這種以日本文化爲中心的意識形態化的劃分，十分荒謬，不但違背歷史文化的真相，而且顯示極端排斥“非我族類”文化的沙文心態。日本人這麽説，猶可目之爲狂妄的自戀；中國人跟着盲從，只好説是奴顏婢膝的媚日了。打個語言文字的比方，就好像説，20世紀以來英美占據世界文化霸權高地，所以英文最偉大，才配稱爲“語文”，其他各種語文都不是語文，只能算是人們進行文化交流的工具，這像話嗎？

日本戰國時代，相當於中國明代的中晚期，出現了以禪宗爲本的日本宗教儀式性茶道，延續至今成爲日本茶道的主流。到了十七八世紀的江户時代，才逐漸確定“茶禪一味”的概念與運作模式，以“侂”爲茶道的精髓。若説只有日本“茶禪一味”的茶道才是茶道，那麽問題就來了：第一，禪道是怎麽來的？第二，日本茶飲規矩的禪茶精神是哪裏來的？其實，都是中國唐宋以來禪宗寺院茶道的支裔，在十五六世紀之後配合日本文化特色,逐漸提煉出來的宗教開悟式的茶道。茶飲之道在日本沿襲禪宗寺院茶道有所提升精進,出現日本特色,當然是很好的發展,值得贊揚。可是,能夠以偏概全,説只有日本的宗教儀式性"茶道"是茶道,其他歷史上發展的各種茶飲之道都不是茶道? 只有日本有茶道,中國或韓國從來没有嗎?

　　許多人昧於日本茶道源自中國,更忽略了中國茶道發展有着的不同歷史階段及多元脉絡,而以近百年的特殊歷史節點作爲"放之四海而皆準"的評斷,只看近代歷史的盛衰,不顧歷史文化的源遠流長。没有長遠的歷史視野,只看近百年的世變,則中國的政治、經濟、社會、文化,在在都經歷了天翻地覆的變化,都殘破衰敗到了極點,兵燹四起,革命不斷,哀鴻遍野,民不聊生,飯都没得吃,還談什麽文化,什麽精神超升,什麽審美靈悟,什麽"茶道"! 然而,這百年的窳敗,并不能抹殺中國一千多年來茶道發展的歷史,不能磨滅陸羽在唐代中葉寫了《茶經》,開啓了茶道的精神領域的追求,更不能忘記唐宋以來,有成億上萬的民衆與社會精英參與了不同層次的茶飲活動,融入生活經驗的美好體驗與精神追求。歷代的詩人墨客,如陸龜蒙、皮日休、歐陽修、梅堯臣、蔡襄、蘇軾、黄庭堅、宋徽宗、陸游、田藝蘅、馮開之、許次紓等,在文學領域展示了茶飲帶來的文化體悟與審美提升;一般民衆以茶飲爲日常生活所需,從中得到身體感官的愉悦,豐富了生命體驗的深度與廣度;寺院禪林的高僧大德,如百丈懷海、趙州從稔、圜悟克勤,一直到清初渡海傳道的隱元禪師,通過茶飲儀式,進行宗教開悟的啓示,讓人們的宗教情懷得以發抒與精進。這些都是我們不能忘却的文化奠基人,都是中國茶道歷史傳統贈與現代人的文化瑰寶。

　　東亞傳統文化的意識結構以儒釋道爲基礎,過去以經史子集來劃分知識體系,着重哲學思想與意識形態爲第一性的文化建構,視發揚個人主體意識的文學藝術爲次要,更貶低提升美感與愉悦的日常工藝與生活情趣。這種文化意識的展現,當然有其階級劃分的原因,背後是統治意識作祟,強化孟子所説"治人"與"治於人"的階級分化,順帶也就反映"君子"與"小人"的智能發展領域不同,生命意義出現不同體會。但是,無論社會階級地位的高低，所有人涉及身體感官的接受與認識，所謂"色聲香味觸法"以及"色受想行識"五蘊，都會產生個人主體的具體感受。茶飲從物質性上升到精神性，出現茶道，以及多元發展的過程，就有其超越階級的物質屬性，展現出歷史文化進程的集體記憶。

儒家強調社會秩序與人倫之道，從修身齊家到治國平天下，視經世濟民爲大道，茶飲與藝術審美爲"小道"，貶低生活情趣與癖好，把個人的生命意義捆綁於社會秩序的大我。佛家講究超越紅塵，看透生死，認識現世生命如鏡花水月，以茶飲的儀式與規範摒弃現世的干擾與誘惑，讓人在純净的時空節點，通過心靈的寧静與自省，得到開悟的契機。佛家有言，"如人飲水，冷暖自知"，説的是悟道的體會，是自我體悟的經驗。禪林茶道的基本精神與此相若，是通過茶飲的過程達到禪悟的境界，基本是宗教超升的追求，并不太在乎茶飲的色香味物質本性。道家則順應自然，在現世生活中發現與遵循大化的運行，茶飲帶來的心靈超升是個人對自我實存的肯定，也是天人交融的互動。飲茶品水，在道家追隨者心目中，是接近自然與體會自然的途徑，春芽瑩曄，山水清澈，有如錢起詩句所説："竹下忘言對紫茶，全勝羽客對流霞。塵心洗盡興難盡，一樹蟬聲片影斜。"由此可以得到與自然和諧共處的契機。

以現代意識回顧過去，當然會感到儒釋道傳統有其封閉性，與現代人強調的個人主體性有所扞格。但是，我們也不能忘記人類在歷史迂迴的途徑上前進，總是希望生活得更幸福，更能接近美好理想的生活情境。茶飲之有道，不管過去的文化意識如何封閉，總能展現其多元性，可以雅俗共賞，在不同歷史階段、不同社會階層、不同族群或民衆之中，發展出各色各樣的茶飲形式，讓人們探尋稱心美好生活情境。中國俗語自唐宋以來就有"柴米油鹽醬醋茶"之説，點明了茶是生活所必需，讓生活豐實美滿；也有"琴棋書畫詩酒茶"之説，顯示茶是閑情逸致的風雅之必需，可以提升文化修養與藝術情趣，讓人翱翔於風清月白的精神境界。

説起茶道的創制，還得歸功於唐代的陸羽，因爲他對茶發生了與前人不同的濃厚興趣，把種茶、制茶、喝茶、茶具、品茶以及相關的人物事項，全都當成學問，作爲文化藝術來鑽研與投入，在758年左右寫了《茶經》一書，使得喝茶超越了只是爲解渴、解乏、提神這樣的實用功能，開拓了飲茶之道的精神領域與審美境界。他不但創制了二十四種茶具，還規定了飲茶的儀式，讓喝茶的人按部就班進入茶飲的天地，進入一種净化心靈的程序，由此得到毫不參雜任何功利的純粹歡愉。這種飲茶之道，真是“史無前例”，開闢了茶飲的新天地，不就是“茶道”的開始嗎？在一千三百年前，陸羽以畢生的追求與執着，爲人類文明的發展增添了一頁新篇，就是“喝茶有道”。

陸羽不但創制了茶道，規定了茶儀，講究場合，還告訴我們，“茶性儉，不宜廣”，“最宜精行儉德之人”，提倡 minimalism，講究簡約與德行，也可說是日本茶道“謹敬清寂”（村田珠光）、“和敬清寂”（千利休）觀念的濫觴。陸羽撰著《茶經》，在人類物質文明發展史上是一件頭等大事，因爲它肯定了茶飲生活的知識性地位，把日常生活中的“飲茶”作爲一門知識領域來探索。從茶飲歷史的整體發展來觀察，陸羽《茶經》的出現，不但總結了古代飲茶的經驗，歸納了茶事的特質，也奠定了茶道的規矩。通過陸羽《茶經》的影響，特別是後世茶人遵循陸羽設定的品茶脉絡，對飲茶之道進行審美的品評與探索，飲茶成了一門學問，成了體會生活品味提升的修養法門，開啓了茶道。因此，唐代以後的飲茶風尚與上古飲茶解渴的實用性質完全不同，涉及了精神文化層面。

中國茶飲的歷史，以陸羽代表的唐代飲茶作爲分水嶺，可以粗略劃分爲茶飲的“史前史”與茶飲的“歷史”，前者以茶的物質性功能爲着眼點，後者開始注意茶飲發展的精神領域。陸羽《茶經》的出現，總結了唐人飲茶的經驗與反思，開啓了飲茶有道的脉絡。之前的“草昧羹飲”，屬於解渴、解乏、藥用的實用性質；之後的茶飲有道，則聯繫文明的開創，思考茶飲的精神領域，提升文化修養與審美追求，以期陶冶性格，改變人的精神面貌。茶飲歷史的階段劃分，還可以把茶飲之道的後期細分成唐宋的“研末煎點”與明清以來的“芽葉衝泡”兩個時期，以闡明飲茶主流形式的演化。這樣的歷史劃分，雖然稍嫌簡略，却有提綱挈領之效，便於解釋不同階段的茶飲情況。本書以下的討論，就按照這種歷史分期，先論唐代以前飲茶的起源及成爲社會習俗的發展過程，再以專題方式探討唐代以後飲茶風尚的變化及品茗藝術在不同時代的側重。由於歷史資料豐富，涉及多類面向的物質文化與精神領域，還可以探討不同地域及不同社會階層的飲茶習俗的差異，展示茶道的多元化現象。其中會出現茶飲的精粗之分，茶道的雅俗之別，也顯示了文明進展的複雜多樣情況。

（三）

　　本書輯録校注從唐代陸羽《茶經》到 20 世紀初的歷代茶書，主要的目的是提供堅實的文獻資料，以供學者與茶人參考。歷代書寫茶書的作者，一般而言，可歸於精英階層的士大夫文人，因此茶書的書寫也反映了他們的文化意識與生活環境。茶書作者的關注與書寫策略，籠統言之，可分爲三大類：一是與茶飲相關的自然與歷史知識，可算是專門類別的農書，其中包括茶樹的植物學性質，茶樹種植與采摘、製茶技術、茶葉産地、飲茶的方法與器具、歷代飲茶的文獻記録，屬於飲茶的物質性客觀知識探索；二是品茶方式與感官享受的探究，在飲食生活範疇進行探索與品味，聯繫茶葉的物理性質與飲茶帶來的口感與生活愉悦，通過色香味的飲茶體驗提升個人審美情趣，屬於飲茶生命體驗性的主觀認知；三是通過品茶及其儀式的運作上升到精神世界的冥想及超越，精進道德修養與宗教意識領域的追求，使茶飲化作精神超越的道場，讓茶人從形而下的品茶進入形而上的悟道，從飲茶的物質層面飛躍到精神層面，這也是禪宗大德提倡的精神超升之道。

　　這三類飲茶關注與書寫策略，在不同時代各有其遵循的主流風尚，由此顯示了精英階層飲茶習俗的歷史變化。值得注意的是，文人書寫的茶書有兩個領域極少涉及，一是茶業規模與政府茶葉貿易政策，二是各地百姓飲茶習慣的差異。偶爾論及，着墨不多，也語焉未詳，可見文人著述茶書志不在此。古代茶書作者多從自己個人經驗出發，爲了品嘗極品茗茶的滋味，對各地出産的上等名茶充滿興趣，自唐代開始，就記載全國出産的精品茶葉，如蒙頂茶、顧渚茶之類，對大宗量産的茶業經濟及其流通情況論述不多，很少論及長江流域的量産茶葉，如蜀地茶、浮梁茶的年産量及物流運輸情況。唐宋以來，歷代政府管理茶業稅收以及茶馬貿易政策，都是全國經濟的重要環節，在大多數茶書中也很少提及。中國幅員廣大，不同地域與社會階層的飲茶習慣有所差異，民眾飲茶的方式經常與文人主流風尚不同，有的是沿襲舊俗不變，如加果加料的習慣，陸羽《茶經》就批評："或用蔥、薑、棗、橘皮、茱萸、薄荷之等，煮之百沸，或揚令滑，或煮去沫。斯溝渠間棄水耳，而習俗不已。"再如可以療飢充腹的擂茶，自宋朝以來就流行在茶肆與民間，許多地區沿襲千年不改，茶書中卻記載不多。

歷代茶書論述最多的，是上層社會的主流飲茶風尚，也就是宋徽宗趙佶在《大觀茶論》中所說的"盛世之清尚"。唐朝中晚期講究煎茶的"沫餑"，到了宋代專注於擊拂拉花的點茶。甚至連茶器的形制與釉色都順應風尚而改變，影響了中國瓷器品鑒歷史的變化，在唐代講究的是越窯青瓷，如施肩吾在《蜀茗詞》所說："越碗初盛蜀茗新，薄煙輕處攬來勻。山僧問我將何比，欲道瓊漿卻畏嗔。"最上等可以進貢朝廷的珍品是"秘色瓷"，也就是陸龜蒙詩中形容的，"九秋風露越窯開，奪得千峰翠色來"。宋朝茶人爲了點茶拉花的精緻持久，以及顯示沫餑的青白色"粟粒乳花"，則專用建窯厚重的黑釉茶盞，最上等爲人珍藏的就是兔毫盞與油滴盞，即日本茶道以訛傳訛而盛稱的"天目碗"，現在成了文物收藏的精品，在國際拍賣場上動輒百萬元以至千萬元一隻。歷史的變化，使得唐宋飲茶風尚完全消失，在明代以後講究的是近代人熟悉的新鮮細嫩芽茶品飲，而以環太湖區的江南綠茶爲最，如蘇州的碧螺春與杭州的龍井。茶器精品的賞鑒，也轉爲細緻精巧的白瓷與青花，以及在白色瓷胎上發揮點綴作用的鬥彩與粉彩。

必須指出，所謂"書寫策略"，是我們研究古人茶書寫作的觀點，不是古代茶書作者有意識進行的書寫策略。由於并非有意爲之，更顯示了不同歷史階段的茶書作者的思維傾向與關注，反映了飲茶心理的真實情況。

本書的另一位主編朱自振先生，在二十年前與本人合作編輯此書，朝夕相處，前後達六年之久，協同其他五六位參與項目工作的同事，爲搜集資料及整理校注，竭慮殫精，不遺餘力。朱先生今年仙去，不及見到此書在内地再版，本人深感遺憾，謹奉上書香一瓣，以慰老友在天之靈。

（上海大學出版社即將再版 2007 年版的《中國歷代茶書匯編校注本》，并改名爲《中國茶書》，以饗國内讀者，特撰寫新序記盛。2021 年 11 月 12 日初稿於香港烏溪沙，修訂於 2021 年 11 月 29 日）

再版編輯説明

一、2007 年,商務印書館(香港)有限公司出版了繁體橫排版《中國歷代茶書匯編校注本》(上下)。現上海大學出版社有限公司從商務印書館(香港)有限公司購買了該書版權,并公開再版該書。

二、本次再版仍采用繁體橫排形式,除適當調整開本大小和版式設計外,儘可能保留 2007 年版原貌,不做考訂校正工作。

三、本次再版將書名改爲《中國茶書》,原"上編 唐宋茶書"改爲《中國茶書·唐宋元》,原"中編 明代茶書"改爲《中國茶書·明》(上下),原"下編 清代茶書"改爲《中國茶書·清》(上下)。也就是將 2007 年版的"一種兩冊"改爲"三種五冊"。

四、本次再版保留 2007 年版序言、凡例、附錄,放在每種的目錄後面。

五、本次再版在字形運用上遵循以下原則:舊字形统一改爲新字形;古代文獻原文,以及人名、書名、地名、國號、年號等專有名詞,保留 2007 年版原貌;其他内容所用字形,以 2013 年 6 月 5 日國務院公布的《通用規範汉字表》上的規範字形为標準。

六、鄭培凱先生爲本次再版所寫的序言,與再版編輯説明一起排在目錄前面。鄭培凱先生所寫再版序言,涉及古代文獻原文、專有名詞的内容,仍保留部分异體字,以便與其他再版内容在字形使用上相協調。

目　　録

茶書與中國飲茶文化(代序)

鄭培凱

(一)

在人類文明進程中,衣食住行是最基本的生活需求,也是物質文明發展的明確指標。吊詭的是,因爲最基本,是人人生活必需,也是須臾不離的日常所見,古代文獻就不去詳爲記述。如有詳細記載,總是與信仰、祭祀、社會等級之類的上層建築思維有關。《禮記·禮運》説:"夫禮之初,始諸飲食。"説的是禮制之肇始,與生活最基本的飲食相關。我們同時也可以反過來理解,飲食見諸上古文獻,詳爲形諸文字,還是靠禮儀規矩,成了生活秩序必須遵循的具體材料。同在《禮記·禮運》,還有這一句大家耳熟能詳的話:"飲食男女,人之大欲存焉。"説的是"大欲",是人類最基本的欲求,照現代人的邏輯,應該是大書特書,仔細列明飲食的種類、材料獲取的方法、整治烹調之道、與健康養生的關係等,應當寫出類似當今流行的"飲食手册""飲食譜",以及"性愛手册""性的歡愉"或"生育之道"之類。然而不然,古代文獻直接記載飲食男女,以之作爲人類物質生活主旨的書册不多,即使偶有著述,也完全不入古代知識人的法眼。

這種對待最基本物質文明的鄙薄態度,以之爲"小道",以爲無關乎國計民生,貫穿了整個歷史傳統,中外皆然。翻檢《四庫全書總目》,就會發現,在"子部"先列了思想學派、農家、醫家、天文算法、術數、藝術之後,有"譜録"一類,"以收諸雜書之無可繫屬者","門目既繁,檢尋頗病於瑣碎",即是收録了一些烏七八糟不入流的知識材料。再仔細看看,此類雜書有博古金石、文房四寶、錢幣、香譜,之下還有"附録",即是在知識譜系上更低一等的“另册”。另册之中，才列了陸羽《茶經》、蔡襄《茶録》、黄儒《品茶要録》、熊蕃《宣和北苑貢茶録》、宋子安《東溪試茶録》、陸廷燦《續茶經》、張又新《煎茶水記》等茶書。在“譜録類存目”，也就是更不入法眼、只存目不收書的項下，列了一批次級的茶書：陸樹聲《茶寮記》、何彬然《茶約》、玉茗堂湯顯祖《別本茶經》、夏樹芳《茶董》、屠本畯《茗笈》、萬邦寧《茗史》、許次紓《茶疏》、劉源長《茶史》、徐獻忠《水品》、田藝蘅《煮泉小品》等。

由《四庫全書總目》的分類，可見得古代士大夫對茶書的態度，在知識譜系中列入無關宏旨的雜碎堆中。紀昀在“農家類”前叙就已明確説道：“茶事一類，與農家稍近，然龍團、鳳餅之製，銀匙玉碗之華，終非耕織者所事。今亦別入譜録類，明不以末先本也。”這裏特別批評了上層階級飲茶的奢華與精緻，與大多數農耕織作的老百姓無關，因此，不能歸入以農爲本業的“農家類”。這樣的批評表面上有道理，實際上却忽略了兩個事實：一、大多數茶書都記述種植、采造、儲存及飲用的方法，與人民生活日用有極大的關係；二、即使有些茶書對飲茶的講究達到奢華成癖的地步，如宋徽宗的《大觀茶論》，其講究的細緻過程也是一種品味藝術的發展與提升，是人類追求物質生活享受的經驗，不必扣上“以末先本”這樣的大帽子。

説到底，真正的關鍵在於，傳統中國士大夫在知識分類上，并不認爲民生日用最基本的“飲食男女”應該作爲人類文明知識的重要環節。飲食既爲小道，飲食的基本知識就不是古人認知體系中值得特別關注的項目。然而，文明日進，物質文明的發展却有實在的一面，不但能夠滿足上層階級的口腹之欲，還能提供涉及精神層次與藝術品位的享受。茶書在中國的出現，就反映了士大夫思維兩面性的矛盾：一方面貶低茶飲在歷史文化發展中的地位，然而又不能不承認“出門七件事：柴米油鹽醬醋茶”是生活必需，只是在内心深處不斷自我洗腦，複誦着生活必需爲小道，不能與詩書禮樂相提并論。另一方面却由於生活優裕，得以享受物質文明最精華的産品，喝到芬芳清爽的雀舌紫笋，甚至是靈巖仙崖所産的玉液瓊漿，便踵事增華，寫出一些令人欣羨的詩文，豐富了人類飲食品味的範域，更提升了人們在品味享受過程中的藝術體會。

陸羽《茶經》的出現，在人類物質文明發展史上是一件頭等大事，因爲它肯定了茶飲生活的知識性地位，把日常生活中的"飲茶"作爲一門知識領域來探索。從茶飲歷史的整體發展來觀察，陸羽《茶經》的出現，不但總結了古代飲茶的經驗，歸納了茶事的特質，也奠定了茶道的規矩。通過陸羽《茶經》的影響，特別是後世茶人遵循陸羽設定的品茶脉絡，對飲茶之道進行審美的品評與探索，飲茶成了一門學問，也成了體會生活品位提升的修養法門。因此，唐代以後的飲茶風尚，與上古飲茶解渴的實用性質完全不同，涉及了精神文化的層面。

要理解中國茶飲的歷史，以陸羽爲代表的唐代飲茶作爲分水嶺，分爲草昧羹飲的前期與精製品茗的後期，雖然稍嫌簡略，却是提綱挈領、明晰恰確的説法。以下的討論，就按照這個簡略的歷史分期，先論唐代以前飲茶的起源及成爲社會習俗的發展過程，再論唐代以後飲茶風尚的變化及品茗藝術在不同時代的側重。叙及元明清時期，由於歷史資料比較豐富，還可以探討不同地域及不同社會階層的飲茶習俗的差异。

（二）

談到上古時期的飲茶，第一個問題就是，飲茶起源於何時？

這不是容易回答的問題，因爲資料不足，不可能得到確實的答案。古代文獻記載飲茶，已是很晚的事，不能反映最初起源的情況。再如《茶經》中説的："茶之爲飲，發乎神農氏。"則叙説的是傳説神話人物，完全不能確定其具體歷史時期。至於考古發掘的資料，目前累積的也不够多，還不能提供超乎古文獻資料的情況。

顧炎武在《日知録》中，根據古文獻提供的材料指出："是知自秦人取蜀而後，始有茗飲之事。"也就是説，至少在戰國中期，今天四川一帶已經有飲茶的習俗。

茶飲首先出現在四川一帶，若配合植物分類學與考古發掘的研究，是十分合理的情況，同時也爲《茶經》一開頭説的"茶者，南方之嘉木也"作了最好的注脚。植物學家一般認爲，茶樹的原産地是在中國西南與印度東北地區,有人則推測最初的人工采植或栽培,可能發生在新石器時代末期的巴蜀地帶。

長沙馬王堆西漢墓的發掘,在一號墓及三號墓的隨葬品中,發現了"槚(檟)一笥"和"槚笥"的竹簡與木牌。槚是檟的古體,也即是茶的別名。《漢書・地理志》則記載"荼陵"(今湖南茶陵)地名,在西漢時就已出現,反映了茶樹栽植已經發展到荊楚一帶,逐漸移向長江中下游地區。

漢代的種茶地區雖已拓展到荊楚一帶,四川仍是主要的產區。王褒《僮約》裏說的"武都(陽)買茶",明顯透露出茶葉作爲商品的情況,是以四川爲集散中心的。至於漢人飲茶的方式,文獻無徵,大概還是比較原始的煮湯辦法,也有可能放進鹽或薑同煮,作爲藥湯飲用。

到了三國兩晉時期,種茶的地區顯著擴大,江南和浙江一帶都已經種茶。飲茶的人也明顯增加,不再限於少數的貴族之家,而變成江南士大夫日常待客之物了。根據《廣雅》所記:"荊巴間採茶作餅,葉老者,餅成以米膏出之。"則說明了壓榨茶葉成餅,以米膏作黏合劑的製茶法已經使用。飲用之時就需研磨茶屑,再以沸水沖泡或煎煮。

魏晉南北朝這一段期間,關於飲茶的資料,流傳到今天的很少。但文人在詩賦中逐漸提到飲茶的軼事,使我們知道,上層社會不但以茶待客,也用茶飲作爲祭祀的品類。北方民族雖然習慣上不飲茶,但北朝宮廷却備有茶葉招待南方來的使節與降臣。至於長江中下游,屬於南朝的地區,茶飲的習慣已經相當普遍,烹茶時用水擇器,也都開始講究起來。

大體而言,唐代以前,北方不太飲茶,南方則從四川,沿着長江,逐漸發展到荊楚吳越一帶。飲茶的方式,則大都如皮日休所說:"必渾而烹之,與瀹蔬而啜者無異。"是把茶葉放進水裏煮,喝的茶湯與喝蔬菜湯是同樣的處理方式,是比較原始粗糙的。

(三)

假如我們把先秦到唐代以前的飲茶歷史歸爲上古期,也可戲稱這段漫長的時期爲茶飲歷史的"史前史"。一方面是因爲史料不足,難以深究;

另一方面也由於這段期間的飲茶經驗，大體上還停留在"喝菜湯"式的實用階段，尚未進入精神境界提升的領域。

到了唐代，情況大爲改觀。茶葉種植區域的廣泛拓展，反映了飲茶風氣的興盛，不止是遍及大江南北，而是已經從華北關中地區擴展到塞外了。唐代政府開始正式建立茶政，徵收茶稅，乃至於成了中晚唐時期經濟貿易的重要一環。這種普遍飲茶的情況，更由於陸羽《茶經》一書的出現，總結了前人飲茶經驗的累積，羅列了相關的植茶、製茶、烹茶的知識，使得茶飲的内容大爲豐富，而出現了飲茶之道，開拓了茶飲生活的精神境界領域。

飲茶風氣在唐代中期大盛的現象，學者曾提出各種解釋。一説是當時經濟發達，交通暢便，促使茶業興起，貿易各地；一説是禪教大興，寺廟提倡飲茶，更由之普及到民間；一説是陸羽著《茶經》，綜述了飲茶知識，提高了茶飲的品位。其實，這些説法都對；但僅標舉其一，不及其餘，則未免偏頗其辭。飲茶風氣在唐代流行，絕對不是單一原因造成，而有着更深厚長期的經驗累積之背景，也就是茶飲的上古期間，人們逐漸由"喝菜湯"進入烹煎品飲的過程。在社會經濟的發展上，則由戰亂紛仍的魏晉南北朝進入安定繁榮的唐朝，使得茶飲經驗的累積得以飛躍，展現爲一代的文化風尚。從這種宏觀歷史文化發展的角度來看，禪教大興雖是唐代的特殊歷史現象，却能配合茶飲的發展與普及，反映出唐代追求精神超升的時代風氣，也賦予茶飲風習一種精神超越的性格。

唐代封演的《封氏聞見記》（約八世紀末）卷六，講的就是唐中葉飲茶風尚的普遍情況：

> 南人好飲之，北人初不多飲。開元中，泰山靈巖寺有降魔師，大興禪教。學禪，務於不寐，又不夕食，皆許其飲茶。人自懷挾，到處煮飲。從此轉相仿效，遂成風俗。自鄒、齊、滄、棣，漸至京邑城市，多開店鋪，煎茶賣之，不問道俗，投錢取飲。其茶自江淮而來，舟車相繼，所在山積，色額甚多。楚人陸鴻漸爲茶論，説茶之功效，並煎茶炙茶之法。造茶具二十四事，以都統籠（應作籠統）貯之。遠近傾慕，好事

　　者家藏一副……於是茶道大行，王公朝士無不飲者……古人亦飲茶耳，但不如今人溺之甚。窮日盡夜，殆成風俗。始自中地，流於塞外。往年回鶻入朝，大驅名馬，市茶而歸，亦足怪焉。

這段文獻資料，反映了許多重要的歷史情況，説明了茶飲風習，如何從簡單的"喝菜湯"轉變成繁複的社會經濟文化現象：

　　① 喝茶本來是南方人的習慣，北方人以前不太喝。

　　② 禪教大興，爲了提神不寐，飲茶成了寺院生活習慣，又轉而影響到民間。

　　③ 從華北到關中，到處都開了茶鋪，有錢就可以買到茶喝。

　　④ 茶葉多自江淮而來，成了貿易大宗。

　　⑤ 陸羽寫《茶經》，并提倡喝茶品味的方式，創新了飲茶的規矩，茶道大行。

　　⑥ 茶飲由中土流到塞外，産生了茶馬貿易。

　　唐代有許多文獻資料，都記載了當時茶葉種植精益求精的情況，有的地區以貴精的質量取勝，有的地區則強調數量的多産多銷。如李肇的《唐國史補》就説到當時名貴的茶葉精品："劍南有蒙頂石花，或小方，或散芽，號爲第一。湖州有顧渚之紫筍。東川有神泉小團、昌明獸目……壽州有霍山之黃牙。蘄州有蘄門團黃，而浮梁之商貨不在焉。"同書還提到，名貴茶種的重視，不僅是中土的風尚，連西藏都受到影響。當唐朝使節到了西藏，蕃王贊普就向他展示各類名茶："此壽州者，此舒州者，此顧渚者，此蘄門者，此昌明者，此溫湖者。"

　　這裏特別指出"浮梁之商貨不在焉"，是很有趣的現象。因爲浮梁茶葉貿易在當時是商業大宗，但却是以量取勝的"商貨"，不是蒙山、顧渚之類的精品；是給一般大衆的商品茶，而非宮廷貴族所享用的貢品茶。白居易《琵琶行》一詩中有句："商人重利輕別離，前月浮梁買茶去。"其中説的滿腦子生意經的商人，經營的就是浮梁茶葉貿易。據《元和郡縣圖志》（813 年成書），浮梁縣設置於武德五年（622），名新平，後廢，開元四年（716）再置，改名新昌，天寶元年（742）改名浮梁，"每歲出茶七百萬馱，稅十五餘萬貫"。

由此可以看出，唐代的茶葉種植與飲茶風尚，已經循着兩條相輔相成的脉絡，有了長足的發展：一方面是作爲商品經濟的貨品茶，普及到了廣大民衆，確立了茶業的社會經濟基礎。《舊唐書》卷一七三載李珏上疏説："茶爲食物，無異米鹽，於人所資，遠近同俗。既祛竭乏，難捨斯須，田間之間，嗜好尤切。"浮梁一類的商品茶，就是提供給一般百姓日用，不可一日所無的。另一方面則出現了茶中的珍品及飲茶的品賞藝術，這當然僅限於少數上層階級，也是文人雅士提高生活情趣所進行的非實用活動。陸羽《茶經》的撰著，便爲這種品茗的休閑藝術活動提供了最寶貴的文獻資源，也從此建立了品茶藝術的傳統。封演所説的"茶道大行"，主要還是指這一方面。

（四）

陸羽的《茶經》成書在公元 758 年前後，是飲茶史上第一部有系統的著作，全書七千多字，總結了古代有關茶事的知識，并對飲茶的方法提出了品評鑒別之道。書分三卷十節，分門別類，展現了他的茶學知識。

上卷共三節，分爲一之源，談茶的性質、名稱與形狀；二之具，羅列采造的工具；三之造，説明種植與采製的方法，并及辨識精粗之道。

中卷只有一節，四之器，詳列了烹茶飲茶的器具，從風爐一直講到都籃。這節篇幅甚多，表面上是一一列舉烹煮的器具，實質上則是制定了飲茶的規矩及品賞鑒別的審美標準。《封氏聞見記》特別指出陸羽"造茶具二十四事，以都籠統貯之"，説的就是飲茶規矩的建立。所謂"茶道大行，王公朝士無不飲者"，也就顯示了陸羽創制的茶道儀式，在上層社會已經成爲禮節，人人遵守了。因此，《茶經》花費如此篇幅，詳列茶具及其使用之法，便不僅是單純技術性地叙述器具用途，而是通過器具的規劃，建構了飲茶的特殊氛圍，規定使用器具的儀式，提供心靈超升的場域。也可以説，陸羽是創建茶道的祖師；一切後世茶道的根本精神，莫不源自陸羽所設立的茶飲禮儀。

且舉陸羽對"碗"的說明來看:

> 碗,越州上,鼎州次,婺州次;岳州次(明鄭熜校本作"上"),壽州、
> 洪州次。或者以邢州處越州上,殊爲不然。若邢瓷類銀,越瓷類玉,
> 邢不如越一也;若邢瓷類雪,則越瓷類冰,邢不如越二也;邢瓷白而茶
> 色丹,越瓷青而茶色綠,邢不如越三也……越州瓷、岳瓷皆青,青則益
> 茶。茶作白紅之色。邢州瓷白,茶色紅;壽州瓷黄,茶色紫。洪州瓷
> 褐,茶色黑;悉不宜茶。

這一段叙述茶碗的擇用,分別不同瓷類的等第,不是以瓷器本身的質地爲選擇的標準。而是着眼於瓷器的質感與色調,如何配合茶湯所呈現的色度,讓飲茶者得到色澤美感。嚴格來説,茶碗的色澤與茶葉的品質是不相干的,然而,飲茶作爲美感體會的藝術,茶碗的形制與色調,配合盛出的茶湯色度,就使人在特定的空間氛圍中得到相應的感受,從而產生心靈的迴響。因此,陸羽以青瓷系統的越州瓷高於白瓷系統的邢州瓷,是有茶道整體藝術感受作爲品評標準的。

以青瓷系統的越州窰碗爲品賞茶道的上品,也與唐代茶葉珍品所出的茶湯相關,因爲唐代所尚的烹茶方式是碾末烹煮,湯呈"白紅"(即是淡紅)之色,盛在色澤沉穩的青瓷茶碗中,相映而成高雅之趣。邢州瓷雖然潔白瑩亮,就未免稍嫌輕浮了。歷史文獻中盛稱的皇室專用"秘色瓷",因1987年陝西扶風法門寺地宮出土了唐僖宗的供奉茶具,讓我們清楚看到,其中的五瓣葵口圈足秘色瓷碗,就是質樸大方、色澤沉穩的青瓷茶碗,也就是陸羽標爲上品的茶具。

法門寺地宮出土了一整套茶具,可以作爲《茶經》叙述茶具的實物證據,其中包括了金銀絲結條籠子、鎏金鏤空鴻雁球路紋銀籠子、鎏金銀龜盒、摩羯紋蕾紐三足鹽台、鎏金人物畫銀罎子、鎏金伎樂紋調達子、壺門高圈足座銀風爐、繫鏈銀火筯、鎏金飛鴻紋銀匙、鎏金壺門座茶碾子、鎏金仙人駕鶴紋壺門座茶羅子、素面淡黄色琉璃茶盞及茶托等等,美不勝收。由這些實物證據,可以看到《茶經》撰述一個世紀之後,唐代皇室飲茶的器具是多麼講究與奢侈,同時也可以推想,其禮儀必然毫不輕忽,或許還有繁

文縟節之傾向。

《茶經》下卷共六節：五之煮，論炙茶、用水、煮茶之法；六之飲，講飲茶的精粗之道；七之事，列述古代飲茶的記載；八之出，列舉全國各地的茶產；九之略，説田野之間飲茶，繁複的茶具可以省略；十之圖，則主張圖繪《茶經》所言諸事。

相對於卷中而言，《茶經》卷下六節，論列的事體紛雜，頭緒繁多，難免顯得材料叙述不清。從飲茶歷史發展的角度來看，《茶經》卷下則有幾項重要的提示：

（一）擇水的重要。陸羽指出：“山水上，江水中，井水下。”對山水也做了清楚的分別，是要“揀乳泉、石池慢流者上”，不要瀑涌湍漱的水，也不要山谷中積浸不洩的水。江水則取離人遠者，井水則取汲多者。這也就是後世飲茶不斷强調的“活水”觀念。

（二）火候的重要。陸羽特別指出煮水烹茶，要注意辨別湯水沸騰的情況，要控制沸水的勢頭。再進一步就是控制火勢與溫度，如溫庭筠在《採茶録》引李約的解説：“茶須緩火炙、活火煎。活火謂炭之有焰者，當使湯無妄沸，庶可養茶。”這裏提出的是“活火”的觀念。後來蘇東坡在《汲江煎茶》一詩中，就連合以上兩個重要的烹茶守則，寫出了“活水還須活水煎”的名句。

（三）本色的重要。茶有其真香，加料加味都非必要，然而世上的習俗却不肯改易，使陸羽憤慨説出：“或用蒽、薑、棗、橘皮、茱萸、薄荷之等，煮之百沸，或揚令滑，或煮去沫，斯溝渠間棄水耳。”這個“茶有真香”的觀念，到了宋代的蔡襄，則提得更爲明確；宋徽宗趙佶在《大觀茶論》中，也明白指出“茶有真香，非龍麝可擬”。但歷代飲茶習俗，加果加香的傳統延綿不絕，造成飲茶史上雅俗并進的有趣現象。

（四）儉約的重要。陸羽説“茶性儉，不宜廣”，是要人不可牛飲，同時要從體會茶味精華之中，了解藝術的高雅提升，不是以量取勝。《紅樓夢》第四十一回《賈寶玉品茶櫳翠庵》中，寫妙玉在櫳翠庵親手泡茶待客，俏皮地説：“一杯是品，二杯即是解渴的蠢物，三杯便是驢飲了。”就很能生動解説陸羽關於飲茶“最宜精行儉德之人”的看法。

陸羽在飲茶之道上的重大影響，唐代時就傳說得神乎其神，以至在民間奉若茶神。張又新的《煎茶水記》（成書於公元 825 年前後）就述説了一個陸羽飲茶辨水的故事：李季卿任湖州刺史時，道經揚州，剛好遇到了陸羽，高興萬分。不禁向陸羽説，你精於茶道，天下聞名，現在又剛好在揚州，鄰近天下名泉揚子江心南零水（即中泠泉水），真是千載難逢的好機會。便派了一個可靠的軍士，駕舟執瓶，到揚子江心去取南零水。陸羽則安排好茶具，準備烹茶。不一會兒，水取到了，陸羽用杓揚起水來，説：“是揚子江水没錯，却非南零水，好像是靠近岸邊的水。”派去的軍士説：“我駕舟深入江心，看到我取水的人至少上百，怎麼會騙你呢?”陸羽便不再言語。既而把水倒進盆裏，倒了一半，突然停了下來，又拿杓去揚水，然後説：“從這裏開始是南零水了。”軍士大駭，仆伏在地請罪，説：“我取了南零水之後，在靠岸之時，船身搖蕩，灑掉了一半，因怕不夠，就在岸邊取水補足。您能鑒別入微，簡直就是神仙，我不敢再騙你了。”李季卿及在場的賓客隨從數十人，都大駭嘆服。

這個故事到了後來，又改頭換面，變成宋朝王安石與蘇東坡的一段過節。故事説王安石晚年退居南京，患有痰火之症，惟有用瞿塘峽的中峽水烹煮陽羨茶，才能治療。有一次他拜托蘇東坡經過三峽時在瞿塘中峽取水，誰知蘇東坡在船上觀望景色，把此事忘了，到了下峽才想起，急忙取了一瓮下峽水，以爲同是三峽水，没有甚麼差別。王安石得了遠方來水之後，煮茶品味，馬上就告訴東坡，這不是瞿塘中峽水，東坡大驚失色，忙問是如何辨別的。王安石便説，瞿塘上峽水流急，下峽水流緩，唯有中峽緩急各半。以瞿塘水烹陽羨茶，上峽水太濃，下峽水味淡，中峽水則在濃淡之間，可以治痰火之疾。

這兩則杜撰的故事，雖然違反基本的物理常識，却顯示飲茶辨水的技藝，從陸羽以來，已經誇大成神話式的品賞藝術，給後人在提升飲茶藝術的心靈境界方面，展開了無限的想象空間。

（五）

唐代飲茶蔚爲風尚之時，宮廷自然會要求最高的享受，品嘗最好的茶葉,因此有顧渚貢焙的興起。唐人品茶,有所謂"蒙頂第一,顧渚第二"之說,那麼,爲甚麼上貢給宮廷的是第二等的茶葉呢？其實,四川的蒙頂茶也上貢的,但一來數量不夠多,二來蜀道難行,趕不上宮廷每年舉辦的清明宴,因此才有今天宜興一帶顧渚貢焙之建,專供宮廷使用,民間不許買賣。每年春天采製顧渚茶,役工達到三萬人之多,多日方能完成,急急忙忙趕送京城,供王公貴族清明佳節享用。

唐代皇室享用貢焙,獨占茶中極品的情況,經過五代十國,一直到宋朝都延續不停。其中主要的變化,則是貢焙地區,由太湖附近的顧渚,逐漸移到了武夷山區建安的北苑。

宋代上貢茶葉的極品,捨三吳地區的顧渚,轉爲福建山區的建安北苑,有内在與外在兩個原因。建茶的内在質地優良,其香甘醇厚超過顧渚茶。宋徽宗《大觀茶論》就明確指出："夫茶以味爲上,甘香重滑,爲味之全。惟北苑、壑源之品兼之。"在唐代時期,福建的茶業尚未興起,故不爲人所知。到了五代時期,閩國已設置建州貢茶,到了閩爲南唐所滅,南唐宮廷就捨弃了陽羡（顧渚）而代之以建州茶。宋朝立國之後,一開始還恢復了唐代的制度,以顧渚紫笋茶入貢,但在十幾年後就轉到福建建安,"始置龍焙,造龍鳳茶"。

外在的原因則是,五代北宋期間氣候產生巨大變化,明顯由暖轉寒。宋代的常年氣溫,一度較唐代要低兩三攝氏度。種植在較北太湖地區的茶樹,即使没有凍死,也推遲萌發,不可能在清明以前如數上貢。宋子安《東溪試茶錄》的"採茶"一節說："建溪茶,比他郡最先,北苑、壑源者尤早。歲多暖,則先驚蟄十日即芽；歲多寒,則後驚蟄五日始發……民間常以驚蟄爲候。諸焙後北苑者半月,去遠則益晚。"《大觀茶論》也說："茶工作於驚蟄,尤以得天時爲急。"建安北苑的茶,在驚蟄前後就可以采製,離清明還有一整個月,當然可以保證如期運到京師汴京（開封）。歐陽修《嘗新茶呈聖俞詩》就生動描寫了這情況:

> 建安三千里,京師三月嘗新茶。人情好先務取勝,百物貴早相矜
> 誇。年窮臘盡春欲動,蟄雷未起驅龍蛇。夜聞擊鼓滿山谷,千人助叫

聲喊呀。萬木寒癡睡不醒,唯有此樹先萌芽。乃知此爲最靈物,宜其獨得天地華。終朝採摘不盈掬,通犀銙小圓復窊。鄙哉穀雨槍與旗,多不足貴如刈麻。建安太守急寄我,香蒻包裹封題斜。泉甘器潔天色好,坐中揀擇客亦嘉。新香嫩色如始造,不似來遠從天涯。停匙側盞試水路,拭目向空看乳花。可憐俗夫把金錠,猛火炙背如蝦蟆。由來真物有真賞,坐逢詩老頻咨嗟。須臾共起索酒飲,何異奏雅終淫哇。

梅堯臣(聖俞)的和詩,有這麼一段:

近年建安所出勝,天下貴賤求呀呀。東溪北苑供御餘,王家葉家長白芽。造成小餅若帶銙,鬥浮鬥色傾夷華。味甘迴甘竟日在,不比苦硬令舌窊。此等莫與北俗道,只解白土和脂麻。歐陽翰林最別識,品第高下無欹斜。晴明開軒碾雪末,衆客共嘗皆稱嘉。建安太守置書角,青蒻色封來海涯。清明纔過已到此,正是洛陽人寄花。兔毛紫盞自相稱,青泉不必求蝦蟇。石餅煎湯銀梗打,粟粒鋪面人驚嗟。詩腸久饑不禁力,一啜入腹鳴咿哇。

這兩首詩除了提到建茶精品在清明前後就已抵達京師開封,還說到宋代飲茶方式的講究,比之唐代有過之而無不及。

宋代上層社會飲茶的習慣,特別是在宮廷之中,基本沿襲唐代。貢焙精製的茶葉研製成餅團,烹茶之時用碾磨成粉末,或煎煮或衝泡。據《宣和北苑貢茶錄》所載,北苑貢焙,先只造龍鳳團茶,後來又造石乳、的乳、白乳。再來又有蔡襄監造的小龍團,以及後來的密雲龍、瑞雲祥龍等名色,精益求精,越來越細緻。再到後來還有三色細芽、試新銙、貢新銙、龍團勝雪等花樣,層出不窮。歐陽修詩中"通犀銙小圓復窊"及梅堯臣詩句"造成小餅若帶銙",都是形容這種精製的小團茶,可以用來品賞的。

宋代品茶,有所謂"點茶""鬥茶"之名目。關於"點茶"之法,蔡襄有明確的解說:"茶少湯多,則雲腳散;湯少茶多,則粥面聚。鈔茶一錢匕,先注湯調令極勻,又添注入,環迴擊拂,湯上盞可四分則止。視其面色鮮白,着盞無水痕爲絕佳。"講的是茶葉與湯水要用得恰當,否則點泡出來的茶湯沫餑不勻。點泡之時，要先將茶末調勻，添加沸水，還迴擊拂，才會出現鮮白色的沫餑。泡沫浮起，貼近茶盞時，要沒有水痕才是絕佳的點泡。蔡襄還說，"鬥茶"就是點泡的技術："建安鬥試，以水痕先者為負，耐久者為勝。故較勝負之說，曰相去一水兩水。"好像鬥茶勝負的計算之法，跟下棋輸一子兩子一樣，可以清楚地比較。

由唐到宋，調製茶湯的最大變化是，唐代烹茶把碾細的茶葉投入沸湯之中，再澆水入湯，控制沫餑的浮起；宋代則以沸水點泡已經調好在茶盞裏的茶膏，然後迴旋擊拂，打起沫餑，好像浮起一層白蠟一樣。關於擊拂的茶具，蔡襄《茶錄》說用"茶匙"："茶匙要重，擊拂有力，黃金為上。人間以銀鐵為之。竹者輕，建茶不取。"茶匙而用黃金，當然是只有宮廷才用得起，一般用銀就是極為講究的了。歐陽修詩句"停匙側盞試水路，拭目向空看乳花"，及梅堯臣的"石缾煎湯銀梗打，粟粒鋪面人驚嗟"，正是形容用銀匙擊拂茶湯，泛起如粟粒乳花一般的沫餑，是典型的宋代飲茶方式。

比蔡襄《茶錄》早半個多世紀，宋初陶穀的《荈茗錄》（成書於公元963—970 年之間），曾提到有人烹茶運匙之妙，可以在調製茶湯時點出圖畫、物象，甚至詩句。如記"生成盞"：

> 饌茶而幻出物象於湯面者，茶匠通神之藝也。沙門福全生於金鄉，長於茶海，能注湯幻茶，成一句詩，並點四甌，共一絕句，泛乎湯表。小小物類，唾手辦耳。檀越日造門求觀湯戲，全自詠曰：生成盞裏水丹青，巧盡工夫學不成。卻笑當時陸鴻漸，煎茶贏得好名聲。

還記有"茶百戲"：

> 茶至唐始盛。近世有下湯運匕，別施妙訣，使湯紋水脈成物象者，禽獸蟲魚花草之屬，纖巧如畫。但須臾即就散滅。此茶之變也，時人謂之茶百戲。

可見宋朝初年還出現點茶繪圖的花樣，茶匙居然是用作畫筆的。

蔡襄所記用重匙打出沫餑，到後來就用新的茶具"筅"來運作。筅是竹製的攪打茶器，形狀頗似西洋的打蛋器，但細密得多。《大觀茶論》指出,茶筅要用篐竹老而堅者,器身要厚重,器端要有疏勁。體幹要堅壯,而末端要銳細,像劍脊一樣。因爲幹身厚重,就容易掌握,易於運用。筅端有疏勁,操作如劍脊,則擊拂稍過,也不會產生不必要的浮沫。

使用竹筅點茶,擊拂出沫餑,造就一碗至善至美的茶湯,《大觀茶論》有極其詳盡的説明,也可説是宋代飲茶藝術的極致了。宋徽宗指出,點茶的方式有多種,但基本上都是先把茶膏調開,再注以湯水。點茶方式不對的,有一種叫"静面點":

> 手重筅輕,無粟文蟹眼者,謂之静面點。蓋擊拂無力,茶不發立。水乳未浹,又復增湯,色澤不盡,英華淪散,茶無立作矣。

另一種不恰當的點法叫"一發點":

> 有隨湯擊拂,手筅俱重,立文泛泛,謂之一發點。蓋用湯已故,指腕不圓,粥面未凝,茶力已盡。雲霧雖泛,水腳易生。

真正會點茶的,應該是:

> 妙於此者,量茶受湯,調如融膠。環注盞畔,勿使侵茶。勢不欲猛,先須攪動茶膏,漸如擊拂,手輕筅重,指遶腕旋,上下透徹,如酵蘖之起麵,疏星皎月,燦然而生,則茶面根本立矣。

然後再繼續注湯:

> 第二湯自茶面注之,周回一線,急注急上,茶面不動,擊拂既力,色澤漸開,珠璣磊落。三湯多寡如前,擊拂漸貴輕勻,周環旋復,表裏洞徹,粟文蟹眼,泛結雜起,茶之色十已得其六七。四湯尚嗇,筅欲轉稍寬而勿速,其清真華彩,既已焕然,輕雲漸生。五湯乃可稍縱,筅欲輕盈而透達,如發立未盡,則擊以作之。發立已過,則拂以斂之,結浚靄,結凝雪,茶色盡矣。六湯以觀立作,乳點勃然,則以筅著居,緩遶拂動而已。七湯以分輕清重濁,相稀稠得中,可欲則止。乳霧洶湧,溢盞而起,周回凝旋不動,謂之咬盞,宜均其輕清浮合者飲之。

由於崇尚這種擊拂起沫的飲茶方式,茶碗的選用也就與唐代崇尚青

瓷不同,而轉爲標舉建安的黑瓷。蔡襄《茶錄》論"茶盞"就說:"茶色白,
宜黑盞,建安所造者,紺黑,紋如兔毫,其坯微厚,燖之久熱難冷,最爲要
用。出他處者,或薄,或色紫,皆不及也。其青白盞,鬥試家自不用。"這是
說明茶湯沫餑呈白色,需要黑盞來相映。點茶費時頗久,就需要茶碗厚
實,可以保溫。過去視爲上品的青瓷、白瓷,完全不適用了。

《大觀茶論》更就使用竹筅擊拂這一點,申說了建窯茶盞的優越性:

> 盞色貴青黑,玉毫條達者爲上,取其焕發茶采色也。底必差深而
> 微寬,底深則茶直立,易於取乳;寬則運筅旋徹,不礙擊拂。然須度茶
> 之多少,用盞之小大。盞高茶少,則掩蔽茶色;茶多盞小,則受湯不
> 盡。盞惟熱,則茶發立耐久。

梅堯臣詩中所說的"兔毛紫盞自相稱",在品茶大家蔡襄及宋徽宗的眼裏,
大概只是勉強可用而已,因爲最好的兔毛盞應該是青黑色的。

（六）

宋代品茶的藝術,經蔡襄到宋徽宗,已經臻於登峰造極之境,其細緻
講究真是無可比擬。然而,這種把茶葉極品製成團餅,再碾成細末,在茶
盞中擊拂出沫餑的飲茶法,固然有其"微危精一"、引人入勝之處,却也難
免雕鑿太過,鑽入了藝術品賞"取其一點,不及其餘"的牛角尖。

正當唐宋宮廷與上層社會飲用團餅茶,并日益發展出精緻的點泡法
之時,民間的飲茶習慣亦有大發展,而且是沿着通俗的、下里巴人的脉絡
廣爲流傳。特別是由宋入元期間,通俗的茶飲方式,主要有兩個傾向:一
是在茶中加果加料;二是飲用散茶。

上引梅堯臣的詩中有句"此等莫與北俗道,只解白土和脂麻",是說點
茶的精妙跟北方俗人是講不清的,因爲北方人只懂得使用白瓷茶碗,飲茶
時還放芝麻。這是自以爲陽春白雪的詩人看不起通俗的品味,貶斥喝茶
加果加料,混攪了茶的真香。

茶中加果加料,是自古以來的俗習。陸羽已經指出,茶中加料,就跟

喝"溝渠間棄水"一樣。蔡襄也指出,有人在製造上貢團茶時,加入龍腦香,在烹點之時,又"雜珍果香草",都是不對的。然而,說者自說,用者自用。如陶穀《荈茗錄》中就有"漏影春"的點茶法,其中就用荔肉、松實、鴨腳之類。蘇轍在寫給蘇東坡的一首和詩裏,也提到北方人飲茶習慣俚俗,與閩地發展出的精緻品賞法不同:"君不見,閩中茶品天下高,傾身事茶不知勞。又不見,北方俚人茗飲無不有,鹽酪椒薑誇滿口。"

這種北方俚俗的喝茶法,其實不限於遼金統治的北方;南方市井通衢一般人喝茶,也經常如此。吳自牧《夢粱錄》說宋代都市中茶館業興隆,在南宋臨安(今杭州)的茶館裏,不但賣各種奇茶異湯,到冬天還賣"七寶擂茶"。

關於奇茶異湯,南宋趙希鵠的《調燮類編》說各種茶品,可以用花拌茶,"木樨、茉莉、玫瑰、薔薇、蘭蕙、橘花、梔子、木香、梅花,皆可作茶"。比較脫俗的,有"蓮花茶":

> 於日未出時,將半含蓮撥開,放細茶一撮,納滿蕊中。以麻皮略繫,令其經宿。次早摘花,傾出茶葉,用建紙包茶焙乾。再如前法,又將茶葉入別蕊中。如此者數次,取其焙乾收用,不勝香美。

蓮花茶的製作,雖然費工費時,頗耗心血,但在追求高雅脫俗之時,卻違背了"茶有真香"的道理。

至於"七寶擂茶",明初朱權的《臞仙神隱》書中記有"擂茶"一條:是將芽茶用湯水浸軟,同炒熟的芝麻一起擂細。加入川椒末、鹽、酥油餅,再擂勻。假如太乾,就加添茶湯。假如沒有油餅,就斟酌代之以乾麵。入鍋煎熟,再隨意加上栗子片、松子仁、胡桃仁之類。明代日用類書《多能鄙事》也有同樣的記載。可見一般老百姓喝茶,雖然得不到建茶極品,倒是有不少花樣翻新。

若再看看元代忽思慧的《飲膳正要》(成書於 1330 年),更可看到各種花樣的茶。如枸杞茶,是用茶末與枸杞末,入酥油調勻;玉磨茶,是用上等紫笋茶,拌和蘇門炒米,勻入玉磨內磨成;酥簽茶,是攪入酥油,用沸水點泡。這一類的喝茶法,經歷唐宋元明,特別是在契丹、女真、蒙古所統治過的北方地區,一直流傳下來。讀一讀《金瓶梅詞話》,就可發現,加料潑滷的飲茶法，到了明代中晚期，仍是北方大衆的日常茶飲方式。

　　由宋入元，另一種通俗飲茶方式的發展，則是散茶冲泡的逐漸普遍。散茶的製作方法，有蒸青，有炒青，都是唐代就有的工藝，也是民間日常飲用。然而，散茶的製作與烹煎方式雖然比團餅簡便，唐宋上層社會的品茶方式却偏要采用壓製團餅、碾末篩羅、擊拂起沫的程序，才達到他們心目中的陽春白雪境界。南宋以後，點茶的風尚逐漸式微，散茶的生産愈來愈多，民間講究品賞的也愈來愈以散茶爲着眼了。《王禎農書》（1313 年成書）所記農事，主要是宋末元初之情況，就説“茶之用有三，曰茗茶，曰末茶，曰蠟茶”。茗茶即指茶芽散裝者，南方已經普遍使用；末茶指細碾點試的茶，“南方雖産茶，而識此法者甚少”；蠟茶指上貢的茶，“民間罕見之”。可見宋末元初，普遍飲茶的南方已經是以散茶爲主了。

　　依照傳統的説法，唐宋製茶都以團餅壓模爲主，到元代仍是如此，直到明太祖朱元璋下詔改革，“罷造龍團，一照各處，採芽以進”，才變成製散茶爲主的局面。這個説法十分偏頗，與歷代發展的真相不符，因爲説的只是貢茶的情況，是以宮廷崇尚的茶種及其飲用情況作爲普遍的歷史現象，完全忽視了廣大民間飲茶方式的轉變。

　　中國傳統製茶工藝出現伊始，當是從摘采嫩葉羹煮，發現可以曬乾保存，再出現了蒸青、炒青的技術，然後才有壓製團餅的工序。因此，在唐宋元宮廷貢茶崇尚團餅末茶之時，民間使用散茶的傳統并不可能斷絶，只是不爲人所推崇，文獻的記載很少而已。從南宋到元朝，正當上層社會注意力全放在建茶團餅的製造與上貢之時，散茶已經逐漸先在江浙皖南，然後在全國範圍内蓬勃發展，占了生産的主導地位。也就是説，到了元明之際，全國的普遍飲茶方式已經是散裝的茗茶了。明朝建都南京，一開始仍然承襲元制，還是進貢建寧的大小龍團，但不久便改貢芽茶，從此廢止了團餅茶，顯然是“隨俗”的表現，是順應飲茶風氣的潮流，而非創造新式的飲茶方法。

（七）

　　明太祖廢團餅茶，以芽茶入貢，雖然只是因勢利導，却對芽茶製作工藝的精進,產生了很大的刺激作用。同時,也因廢止建寧一帶的團餅貢茶,對福建茶業產生了很大影響,迫使福建茶業轉型,由本來的皇家壟斷包辦,轉而要考慮商品市場的行銷。由於明代新興蓬勃的茶飲風尚,講究芽茶的清香空靈,福建武夷系茶葉卻質地偏濃郁甘醇,一輕揚,一厚重,就使得福建茶葉必須發展出一條新的品茶途徑。這也就是明清時期福建發展出紅茶和烏龍茶的歷史背景。

　　明代茶葉製作工藝的重大發展,是在炒青與烘焙方面,依照各地茶產的特性,掌握炒青的火候,研製出各種有特色的名茶。萬曆年間的羅廩著《茶解》,其中說到"唐宋間,研膏蠟面,京挺龍團。或至把握纖微,直錢數十萬,亦珍重哉。而碾造愈工,茶性愈失,矧雜以香物乎?曾不若今人止精於炒焙,不損本真"。即指唐宋貢茶,到了後來細工雕琢,一小把茶葉就價值數十萬錢。然而碾造工藝太過,茶之本性與真香反而受損,甚至還摻入香物,就不如明代製茶,精於炒焙,可以保持茶的本色真香。

　　《茶解》對采茶、製茶的要訣,有很詳細的指示,可說是古代製造炒青茗茶最有系統的說明。采茶之法:

> 雨中採摘,則茶不香。須晴晝採,當時焙;遲則色、味、香俱減矣。故穀雨前後,最怕陰雨。陰雨寧不採。久雨初霽,亦須隔一兩日方可。不然,必不香美。採必期於穀雨者,以太早則氣未足,稍遲則氣散。入夏,則氣暴而味苦澀矣。採茶入箄,不宜見風日,恐耗其真液,亦不得置漆器及瓷器內。

至於製作時的炒青工序,則解說得更是清楚:

> 炒茶,鐺宜熱;焙,鐺宜溫。凡炒,止可一握,候鐺微炙手,置茶鐺中,札札有聲,急手炒勻;出之箕上,薄攤用扇搧冷,略加揉挼。再略炒,入文火鐺焙乾,色如翡翠。若出鐺不扇,不免變色。茶葉新鮮,膏液具足,初用武火急炒,以發其香。然火亦不宜太烈,最忌炒製半乾,不於鐺中焙燥而厚罨籠內,慢火烘炙。

此外還解釋了茶炒熟後必須揉挼的原因,是爲了讓茶葉中的脂膏可以溶液方便,在沖泡時可以把香味發散出來。至於炒茶用的鐵鐺,最好是熟用光净的,炒時就滑脱。新鐺不好,因爲鐵氣暴烈,茶易焦黑;年久生銹的老鐺也不能用。書中還指出,炒茶要用手操作,不僅匀適,還能掌握適當的溫度。茶中摻有茶梗,也有説明,認爲"梗苦澀而黄,且帶草氣。去其梗,則味自清澈"。但若"及時急採急焙,即連梗亦不甚爲害。大都頭茶可連梗,入夏便須擇去"。

明中葉以後,各地名茶大有發展。特別是因爲江南商品經濟的迅速發展,使得長江中下游及沿着大運河一帶的地區都跟着富庶起來,人們的生活也講求精緻的享受與品位。茶飲的品賞就在士大夫的生活藝術追求中占了重要的一席,與製茶工藝的新發展相輔相成,展開了晚明士大夫的高雅品茗藝術。

高濂的《遵生八箋》中,品評當時的名茶,就説到蘇州的虎丘茶及天池茶,都是不可多得的妙品。至於杭州的龍井茶更是遠超天池茶,其關鍵在茶葉質地好,又要炒法精妙。龍井茶一出名,以假亂真的現象就出現了:"山中僅有一二家炒法甚精,近有山僧焙者亦妙,但出龍井者方妙。而龍井之山不過十數畝,外此有茶,似皆不及。附近假充猶之可也。至於北山西溪,俱充龍井,即杭人識龍井茶味者亦少,以亂真多耳。"

萬曆年間住在西子湖畔,精於生活品位與藝術鑒賞的馮夢禎,對當時茶品中最著名的羅岕、龍井、虎丘、天池等種,也有所評騭,但指出世間真贋相雜,實在難辨。他舉自己有一次到老龍井去買茶的經驗爲例:

> 昨同徐茂吴至老龍井買茶。山民十數家各出茶,茂吴以次點試,皆以爲贋。曰,買者甘香而不洌,稍洌便爲諸山贋品。得一二兩以爲真物,試之,果甘香若蘭,而山人及寺僧反以茂吴爲非。吾亦不能置辨,偽物亂真如此。

> 茂吴品茶,以虎丘爲第一。常用銀一兩餘,購其斤許。寺僧以茂吴精鑑,不敢相欺。他人所得,雖厚價亦贋物也。子晉云,本山茶葉微帶黑,不甚清翠,點之色白如玉,而作寒荳香,宋人呼爲白雪茶,稍綠便爲天池物。天池茶中雜數莖虎丘,則香味迥別。虎丘其茶中王

種耶？岕茶精者，庶幾妃后。天池龍井，便爲臣種。餘則民種矣。

這裏提到幾個現象，可以看到明代中葉以後品茗藝術與商品市場經濟發展的關係，與中古的唐宋時期大不相同了。唐宋以迄元代，最精美的貢品茶葉，完全由官府設監製作，嚴禁流入民間，根本不可能出現真贗相雜的情況。明代中葉以後，茶葉精品却是待價而沽，爭奇鬥妍，同時也出現真僞難辨的現象。馮夢禎説他與徐茂吳到龍井去試茶，在辨識真贗之時，他自己這個品茶名家已經力不從心，需要仰仗徐茂吳的功力了。由此可以推知，到了最精微的品評辨識階段，譬如是真龍井還是附近山區所産的冒名茶品，一般人是無法辨別真贗的。

馮夢禎所記，是把虎丘列爲第一，羅岕可以作爲后妃來相匹配，天池、龍井則爲次等，其餘的茶就等而下之了。這個説法，袁宏道（中郎）是大體贊同的，不過又把羅岕的地位提高了一級：

> 龍井泉既甘澄，石復秀潤。流淙從石澗中出，泠泠可愛，入僧房爽峒可棲。余嘗與石簣、道元、子公汲泉烹茶於此。石簣因問，龍井茶與天池孰佳？余謂，龍井亦佳，但茶少則水氣不盡，茶多則澀味盡出。天池殊不爾。大約龍井頭茶雖香，尚作草氣。天池作荳氣。虎邱作花氣。唯岕非花非木，稍類金石氣，又若無氣，所以可貴。岕茶葉粗大，真者每斤至二十餘錢。余覓之數年，僅得數兩許。近日徽有送松蘿茶者，味在龍井之上，天池之下。

袁中郎品第名茶，是羅岕第一，天池第二，松蘿第三，龍井第四，虎邱則與天池在伯仲間。

品第茶的等級，主觀成分很大，見仁見智，意見時常不同。李日華在《紫桃軒雜綴》（成書於 1620 年）中説到“羅山廟後岕”，就在推崇之中稍有保留：“精者亦芬芳，亦回甘。但嫌稍濃，乏雲露清空之韻。以兄虎邱則有餘，以父龍井則不足。”在《六硯齋筆記》中，則對虎邱茶作了一些批評，認爲虎丘“有芳無色”，而芬芳馥郁之氣又不如蘭香，止與新剥荳花一類。聞起來不怎麼香，喝入口又太淡，實在不太高明。因此，這種“有小芳而乏深味”的茶，其實是比不上松蘿、龍井的。

文震亨在稍後的《長物志》、陳繼儒在《農圃六書》、張岱在《陶庵夢憶》中，都提到羅岕茶爲茶中珍品，看來是明末清初士大夫品茶的共識。看看晚明的茶書，專論羅岕茶的就有好幾本，如熊名遇的《羅岕茶記》（1608 年前後）、周高起的《洞山岕茶系》（1640 年前後）、馮可賓的《岕茶箋》（1642 年前後）及冒襄的《岕茶彙鈔》（1683 年前後）。羅岕茶與明末清初其他高檔茶最不同處，是製作法不同，爲當時名茶中唯一的蒸青茶，不用炒青法。再者，岕茶葉大梗多，外形並不纖巧。馮夢禎《快雪堂漫錄》就說過一個李于鱗鬧的笑話。李于鱗是北方人，任浙江按察副史時，有人以岕茶最精者送禮。過了不久才知道，他已經賞給傭人皂役了，因爲看到岕茶葉大多梗，以爲是下等的粗茶，也就打賞給下等的粗人去喝了。

許次紓《茶疏》（1597 年成書），盛贊羅岕茶，說"其韻致清遠，滋味甘香，清肺除煩，足稱仙品"，并對岕茶葉大梗多的情況，作了一番說明：

> 岕之茶不炒，甑中蒸熟，然後烘焙。緣其摘遲，枝葉微老，炒亦不能使軟，徒枯碎耳。亦有一種極細炒岕，乃採之他山，炒焙以欺好奇者。彼中甚愛惜茶，決不忍乘嫩摘採，以傷樹本。

可見羅岕茶不能早采，所以葉大梗多，并不細巧。《羅岕茶記》說岕茶產在高山上，沐櫛風露清虛之氣。其實，茶生長在高冷之處，抽芽就慢，不可能在早春就采，要過了立夏才開園。因此，別處的茶以"雨前"（穀雨以前）爲佳，甚至有"明前"（清明以前）的佳品，羅岕茶卻要等到立夏以後。也因此，"吳中所貴，梗牱葉厚，有簫箬之氣"。《洞山岕茶系》也說："岕茶採焙，定以立夏後三日，陰雨又需之。世人妄云：雨前真岕，抑亦未知茶事矣。"由此可知，陽曆五月之前，是不可能有羅岕茶的，所謂"雨前真岕"當然是贋品，是騙不了懂茶事的人的。

（八）

明代茶葉精品的出現，既與經濟生活的富庶相關，也就出現了相對應的品賞情趣之提高。明中葉以後品茗藝術的發展，一方面是恢復了唐宋品茗賞器的樂趣,對茶飲的程序與器物的潔雅再三致意,另一方面却更着重性靈境界的質樸天真,追求品茶過程心靈超升的修養,以期融入天然和諧的天人合一之境,不但得到個人心理的祥和平安,也在哲理與藝術的探索上得到智性的滿足。相對而言,唐宋品茶比較重視儀式,通過繁瑣的程序,講究的器具,得到一種心理的秩序與平衡,是通過禮儀感受茶道的精神。明代的茶道則比較重視天機,減少了繁瑣的儀式與道具,順應品茗者的心性與興趣,在藝術創造的樂趣中,追求人生美好時光的體會。

我們若舉日本茶道與明清發展出來的中國茶道相比,當更能了解,唐宋品茶之道與明清是有差異的。日本茶道的成長,基本上沿襲中國唐宋茶道的儀式,到了17世紀經千利休的改進發展,强調"和敬清寂"爲其精髓,有着濃重的儀式性、典禮性,同時也呈現了禪教影響的出世清修精神。可以説日本茶道是唐宋茶道儀式的延伸,而在精神上突出了"寂",也就是對出世清修的宗教嚮往。明清茶道則不同,在品茶的儀式及茶具的形製上,都因茶葉質地的變化,而産生相應的更動,甚至弃而不用。也就是在追求茶道本質之時,永遠没忘記品茶的基本物質基礎,一是茶葉的味質與香氣,二是品嘗者的味覺與嗅覺。因此,相應的茶道精神是突出"趣",冀期在品茗的樂趣中,對人格清高有所培養與提升,着眼點仍是人間入世的修養,宗教性不强。從歷史發展的角度來看,唐宋茶道的儀式,日本可説一成不變地學去,保留了形式,抽換了內容,根本不講求飲茶的樂趣,只强調茶飲的"苦口師"作用,成了禪修的法門。明清茶道,則繼續了唐宋點茶與鬥茶的樂趣,在儀式上却出現了根本的變化,再也不用竹筅擊打出白蠟一般的沫餑了。

明人發展出來的飲茶之"趣",在當時的茶書及散文小品,甚至日記書札中,都時常提及。這裏只舉許次紓《茶疏》爲例。其中説到茶的烹點:

> 未曾汲水,先備茶具,必潔必燥,開口以待。蓋或仰放,或置瓷盂,勿竟覆之,案上漆氣、食氣,皆能敗茶。先握茶手中,俟湯既入壺,隨手投茶湯,以蓋覆定。三呼吸時,次滿傾盂內。重投壺內,用以動盪香韻,兼色不沉滯。更三呼吸,頃以定其浮薄,然後瀉以供客,則乳

嫩清滑，馥郁鼻端。病可令起，疲可令爽，吟壇發其逸思，談席滌其
玄衿。

這裏講求茶具的安排與置放，以及品茗的過程，考慮的不是儀式的重要，
而是味覺與嗅覺的享受與快感，通過五官感覺的舒適，產生吟詩玄談的精
神提升。

> 飲茶的場合，許次紓還做了細節的羅列，舉出喝茶的適當時光：
> 心手閒適。披詠疲倦。意緒棼亂。聽歌聞曲。歌罷曲終。杜門避
> 事。鼓琴看畫。夜深共語。明窗淨几。洞房阿閣。賓主款狎。佳客
> 小姬。訪友初歸。風日晴和。輕陰微雨。小橋畫舫。茂林修竹。課
> 花責鳥。荷亭避暑。小院焚香。酒闌人散。兒輩齋館。清幽寺觀。
> 名泉怪石。

也列舉了不適合喝茶的場合：

> 作字。觀劇。發書柬。大雨雪。長筵大席。繙閱卷帙。人事忙
> 迫。及與上宜飲時相反事。

喝茶時不宜用的：

> 惡水。敝器。銅匙。銅銚。木桶。柴薪。麩炭。粗童。惡婢。
> 不潔巾帨。各色果實香藥。

飲茶的場所不宜靠近：

> 陰室。廚房。市喧。小兒啼。野性人。童奴相鬨。酷熱齋舍。

飲茶還不適合人多，三兩個人還好，五六個人就要點燃兩個爐子，再多就
不行了。至於以壺衝泡，用江南出產的茗茶，兩巡正好，三巡就有點乏了：

> 一壺之茶，只堪再巡。初巡鮮美，再則甘醇，三巡意欲盡矣。余
> 嘗與馮開之（馮夢禎）戲論茶候，以初巡為婷婷嫋嫋十三餘，再巡為碧
> 玉破瓜年，三巡以來綠葉成陰矣。開之大以為然。所以茶注欲小，小
> 則再巡已終。寧使餘芬剩馥尚留葉中，猶堪飯後供啜嗽之用，未遂葉
> 之可也。若巨器屢巡，滿中瀉飲，待停少溫，或求濃苦，何異農匠作

勞,但需涓滴,何論品賞,何知風味乎。

馮可賓的《岕茶箋》也簡略地羅列宜茶的場合與禁忌,可與許次紓的事例相對照。宜茶的場合:"無事。佳客。幽坐。吟詠。揮翰。倘佯。睡起。宿醒。清供。精舍。會心。賞鑒。文僮。"禁忌:"不如法。惡具。主客不韻。冠裳苛禮。葷肴雜陳。忙冗。壁間案頭多惡趣。"

可以看出,明代文人雅士在茶飲過程中講求的情趣,都與日常生活的情調有關,希望得到的是閑適的心情、明朗的感覺、親切的氛圍、清靜的環境與澄澈的觀照。這是一種清風朗月式的情趣,很像儒家傳統形容人品的高潔,有着人世間活生生的脉動,而非宗教性的清寂。

由於明代文人雅士講究葉茶衝泡,并特別強調茶葉的本色真香,以追求茶飲的清靈之境,自然就會反對在泡茶時摻入珍果香草。但是明代的大眾飲茶方式,特別是江南以外的地區,却承襲了加果加料的習俗未改,甚至變本加厲,在茶裏加入各種佐料。許多強調茶有真香,嚴忌加果加料的茶書,也經常做出妥協,列舉了各種用花果熏茶與點茶的方法。如朱權的《茶譜》就反對"雜以諸香,失其自然之性,奪其真味",但又提供了"熏香茶法":

> 百花有香者皆可。當花盛開時,以紙糊竹籠兩隔,上層置茶,下層置花。宜密封固,經宿開換舊花;如此數日,其茶自有香味可愛。有不用花,用龍腦熏者亦可。

再如錢椿年編、顧元慶刪定的《茶譜》(成書於 1541 年),記有點茶三要,其中"擇果"一條,讀來就似前後矛盾:

> 茶有真香,有佳味,有正色。烹點之際,不宜以珍果香草雜之。奪其香者,松子、柑橙、杏仁、蓮心、木香、梅花、茉莉、薔薇、木樨之類是也。奪其味者,牛乳、番桃、荔枝、圓眼、水梨、枇杷之類是也。奪其色者,柿餅、膠棗、火桃、楊梅、橙橘之類者是也。凡飲佳茶,去果方覺清絕,雜之則無辨矣。若必曰所宜,核桃、榛子、瓜仁、棗仁、菱米、欖仁、栗子、雞頭、銀杏、出藥、筍乾、芝麻、莒窩、萵苣、芹菜之類精製,或可用也。

這裏説的"或可用"的果品，香味與色調雖然不及前列幾種那麼濃烈，但仍會攪亂茶的真香本色。文震亨《長物志》中也提到，假如要在茶中置果，"亦僅可用榛、松、新筍、雞豆、蓮實不奪香味者，他如柑、橙、茉莉、木樨之類，斷不可用"。總之是妥協從俗的辦法。

　　然而，也有些自命雅士的，喜愛在茶中添料，甚至還別出心裁，創造風雅的加料茶。如元代的倪瓚，就發明"清泉白石茶"。據顧元慶《雲林遺事》：

> 元鎮（倪瓚）素好飲茶。在惠山中，用核桃松子肉和真粉，成小塊如石狀，置茶中，名曰清泉白石茶。有趙行恕者，宋宗室也，慕元鎮清致，訪之。坐定，童子供茶。行恕連啖如常。元鎮艴然曰，吾以子爲王孫，故出此品，乃略不知風味，真俗物也。自是交絕。

倪瓚自以爲所創的清泉白石茶是極爲高雅的花樣，没想到宗室貴胄却不懂得欣賞，因此斥爲庸俗，大怒絕交。但是倪瓚自命清雅無比的創舉，羅廩却在《茶解》中視爲可笑："茶内投以果核及鹽、椒、薑、橙等物，皆茶厄也……至倪雲林點茶用糖，則尤爲可笑。"

　　到了清代乾隆皇帝，也是自以爲清雅，特製"三清茶"："以梅花、佛手、松子瀹茶，有詩紀之。茶宴日，即賜此茶，茶碗亦摹御製詩於人。宴畢，諸臣懷之以歸。"（見《西清筆記》）茶碗摹上乾隆那一手學趙孟頫却又畫虎不成的字，抄的又是似通非通的御製詩，再喝碗内不倫不類的三清茶，在當時作官也實在高雅不起來。

　　至於民間的加果加料茶，在浙江就有"果子茶""高茶""原汁茶"等名目。18 世紀茹敦和的《越言釋》就記有這種俚俗：

> 此極是殺風景事，然里俗以此爲恭敬，斷不可少。嶺南人往往用糖梅，吾越則好用紅薑片子。他如蓮荋榛仁，無所不可。其後雜用果色，盈杯溢盞，略以甌茶注之，謂之果子茶，以失點茶之舊矣。漸至盛筵貴客，累果高至尺餘，又復雕鸞刻鳳，綴綠攢紅，以爲之飾。一茶之值，乃至數金，謂之高茶，可觀而不可食。雖名爲茶，實與茶風馬牛。又有從而反之者，聚諸乾撩爛煮之，和以糖蜜，謂之原汁茶。可以食

矣,食竟則摩腹而起。蓋療饑之上藥,非止渴之本謀,其於茶亦了無
干涉也。他若蓮子茶、龍眼茶,種種諸名色,相沿成故。而種種年餹
餐餅餌,皆名之爲茶食,尤爲可笑。

殺風景固然是殺風景,但也可以看到一般老百姓喝茶的習俗,與文人雅士
提倡的風尚,有相當的距離。

(九)

　　從明清之際到近代,中國茶飲的傳統開始没落。一方面是種茶飲茶
的工藝没有太大的發展,另一方面則是由於民生經濟的凋敝,晚明發展起
來的品茗雅趣,到了清代中期,就逐漸走了下坡。

　　明清茶事值得一提的,還有兩件。第一是茶碗的變化,不但由大變
小,也由崇尚厚重青黑的建窑,轉而崇尚青花白瓷,最後又出現了宜興紫
砂茶具傲視群倫的現象。第二則是福建製茶工藝的變化,出現了武夷工
夫茶一系的水仙和烏龍茶,同時也種植製做遠銷外洋的紅茶。

　　這兩種發展,都出現在明代後期到清代中葉之間,其後則是中國茶業
與茶藝的没落期。特別是在清朝末葉,19世紀90年代之後,茶業一蹶不
振,與中國近代的動蕩戰亂相應。進入20世紀以後,戰事與革命頻仍,品
茗的藝術當然無從發展,而且逐漸爲國人遺忘了。以至於現代人提到"茶
道",直接的反應居然是日本的茶道,好像那是日本的"國粹",與中國文化
無關似的。

　　然而,明清飲茶的風尚雅趣,雖然在近代没有得到提升,却在幾個世
紀的潛移默化之中,使得大多數中國老百姓,遵循了明清雅士所提倡的
"茶有真香"的質樸本色飲茶講究,喝茶以葉茶衝泡爲主,既不加香,也不
加果,全成了晚明雅士眼中的陽春白雪派了。

　　或許有人會説這是歷史的反諷,現代人根本不清楚茶飲歷史的情況,
竟然糊裏糊塗成了高雅的陽春白雪派。可是,反過來看,也可説茶飲歷史
的發展,有其自身客觀的發展脉絡,中國飲茶方式的演變正是循着這個脉

絡自然生成的。古人説，茶有真香、有本色、有正味，現代人的葉茶衝泡方式，正符合最質樸的品味之道。

從這個角度來看，日本茶道發展的前途堪虞，因爲其着眼點已經不是"茶之道"，而是從唐宋茶道禮儀形式，發展出來的"茶以外之道"，可以説與茶本身無關。而20世紀80年代以來我國臺灣地區發展的茶藝，特别是以烏龍茶爲主，倒是在注重茶葉本身的色、香、味之時，逐漸提煉出一套新的品茶程序與儀式，有利於茶道的進一步演變。

回顧中國茶飲的歷史，可以發現長遠的文化進程，提供了許多歷史經驗與前人努力創造的文化資源。有的可以汲取使用，有的可供反省思考，有的則是前人的覆轍，值得作爲警惕之用的。品茗藝術的創新，應當是建築在歷史反思的基礎上，才能事半功倍，有所飛躍。

（十）

本書是中國歷代茶書匯編，可稱得上是現存所見茶書總匯中收録最豐富的編著。相較明代喻政的《茶書》，本書不計清代所録，多出五十六種。又與近出的《中國古代茶葉全書》比對，本書所收唐至清代的茶書，實際多出三十九種（詳見"主要茶書總匯收録對照表"）。另外，本書於不同書志中搜得六十五種逸書遺目以作附録，并撰寫簡短的介紹，較《中國古代茶葉全書》的"存目茶書"多十四種。本書在編著時，除選定較佳版本外，還重新予以標點，并附以簡明題記、注釋和校記。全書更以繁體字排印，目的是提供一本既有學術價值、又方便實用的茶書總匯，一方面使學者在查考茶飲歷史文化時，有所依據，不至於墜入錯綜紛繁的史料糾纏；另一方面則對茶人與愛好茶飲的廣大讀者，提供一本既可靠又方便實用的茶文化讀本。

這樣兼顧學術與實用的編輯方針并不容易執行，實踐起來是一種"由繁入簡""深入淺出"的過程。首先，我們要搜集所有的茶書版本，相互比對校勘，還要遍訪各大圖書館所藏的善本，以免滄海遺珠。然後，參考前人的研究成果，整理出頭緒，詳加校注，并删除大量抄襲段落與重複的篇章。最後,綜覽歷代茶書資料,删繁化簡,減少校注紛繁混亂的情況,以免校注本身就連篇累牘,令讀者望而却步。

　　整理本書的過程,并非一帆風順。搜集茶書必須親赴各大圖書館,費盡唇舌才得窺珍藏的茶書善本,却往往是失望者居多。如山東省圖書館藏有《茶書十三種》,查閱之後才發現,不過是十三種茶書湊合在一起,都是我們早已熟知的版本。再如北京故宫博物院圖書館藏有明代朱祐檳編的《茶譜》,秘藏稀見,爲海内孤本。我們前後安排了三次校閱,詳爲抄録,却發現書中所輯,只不過是常見茶書二十多種,并無特別珍稀的資料。類似的情況很多,反映了過去茶書版本紊亂,刊印者以其爲實用書册,隨意删削并合,甚至作爲謀利圖書售賣,删動情況更爲嚴重。我們若對這種任意删改的情況一一標明,當作异文出校,本書的校讎部分恐怕要增加十倍不止。因此,我們采取删繁化簡法,凡是抄自前人著作,并無增勝之處,而任意删動更改者,一律删除,不再出校。

主要茶書總匯收録對照表

本　　　書:《中國歷代茶書匯編校注本》
喻　　　政:明代喻政《茶書》〔見布目潮渢編:《中國茶書全集》(東京:汲古書院,1987年)〕
阮浩耕等:《中國古代茶葉全書》(點校注釋本)(杭州:浙江攝影出版社,1999年)

	本書	喻政	阮浩耕	備　　注
唐五代				
陸羽《茶經》	✓	✓	✓	
張又新《煎茶水記》	✓	✓	✓	
蘇廙《十六湯品》	✓	✓	✓	
王敷《茶酒論》	✓			
輯　佚				
陸羽《顧渚山記》	✓		存目	

續　表

	本書	喻政	阮浩耕	備　　注
陸羽《水品》	✓			
裴汶《茶述》	✓		✓	
溫庭筠《採茶錄》	✓		✓	
毛文錫《茶譜》	✓		✓	
小計	**9 種**	**3 種**	**7 種**	
宋　元				
陶穀《茗荈錄》	✓	✓	✓	
葉清臣《述煮茶泉品》	✓	✓	✓	
歐陽修《大明水記》	✓	✓		
蔡襄《茶錄》	✓	✓	✓	
宋子安《東溪試茶錄》	✓	✓	✓	
黃儒《品茶要錄》	✓	✓	✓	
沈括《本朝茶法》	✓		✓	
唐庚《鬥茶記》	✓		✓	
趙佶《大觀茶論》	✓	✓	✓	
曾慥《茶錄》	✓			
熊蕃《宣和北苑貢茶錄》	✓	✓	✓	
趙汝礪《北苑別錄》	✓	✓	✓	
魏了翁《邛州先茶記》	✓			
審安老人《茶具圖贊》	✓	✓	✓	
楊維楨《煮茶夢記》	✓		✓	
輯　佚				
丁謂《北苑茶錄》	✓		✓	
周絳《補茶經》	✓		✓	
劉异《北苑拾遺》	✓		✓	
沈括《茶論》	✓			輯自陸廷燦《續茶經》
范逵《龍焙美成茶錄》	✓			輯自熊蕃《宣和北苑貢茶錄》及陸廷燦《續茶經》

續　表

	本書	喻政	阮浩耕	備　注
謝宗《論茶》	✓			
曾伉《茶苑總錄》	✓		存目	
桑莊《茹芝續茶譜》	✓		✓	
羅大經《建茶論》	✓		存目	
佚名《北苑雜述》	✓			
小計	25種	10種	16種	
明　代				
朱權《茶譜》	✓		✓	
顧元慶　錢椿年《茶譜》	✓	✓	✓	
真清《水辨》	✓		✓	
真清《茶經外集》	✓		✓	
田藝蘅《煮泉小品》	✓	✓	✓	
徐獻忠《水品》	✓	✓	✓	
陸樹聲《茶寮記》	✓	✓	✓	
孫大綬《茶經外集》	✓			
孫大綬《茶譜外集》	✓		✓	
徐渭《煎茶七類》	✓		存目	
屠隆《茶箋》	✓	✓	✓	
高濂《茶箋》	✓			
陳師《茶考》	✓		✓	
張源《茶錄》	✓	✓	✓	
胡文煥《茶集》	✓		存目	
蔡復一《茶事詠》		✓		
張謙德《茶經》	✓		✓	
許次紓《茶疏》	✓	✓	✓	
陳繼儒《茶話》	✓	✓	✓	
高元濬《茶乘》	✓		存目	

	本書	喻政	阮浩耕	備　　注
程用賓《茶録》	✓		✓	
馮時可《茶録》	✓		✓	
熊明遇《羅岕茶記》	✓		✓	
羅廩《茶解》	✓	✓	✓	
徐𤊹《蔡端明別紀‧茶癖》	✓	✓	✓	
屠本畯《茗笈》	✓	✓	✓	
夏樹芳《茶董》	✓		✓	
陳繼儒《茶董補》	✓		✓	
龍膺《蒙史》	✓	✓	✓	
徐𤊹《茗譚》	✓		✓	
喻政《茶集》	✓	✓	✓	
喻政《茶書》	✓		✓	
聞龍《茶箋》	✓		✓	
顧起元《茶略》	✓			
黃龍德《茶説》	✓		✓	
程百二《品茶要録補》	✓		✓	
萬邦寧《茗史》	✓		✓	
李日華《竹嬾茶衡》	✓			輯自陸廷燦《續茶經》
李日華《運泉約》	✓			
曹學佺《茶譜》	✓			
馮可賓《岕茶箋》	✓	✓	✓	
朱祐檳《茶譜》	✓		存目	
華淑　張瑋《品茶八要》	✓			
周高起《陽羨茗壺系》	✓	✓	✓	
周高起《洞山岕茶系》	✓	✓	✓	
鄧志謨《茶酒爭奇》	✓		存目	

續　表

	本書	喻政	阮浩耕	備　注
醉茶消客《明抄茶水詩文》	✓			
輯　佚				
周慶叔《岕茶別論》	✓			輯自陸廷燦《續茶經》
朱日藩　盛時泰《茶藪》	✓			
佚名《岕茶疏》	✓			輯自黃履道《茶苑》
佚名《茶史》	✓			輯自黃履道《茶苑》
邢士襄《茶説》	✓			輯自《茗笈》及陸廷燦《續茶經》
徐𤊨《茶考》	✓	✓		輯自喻政《茶集》及陸廷燦《續茶經》
吳從先《茗説》	✓			輯自陸廷燦《續茶經》
王毗《六茶紀事》	✓			
小計	**54 種**	**19 種**	**33 種**	
清　代				
《六合縣志》輯録《茗笈》	✓			
陳鑒《虎丘茶經注補》	✓		✓	
劉源長《茶史》	✓		✓	
冒襄《岕茶彙鈔》	✓		✓	
余懷《茶史補》	✓		✓	
黃履道　佚名《茶苑》	✓	存目		
程作舟《茶社便覽》	✓		✓	
陸廷燦《續茶經》	✓		✓	
葉雋《煎茶訣》	✓			
顧蘅《湘皋茶説》	✓			
吳騫《陽羨名陶録》	✓			
翁同龢《陽羨名陶録摘抄》	✓			
吳騫《陽羨名陶續録》	✓			
朱濂《茶譜》	✓			
陳元輔《枕山樓茶略》	✓			

續　表

	本書	喻政	阮浩耕	備　注
胡秉樞《茶務僉載》	✓			
佚名《茶史》	✓			
程雨亭《整飭皖茶文牘》	✓		✓	
震鈞《茶説》	✓			
康特璋、王實父《紅茶製法説略》	✓			
鄭世璜《印錫種茶製茶考察報告》	✓			
高葆真（英）　曹曾涵校潤《種茶良法》	✓			
程淯《龍井訪茶記》	✓		✓	
輯　佚				
卜萬祺《松寮茗政》	✓			輯自陸廷燦《續茶經》
王梓《茶説》	✓			
王復禮《茶説》	✓			輯自陸廷燦《續茶經》
小計	**26 種**	**0 種**	**8 種**	喻政《茶書》成書於明中晚期，故不收後出茶書
總計	**114 種**	**32 種**	**64 種**（**75 種**）[1]	

（1）此處 75 種茶書，包括了未被單獨列出的 11 種。

　　於此，我們必須指出，本書雖然對重要版本詳加校注，但目的是方便學者查考與讀者閲讀，絶不是一部茶書版本研究總匯。我們在陸羽《茶經》的題記中列了五十四種版本，固然是因爲此書的重要性遠超群倫，但也只是供學者參考而已。我們最後選用的版本，還是根據近代學者吳覺農及布目潮渢的研究成果，再比對幾種重要的通行版本出校，并非一一列舉五十四種不同版本的異文。又例如五代蜀毛文錫的《茶譜》，是一部重要的經典，本書收録時即以今人陳尚君的《毛文錫〈茶譜〉輯考》爲底本，再以陳祖槼、朱自振的《中國茶葉歷史資料選輯》爲校，儘量采用現今學者的研究成果。

本書所收茶書,内容以茶葉種植、采造、儲存、飲用的茶事爲主,不收歷代茶馬制度類的志書,也不收屬於文學創作的茶詩專書。但一般茶書分類繁雜,包羅甚廣,時有涉及茶馬制度之處,更大量收録了咏茶詩,本書亦不刻意删除,以存所收茶書原來面目。

本書的構思與策劃,起自 2000 年,由朱自振先生與我倡導,得到香港商務印書館陳萬雄兄支持,答允出版。本書最初規劃曾送交香港政府研究撥款委員會,請求資助。所有學術審核委員一致評定爲優越研究計劃,推薦政府資助,但委員會承辦官員却以"古籍校刊注釋非學術研究"爲由,不予撥款。幸虧獲得城市大學張信剛校長及高彦鳴副校長支持,本計劃才得以在中國文化中心進行。然而工作之繁重及瑣碎,遠遠超出原先之預期,歷時六載,方得完成。在這漫長的歲月中,全書編輯體例幾經調整變動,在實踐的磨練中逐漸成形。我要特別感謝城市大學提供的長期研究資助,也得感謝香港商務印書館同仁的耐心等待。特別是陳萬雄與張倩儀總編輯與我幾次會商,確定編輯體例,重申出版承諾,使我五内銘感。

本書之成,雖是衆人之力,但最重要的則是朱自振先生的前期工作。他負責搜集資料,并帶領沈冬梅、賴慶芳、周立民、陳鎮泰整理校勘,撰寫題記及校注初稿。商務印書館特約編輯莊昭亦參與前期工作,提供許多珍貴建議。後期整理及定稿工作,由我負責,得現任復旦大學中文系戴燕教授及本中心張爲群襄助,重新改寫了題記,整理了校注,并確定收録的版本,删除諸茶書重複抄襲的段落。最後的繁瑣校對工作,不僅由商務同仁承擔,本中心的毛秋瑾博士、黄海濤、林嘉敏、陳煒楨都全力以赴。此外,還有馬家輝博士與林學忠博士在旁掖助,與諸多勝友的鼓勵,才完成這項歷時六年的"豐功偉業"。

希望讀者翻閱此書時,能够想到這些合作者的辛勞,那麽,六年的心血也就值得了。

二〇〇七年二月十四日於香港城市大學中國文化中心

(附記:本序文關於茶飲歷史文化的材料,來自拙文《茶飲歷史的回顧》)

凡　　例

　　1. 本書匯集自唐代陸羽《茶經》至清代王復禮《茶説》共一百十四種茶書，并以 1911 年爲限。當中清代胡秉樞的《茶務僉載》原文已佚，編者今據日文譯本再翻譯爲中文，并附於日文刻本後；又英人所撰并由英人高葆真摘譯的《種茶良法》亦在收録之列，這些書都反映了中國和世界茶業、茶學近代化的過程，極有價值。另外，本書兼輯佚散見於各處的茶書，例如陸羽的《顧渚山記》《水品》等，共二十六種。

　　2. 本書主要收録現存與茶葉、茶飲相關的茶書，而歷代茶馬志，主要記載茶馬制度，不入本書收集範圍，故不録。另外，清代李鳴韶等的《詠嶺南茶》，雖被陝西省圖書館《館藏古農書目録》及《中國農業古籍目録》列爲茶書，但與茶葉、茶飲没有直接關係，故不收録。又胡文焕《新刻茶譜五種》《茶書五種》及現存山東圖書館的明代佚名《茶書十三種》，因是前代茶書的合集，所輯茶書俱見本書，雖有版本研究的價值，但因篇幅所限，亦不收入。

　　3. 中國茶葉的發展具有階段性的特點，因此本書是根據茶葉的種植、製作和飲用習慣來編次的。全書現分上中下三編，上編爲唐五代茶書及宋元茶書，中編爲明代茶書，下編爲清代茶書，各編除上編分爲兩部分外，皆先排現存茶書，再排輯佚茶書。其編次以成書先後爲序，成書年代不可考者，參以作者的生卒年，或參以登第、仕履之年，或參以其親屬、交游之有關年代，略推其大約生年。成書年份及作者生卒年不可考者，參前人排序，如喻政《茶書》、陳祖槼及朱自振《中國茶葉歷史資料選輯》。佚名作者，世次無可考者，則列於該部分最後。

　　4. 一般情況下，每種茶書均含題記、正文、注釋和校記四部分。

5. 每篇題記主要記述作者的生平事迹、成書過程、該書的内容及其在茶文化史上的地位、版本的傳存情况。

6. 茶書抄襲情况嚴重,是以内容多有重出,爲避免過多重複,本書儘量作出適當的删節,并於删節處加注,説明參見本書某代某人某書。删節文字如與原文有些微出入,不影響大致内容,則不詳加説明。若原文作者對删節的内容有注解,則保留注解文字。個別情况的特殊處理,則於題記交代。另外,本書所收茶書有不少重複引録前人的茶詩、茶詞、茶歌、茶賦,例如明代醉茶消客《明抄茶水詩文》、清代佚名《茶史》尤其多。遇到重出的韵文,本書一律删節,僅保留作者、題目及首句。

7. 凡現存茶書,俱選擇公認的善本或年代最早的足本爲底本,并參校其他本子,比勘校對,所參者包括已出版的標點本及校箋本。現存的孤本茶書,只作理校。正文重新予以標點,正文中引用他人著作者而經核實的,俱用引號,無法查證的,則酌情而定或不莽下引號。

8. 歷來茶書的版本龐雜、多作爲一般的通俗書籍,出版也較爲隨意,因此誤、遺、衍、竄、異的情况頗爲常見,本書已儘量指出,并在校記中説明。至於附録序跋,則不出校。

9. 异體字和俗字,一律改爲正體或通行寫法,主要參考《康熙字典》和《漢語大字典》,例如岕茶的"岕"字,茶書中作"岕"或"岭",今則據《康熙字典》及《漢語大字典》所定,俱統一爲"岭"。避諱字恢復原字,并出校。

10. 文中缺漏、編者所添加的字詞或句子,一律補上,并以六角括號〔 〕標示及出校。

11. 文中本闕或模糊不清之字詞,一律以方格□標示。

12. 本書主要選擇與茶有關的詞條作注解,人名和地名亦儘量作注,古代職官、名物、典故、史事則選擇難懂者加注。凡難字、僻字均注音及釋義。所有注釋均在全書第一次出現時加。

13. 本書題記、注釋及校記中出現的地名乃籠統言之,并未按當今行政區域標明省、市、縣等,僅爲示意。

14. 校記中的版本俱用簡稱,簡稱一律於校記首次出現的條目内說明。

　　15. 本書末并附"中國古代茶書逸書遺目"及"主要參考引用書目"。

　　16. 除清代胡秉樞《茶務僉載》以日文原刻本印上爲直排外,全書俱爲繁體字橫排。

茶譜

◇明　朱權　撰

　　朱權（1378—1448），明太祖朱元璋第十七子。洪武二十四年（1391）封寧王，建封邑大寧[1]。建文元年（1399），燕王朱棣起兵前，用計先謀取大寧，奪權下屬三衛精騎，并迫其加入燕軍。永樂元年（1403），朱棣奪位，改封權藩南昌。權知朱棣對己提防，乃行韜晦計，構精廬一區，琴讀其間，終安成祖之世。及宣宗時，權提出宗室不應定品級等議論，遭帝詰責，權被迫上書謝過。從此他日與文士往還，托志翀舉，自號臞仙、涵虚子、丹丘先生。權好學博古，讀書無所不窺，深於史，旁及釋老，尤精曲律，著作宏富。卒諡獻，故後人亦稱其爲寧獻王。

　　朱權的《茶譜》，在明清衆多的茶書中，是一本自撰性的茶書，它繼承了唐宋茶書的一些傳統内容，同時開啓了明清茶書的若干風氣，具有承前啓後意義。按照朱權自己的説法，就是"崇新改易，自成一家"。這本《茶譜》，也是現存明代最早的一本茶書。其成書年代，萬國鼎在《茶書總目提要》中，據其前序自署"涵虚子臞仙"，推定"作於晚年，約在1440年前後"，今推斷其成書於宣德五年（1430）至正統十三年（1448）。

　　朱權《茶譜》，最早見於清初黄虞稷（1629—1691）《千頃堂書目》，記作"寧獻王《臞仙茶譜》一卷"，但未説明刊本還是抄本。《中國古籍善本書目》著録僅有南京圖書館收藏的清杭大宗《藝海彙函》藍格鈔本一種，而在明清茶書尤其輯集類茶書中，也很少見到引録，説明本譜可能流傳不廣。萬國鼎在20世紀30年代所寫《茶書二十九種題記》未提及是書，1957年調任中國農業科學院農業遺産研究室主任後，才發現并命輯出收入《中國茶葉歷史資料選輯》。本書仍以《藝海彙函》本爲底本，并略爲改正選輯本的錯誤。

茶譜序

挺然而秀,鬱然而茂,森然而列者,北園①之茶也。泠然而清,鏘然而聲,涓然而流者,南澗之水也。塊然而立,晬然而溫,鏗然而鳴者,東山之石也。瘝然而酸,兀然而傲,擴然而狂者,渠也②。渠以東山之石③,擊灼然之火,以南澗之水,烹北園之茶,自非喫茶漢,則當握拳布袖,莫敢伸也。本是林下一家生活,傲物玩世之事,豈白丁可共語哉?予嘗舉白眼而望青天,汲清泉而烹活火,自謂與天語以擴心志之大,符水火以副内煉之功,得非遊心於茶竈,又將有裨於修養之道矣。其惟清哉。涵虛子臞仙書。

茶譜

茶之爲物,可以助詩興,而雲山頓色,可以伏睡魔,而天地忘形,可以倍清談,而萬象驚寒,茶之功大矣。其名有五:曰茶、曰檟、曰蔎、曰茗、曰荈。一云早取爲茶,晚取爲茗。食之能利大腸,去積熱,化痰下氣,醒睡、解酒、消食,除煩去膩,助興爽神。得春陽之首,占萬木之魁。始於晉,興於宋。惟陸羽得品茶之妙,著《茶經》三篇,蔡襄著《茶録》二篇。蓋羽多尚奇古,製之爲末,以膏爲餅。至仁宗時,而立龍團、鳳團、月團之名,雜以諸香,飾以金彩,不無奪其真味。然天地生物,各遂其性,若莫葉茶;烹而啜之,以遂其自然之性也。予故取亨茶之法,末茶之具,崇新改易,自成一家。爲雲海餐霞服日之士,共樂斯事也。雖然會茶而立器具,不過延客歆話而已,大抵亦有其説焉。凡鸞儔鶴侣,騷人羽客,皆能志絶塵境,棲神物外,不伍於世流,不污於時俗。或會於泉石之間,或處於松竹之下,或對皓月清風,或坐明窗静牖,乃與客清談歆話,探虚玄而參造化,清心神而出塵表。命一童子設香案,攜茶爐於前,一童子出茶具,以瓢汲清泉注於瓶而炊之。然後碾茶爲末,置於磨令細,以羅羅之,候湯將如蟹眼,量客衆寡,投數匕入於巨甌。候茶出相宜,以茶筅擇令沫不浮,乃成雲頭雨腳,分於啜甌,置之竹架,童子捧獻於前。主起,舉甌奉客曰:"爲君以瀉清臆。"客起接。舉甌曰:"非此不足以破孤悶。"乃復坐。飲畢,童子接甌而退。話久情長,禮陳再三,遂出琴棋,陳筆研。或庚歌,或鼓琴,或弈棋,寄形物外,與世相忘,斯則知茶之爲物,可謂神矣。然而啜茶大忌白丁,故山谷曰："著茶須是吃茶人。"更不宜花下啜,故山谷曰："金谷看花莫謾煎"是也。盧仝喫七碗,老蘇不禁三碗[2],予以一甌,足可通仙靈矣。使二老有知,亦爲之大笑,其他聞之,莫不謂之迂闊。

品茶

於穀雨前,采一槍一葉者製之爲末,無得膏爲餅[3],雜以諸香,失其自然之性,奪其真味;大抵味清甘而香,久而回味,能爽神者爲上。獨山東蒙山石蘚茶[4],味入仙品,不入凡卉④。雖世固不可無茶,然茶性涼,有疾者不宜多食。

收茶

茶宜蒻葉而收,喜溫燥而忌濕冷。入於焙中。焙用木爲之,上隔盛茶,下隔置火,仍用蒻葉蓋其上,以收火氣。兩三日一次,常如人體溫溫,則禦濕潤以養茶,若火多則茶焦。不入焙者,宜以蒻籠密封之,盛置高處。或經年,則香味皆陳,宜以沸湯漬之,而香味愈佳。凡收天香茶,於桂花盛開時,天色晴明,日午取收,不奪茶味。然收有法,非法則不宜。

點茶

凡欲點茶,先須爝盞[5],盞冷則茶沉,茶少則雲腳散,湯多則粥面聚。以一匕投盞内,先注湯少許,調勻,旋添入,環迴擊拂。湯上盞可七分則止,著盞無水痕爲妙。今人以果品爲換茶,莫若梅、桂、茉莉三花最佳。可將蓓蕾數枚投於甌内罨之,少頃,其花自開,甌未至唇,香氣盈鼻矣。

熏香茶法

百花有香者皆可。當花盛開時,以紙糊竹籠兩隔,上層置茶,下層置花。宜密封固,經宿開換舊花;如此數日,其茶自有香味可愛。有不用花,用龍腦熏者亦可。

茶爐

與煉丹神鼎同製,通高七寸,徑四寸,腳高三寸,風穴高一寸,上用鐵隔,腹深三寸五分,瀉銅爲之。近世罕得。予以瀉銀坩鍋瓷爲之,尤妙。
襻高一尺七寸半,把手用藤扎,兩傍用鈎,掛以茶帚、茶筅、炊筒、水濾
於上。

茶竈

古無此製,予於林下置之。燒成瓦器如竈樣,下層高尺五,爲竈臺,上
層高九寸,長尺五,寬一尺,傍刊以詩詞詠茶之語。前開二火門,竈面開二
穴以置瓶。頑石置前,便炊者之坐。予得一翁,年八十猶童,痴憨奇古,不
知其姓名,亦不知何許人也。衣以鶴氅,繫以麻條,履以草履,背駝而頸
跧[6],有雙髻於頂,其形類一菊字,遂以菊翁名之。每令炊竈以供茶,其清致
倍宜。

茶磨

磨以青礦石爲之,取其化痰去熱故也。其他石則無益於茶。

茶碾

茶碾,古以金、銀、銅、鐵爲之,皆能生鉎[7]。今以青礦石最佳。

茶羅

茶羅,徑五寸,以紗爲之。細則茶浮,粗則水浮。

茶架

茶架,今人多用木,雕鏤藻飾,尚於華麗。予製以斑竹、紫竹,最清。

茶匙

茶匙要用擊拂有力,古人以黃金爲上,今人以銀、銅爲之,竹者輕。予
嘗以椰殼爲之,最佳。後得一瞽者,無雙目,善能以竹爲匙,凡數百枚,其
大小則一,可以爲奇。特取異於凡匙,雖黃金亦不爲貴也。

茶筅

茶筅，截竹爲之。廣、贛製作最佳。長五寸許，匙茶入甌，注湯筅之，候浪花浮成雲頭雨脚乃止。

茶甌

茶甌，古人多用建安所出者，取其松紋兔毫爲奇。今淦窰[8]所出者，與建盞同，但注茶，色不清亮，莫若饒瓷爲上，注茶則清白可愛。

茶瓶

瓶要小者，易候湯，又點茶注湯有準。古人多用鐵，謂之罌[⑤]。罌，宋人惡其生鉎，以黃金爲上，以銀次之。今予以瓷石爲之，通高五寸，腹高三寸，項長二寸，觜長七寸。凡候湯不可太過，未熟則沫浮，過熟則茶沉。

煎湯法

用炭之有焰者，謂之活火，當使湯無妄沸。初如魚眼散佈，中如泉湧連珠，終則騰波鼓浪，水氣全消。此三沸之法，非活火不能成也。

品水

臞仙曰，青城山老人村杞泉水第一，鍾山八功德水第二，洪崖丹潭水[9]第三，竹根泉水第四。

或云：“山水上，江水次，井水下。”伯芻[10]以揚子江心水第一，惠山石泉第二，虎丘石泉第三，丹陽井第四，大明井第五，松江第六，淮水第七。

又曰：廬山康王洞簾水第一，常州無錫惠山石泉第二，蘄州蘭溪石下水第三，硤州扇子硤下石窟洩水第四，蘇州虎丘山下水第五，廬山石橋潭水第六，揚子江中泠水第七，洪州西山瀑布第八，唐州桐柏山淮水源第九，廬山頂天池之水第十，潤州丹陽井第十一，揚州大明井第十二，漢江金州上流中泠水第十三，歸州玉虛洞香溪第十四，商州武關西谷水第十五，蘇州吳松江第十六，天台西南峯瀑布水第十七，彬州圓泉第十八，嚴州桐廬江嚴陵灘水第十九，雪水第二十。

注　釋

1　大寧:明洪武二十四年(1391)建,大寧都指揮使司并朱權王封邑新城。其衛居守今遼寧朝陽和内蒙古赤峰、喀喇沁旗、寧城一帶。燕王起兵前擄寧王全家至燕,使之成一座空城;永樂改封寧王於南昌後,大寧新城全廢。

2　老蘇不禁三碗:語出蘇軾《汲江煎茶》"枯腸未易禁三碗,坐聽荒城長短更"之句。

3　無得膏爲餅:唐宋時團茶、餅茶,以其製法,亦稱"研膏茶",即將茶蒸焙後先研磨成末,然後以米漿(建茶舊雜以米粉或薯蕷)等以助膏之成形。此指朱權用茶,一般至研末爲止,不再膏之爲餅。

4　蒙山石蘚茶:蒙山位於山東蒙陰縣,其地不産茶,但石上生一種苔蘚,煮飲味極佳,故亦稱"蒙茶"。

5　燴(xié)盞:燴,用火薰烤。燴盞,即用火薰茶盞。

6　頸跧:跧,蜷伏,此指歪頸縮項貌。

7　鮏(xīng):亦作"鯹",指鐵衣,即鐵銹。

8　淦窯:窯址位於今江西樟樹。

9　洪崖丹潭水:在江西新建西山,一名伏龍山,相傳爲洪崖修煉得道之處。丹潭水疑即洪崖煉丹所用的井或"洪井"水。

10　伯芻:即劉伯芻,下錄其評茶七等,載張又新《煎茶水記》。

校　記

①　北園:疑即建之"北苑";園當"苑"之音訛,下同。

②　渠也:據上文"……北園之茶也……東山之石也"的文例,此前疑脱三字。

③　渠以東山之石:據文義,渠字疑衍文。

④　不入凡卉:底本作"不凡入卉",此據選輯本改。

⑤　謂之巎:底本作"謂之嬰",嬰通"巎"。

茶譜

◇明　顧元慶　删校
　明　錢椿年　原輯

錢椿年，蘇州常熟人，字賓桂，人或稱"友蘭翁"，大概號友蘭。由趙之履《茶譜續編》跋中得知，其"好古博雅，性嗜茶。年逾大耋，猶精茶事，家居若藏若煎，咸悟三昧"。萬國鼎《茶書總目提要》稱其"嘉靖間續修《錢氏族譜》"，本譜"大概也是作於嘉靖中"，反映其主要活動年代，也是在嘉靖前後。

顧元慶(1487—1565)，蘇州長洲人，字大有。家陽山[1]大石下，號大石山人，人稱大石先生。家中藏書萬卷，有堂名"夷白"。多所纂述，曾擇其善本刻印，署曰"陽山顧氏山房"。行世之作有《明朝四十家小説》十册，《文房小説四十二種》，并有《瘞鶴銘考》《雲林遺事》《山房清事》《夷白齋詩録》《大石山房十友譜》《茗曝偶談》等。茶葉專著除本譜外，據《吳縣志·長洲志》記載，還有《茶話》一卷。

關於本文的情況，據趙之履跋《茶譜續後》説：友蘭錢翁滙成《譜》之後，"屬伯子奚川先生梓行之。之履閲而歎曰：夫人珍是物與味，必重其籍而飾之，若夫蘭翁是編，亦一時好事之傳，爲當世之所共賞者……之履家藏有王舍人孟端《竹爐新詠》故事及昭代名公諸作，凡品類若干。會悉翁譜意，翁見而珍之，屬附輯卷後爲《續編》"。顧元慶在《茶譜》前序中也説："頃見友蘭翁所集《茶譜》，閲後但感收採古今篇什太繁，甚失譜意，余暇日删校，仍附王友石竹爐並分封六事於後。"説明，本文最初爲錢椿年編印，趙之履提供的竹爐詩後來附刻於其《茶譜》之後爲"續編"，而顧元慶的删校本出，自萬曆之後，錢椿年《茶譜》及其所附《續編》，就沒有再被重刻，世所流行的，都是顧元慶的《茶譜》。以明刻本爲例，除去顧元慶自己編刊

的《明朝四十家小説》本不説,其他如汪士賢《山居雜志》、喻政《茶書》、陶
珽《説郛續》、茅一相《欣賞續編》、胡文焕《百名家書》、明末佚名刻《居家
必備》等,所收《茶譜》就均不載錢椿年更不提趙之履,一律只署顧元慶之
名。因爲這樣,嘉靖年間刻印的錢椿年《茶譜》和後附《續編》,也慢慢失傳
而只存名於個别古代書目。據萬國鼎先生查考,錢椿年《茶譜》,至清朝初
年,就僅見於錢謙益《絳雲樓書目》,而"不見其他書目",以致有將顧元慶
删校錢《譜》,誤作爲谿谷子另《譜》[2]。清末民初,有些書商將早已失傳的
錢椿年《茶譜》"復活",把胡文焕《百名家書》中的顧元慶《新刻茶譜》,改
名爲錢椿年《新刻茶譜》。《文藝叢書》甚至將《新刻茶譜》,更改爲錢椿年
《製茶新譜》。這些情況,集中反映在各種書目上,其實現在各書目中所談
到的錢椿年《茶譜》《茶譜續編》《新譜》及谿谷子《茶譜》等等,無不是顧元
慶删校錢椿年《茶譜》本。這裏附帶説明一點,編者過去在編《中國茶葉歷
史資料選集》時,將萬國鼎《茶書總目提要》上的錢椿年《茶譜》、趙之履
《茶譜續編》和顧元慶《茶譜》合而爲一,署作"錢椿年編,顧元慶删校"。
這次我們對本文作更全面的查考後,鑒於顧元慶删校本一出,錢椿年《茶
譜》和《茶譜續編》即被淘汰、含納和各書就均不提錢氏只署顧元慶之名的
實際,經一再推敲,決定將原來署名的先後次序,倒改爲"顧元慶删校,錢
椿年原輯"。

　　本文錢椿年原編和趙之履《續編》編定的時間,萬國鼎在《茶書總目提
要》中,分别寫作爲嘉靖九年(1530)前後和嘉靖十四年(1535)前後,不知
所據。顧元慶序署"嘉靖二十年春",則錢《譜》和《續編》的輯梓,距元慶
删校當有五年(即皆爲嘉靖十五年)左右。

　　本文以顧元慶自編《明朝四十家小説》本爲底本,以谿谷子《茶譜》本、
喻政《茶書》本、《續修四庫全書》本和《説郛續》本等作校。正文後所附
《茶譜後序》,係歸安(今浙江湖州)茅一相撰寫,當爲其編輯《欣賞續編》
收録《茶輯》時所加,見於喻政《茶書》本、《續修四庫全書》本。

序

余性嗜茗,弱冠時,識吴心遠於陽羨,識過養拙於琴川[3]。二公極於茗

事者也。授余收、焙、烹、點法，頗爲簡易。及閱唐宋《茶譜》《茶録》諸書，法用熟碾細羅爲末、爲餅，所謂小龍團，尤爲珍重。故當時有"金易得而龍餅不易得"之語。嗚呼！豈士人而能爲此哉！

頃見友蘭翁所集《茶譜》，其法於二公頗合，但收採古今篇什太繁，甚失譜意。余暇日刪校，仍附王友石[4]竹爐即苦節君像並分封六事於後，重梓於大石山房，當與有玉川之癖者共之也。

嘉靖二十年春吴郡顧元慶序

茶略

茶者，南方佳木，自一尺、二尺至數十尺。其巴峽有兩人抱者，伐而掇之。樹如瓜蘆，葉如梔子，花如白薔薇，實如栟櫚，蒂如丁香，根如胡桃。

茶品

茶之産於天下多矣，若劍南有蒙頂石花，湖州有顧渚紫笋，峽州有碧潤明月，邛州有火井思安，渠江有薄片，巴東有真香，福州有柏巖，洪州有白露。常之陽羡，婺之舉巖，丫山之陽坡，龍安之騎火，黔陽之都濡高株，瀘川之納溪梅嶺之數者，其名皆著。品第之，則石花最上，紫笋次之，又次則碧潤明月之類是也。惜皆不可致耳。

藝茶

藝茶欲茂，法如種瓜，三歲可採。陽崖陰林，紫者爲上，緑者次之。

採茶

團黄有一旗二鎗之號，言一葉二芽也。凡早取爲茶，晚取爲荈。穀雨前後收者爲佳，粗細皆可用。惟在採摘之時，天色晴明，炒焙適中，盛貯如法。

藏茶

茶宜蒻葉，而畏香藥；喜温燥，而忌冷濕。故收藏之家，以蒻葉封裹入焙中，兩三日一次，用火當如人體温温，則禦濕潤。若火多，則茶焦不可食。

製茶諸法

橙茶：將橙皮切作細絲一觔,以好茶五觔焙乾,入橙絲間和,用密麻布襯墊火箱,置茶於上,烘熱;淨綿被罨之三兩時,隨用建連紙袋封裹,仍以被罨焙乾收用。

蓮花茶：於日未出時,將半含蓮花撥開,放細茶一撮納滿蕊中,以麻皮略繫,令其經宿。次早摘花,傾出茶葉,用建紙包茶焙乾。再如前法,又將茶葉入別蕊中,如此數次,取其焙乾收用,不勝香美。

木樨、茉莉、玫瑰、薔薇、蘭蕙、菊花、梔子、木香、梅花皆可作茶。諸花開時,摘其半含半放、蕊之香氣全者,量其茶葉多少,摘花爲茶。花多則太香而脫茶韻;花少則不香而不盡美。三停茶葉一停花始稱。假如木樨花,須去其枝蒂及塵垢、蟲蟻,用磁罐一層茶、一層花投入至滿,紙箬繫固,入鍋重湯煮之。取出待冷,用紙封裹,置火上焙乾收用。諸花倣此。

煎茶四要

一擇水

凡水泉,不甘能損茶味之嚴,故古人擇水,最爲切要。山水上,江水次,井水下。山水、乳泉漫流者爲上,瀑湧湍激勿食,食久令人有頸疾。江水取去人遠者,井水取汲多者,如蟹黃混濁、鹹苦者,皆勿用。

二洗茶

凡烹茶,先以熱湯洗茶葉,去其塵垢、冷氣,烹之則美。

三候湯

凡茶,須緩火炙,活火煎。活火,謂炭火之有焰者,當使湯無妄沸,庶可養茶。始則魚目散布,微微有聲;中則四邊泉湧,纍纍連珠;終則騰波鼓浪,水氣全消,謂之老。湯三沸之法,非活火不能成也。

凡茶少湯多則雲腳散,湯少茶多則乳面聚[①]。

四擇品

凡瓶，要小者，易候湯，又點茶、注湯有應[②]。若瓶大，啜存停久，味過則不佳矣。茶銚、茶瓶，銀錫爲上，瓷石次之。

茶色白，宜黑盞。建安所造者，紺黑紋如兔毫，其坯微厚，熁之火熱久難冷，最爲要用。他處者，或薄或色異，皆不及也。

點茶三要

（一）滌器

茶瓶、茶盞、茶匙生鉎音星致損茶味，必須先時洗潔則美。

（二）熁盞

凡點茶，先須熁盞令熱，則茶面聚乳，冷則茶色不浮。

（三）擇果

茶有真香，有佳味，有正色。烹點之際，不宜以珍果、香草雜之。奪其香者，松子、柑橙、杏仁、蓮心、木香、梅花、茉莉、薔薇、木樨之類是也。奪其味者，牛乳、番桃、荔枝、圓眼、水梨、枇杷之類是也。奪其色者，柿餅、膠棗、火桃、楊梅、橙橘之類是也。凡飲佳茶，去果方覺清絶，雜之則無辯矣。若必曰所宜，核桃、榛子、瓜仁、棗仁、菱米、欖仁、栗子、雞頭、銀杏、山藥、筍乾、芝麻、莒蒿、萵巨、芹菜之類精製，或可用也。

茶效

人飲真茶，能止渴、消食、除痰、少睡、利水道、明目、益思出《本草拾遺》，除煩去膩。人固不可一日無茶，然或有忌而不飲，每食已，輒以濃茶漱口，煩膩既去而脾胃清適。凡肉之在齒間者，得茶漱滌之，乃盡消縮，不覺脱去，不煩刺挑也。而齒性便苦，緣此漸堅密，蠹毒自已矣。然率用中下茶。出蘇文[5]

附竹爐並分封六事[③]

苦節君銘

肖形天地,匪冶匪陶。心存活火,聲帶湘濤。一滴甘露,滌我詩腸。
清風兩腋,洞然八荒。

戊戌秋八月望日[6]錫山[7]盛顒[8]著

茶具六事,分封悉貯於此,侍從苦節君於泉石山齋亭館間。執事者
故以行省名之。按:《茶經》有一源、二具、三造、四器、五煮、六飲、七
事、八出、九略、十圖之説,夫器雖居四,不可以不備,闕之則九者皆荒而
茶廢矣,得是,以管攝衆。器固無一闕,況兼以惠麓之泉,陽羡之茶,烏
乎廢哉。陸鴻漸所謂都籃者,此其是與款識。以湘筠編製,因見圖譜,
故不暇論。

庚申春三月[9]穀雨日,惠麓茶仙盛虞識。六事分封見後。

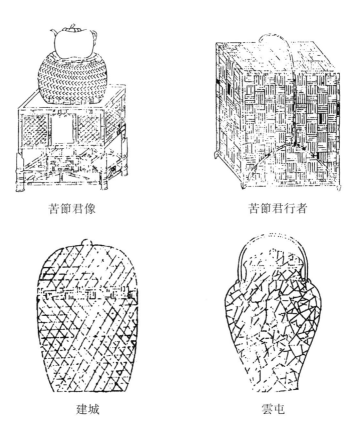

苦節君像　　　　　　　　苦節君行者

建城　　　　　　　　　　雲屯

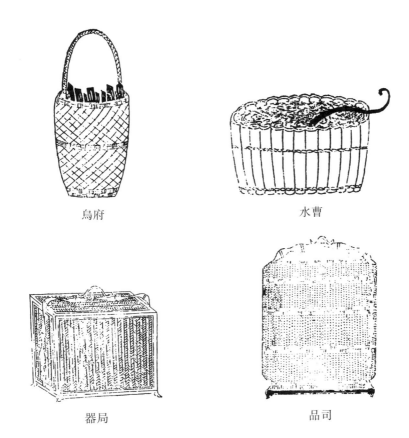

烏府　　　　　　　　　　　　　水曹

器局　　　　　　　　　　　　　品司

　　茶宜密裹，故以蒻籠盛之，宜於高閣，不宜濕氣，恐失真味。古人因以
用火，依時焙之。常如人體温温，則禦濕潤。今稱建城。按《茶錄》云：建
安民間以茶爲尚，故據地以城封之。

　　泉汲於雲根，取其潔也。欲全香液之腴，故以石子同貯瓶缶中，用供烹
煮。水泉不甘者，能損茶味，前世之論，必以惠山泉宜之。今名雲屯，蓋雲即
泉也，得貯其所，雖與列職諸君同事，而獨屯於斯，豈不清高絶俗而自貴哉。

　　炭之爲物，貌玄性剛，遇火則威靈氣燄，赫然可畏。觸之者腐，犯之者
焦，殆猶憲司行部，而姦宄無狀者，望風自靡。苦節君得此，甚利於用也，
況其別號烏銀，故特表章。其所藏之具，曰烏府，不亦宜哉。

　　茶之真味，蘊諸鎗旗之中，必浣之以水而後發也。既復加之以火，投
之以泉，則陽嘘陰翕，自然交姤而馨香之氣溢於鼎矣。故凡苦節君器物用

事之餘，未免有殘瀝微垢，皆賴水沃盥，名其器曰水曹，如人之濯於盤水，則垢除體潔，而有日新之功，豈不有關於世教也耶。

商象古石鼎也歸潔竹筅（掃）也分盈杓也，即《茶經》水則。每二升，計茶一兩。遞火銅火斗也降紅銅火箸也執權準茶秤也。每茶一兩，計水二升。團風湘竹扇也漉塵洗茶籃也静沸竹架，即《茶經》支腹也。注春磁壺也運鋒劖果刀也甘鈍木磁墩也啜香建盞也撩雲竹茶匙也納敬竹茶橐也受污拭抹布也

右茶具十六事，收貯於器局，供役苦節君者，故立名管之，蓋欲統歸於一，以其素有貞心雅操而自能守之也。

古者，茶有品香而入貢者，微以龍腦和膏，欲助其香，反失其真。煮而羶鼎腥甌，點雜棗、橘、蔥、薑，奪其真味者尤甚。今茶産於陽羨山中，珍重一時，煎法又得趙州之傳[10]，雖欲啜時，入以筍、欖、瓜仁、芹蒿之屬，則清而且佳。因命湘君設司檢束，而前之所忌亂真味者，不敢窺其門矣。

附録

《茶譜》後序

大石山人顧元慶，不知何許人也。久之知爲吾郡王天雨社中友。王固博雅好古士也，其所交盡當世賢豪，非其人雖軒冕黼黻，不欲掛眉睫間。天雨至晚歲，益厭棄市俗，乃築室於陽山之陰，日惟與顧、岳二山人結泉石之盟。顧即元慶，岳名岱，別號漳餘，尤善繪事，而書法頗出入米南宮[11]，吳之隱君子也。三人者，吾知其二，可以卜其一矣。今觀所述《茶譜》，苟非泥淖一世者，必不能勉強措一詞。吾讀其書，亦可以想見其爲人矣。用置案頭，以備嘉賞。

歸安茅一相撰

趙之履《茶譜續編》跋

友蘭錢翁，好古博雅，性嗜茶。年逾大耋，猶精茶事。家居若藏若煎，咸悟三昧，列以品類，彙次成譜，屬伯子奚川先生梓行之。之履閱而歎曰：夫人珍是物與味，必重其籍而飾之，若夫蘭翁是編，亦一時好事之傳，爲當世之所共賞者。其籍而飾之之功，固可取也。古有門美林豪，著經傳世，

翁其興起而入室者哉。之履家藏有王舍人孟端《竹爐新詠》故事及昭代名公諸作，凡品類若干。會悉翁譜意，翁見而珍之，屬附輯卷後爲《續編》。之履性猶癖茶，是舉也，不亦爲翁一時好事之少助乎也。

注　釋

1　陽山：在蘇州城西北三十里，一名秦餘杭山，越兵擒吳王夫差處。顧元慶《陽山新録序》云："陽山爲吳之鎮，以其背陰而陽，故曰陽山。山高八百餘丈，有大小十五峯。元慶居名'顧家青山'，在大石山左麓。"

2　參見北京大學圖書館善本書目。

3　琴川：水名，在今江蘇常熟境。《琴川志》載："縣治前後橫港凡七，若琴絃然。"

4　王友石：即王紱，字孟端，號友石生；因隱居九龍山，又號九龍山人，明常州無錫人。永樂中以薦入翰林爲中書舍人。善書法，尤工畫山水竹石。有《王舍人詩集》。

5　出蘇文：蘇文，指蘇軾《仇池筆記》。但本段"每食已"以後，始爲"蘇文"。《東坡雜記》和《仇池筆記》中，均收有此內容。

6　戊戌秋八月望日：此戊戌年，據盛顒生年，當爲成化十四年（1478）。

7　錫山：在今無錫西，屬惠山支麓，相傳周秦間盛產鉛錫，故名。及漢，礦殫，故建縣名無錫。因是，舊時亦有以錫山作爲"無錫"的代名或俗稱。

8　盛顒（1418—1492）：字時房，無錫人。景泰二年（1451）進士，授御史，成化間累遷陝西左布政使，有政績，後以左副都御史巡撫山東，推行荒政，民賴以生。

9　庚申春三月：此處落款稱"惠麓茶仙盛虞"，有人稱盛虞和前載盛顒爲同一人。如是，此庚申年，就只能是正統五年（1440），前後兩个庚申，盛顒不是未出世，就是已過世。但如屬是同一人，爲甚麼竹茶爐和分封六茶事，要前後相隔38年才寫，而且庚申年首先提六茶事時，三十剛出頭,署名即用號自稱茶仙,38 年後七十歲爲竹茶爐題辭時,却不用號只用名? 是否真是同一人? 疑點很多。

10　煎法又得趙州之傳:此趙州,似指唐高僧從諗(778—897),青州臨淄(一稱曹州郝鄉)人。俗姓郝,投本州龍藍從師薙落。尋往嵩山納戒。後居趙州觀音院,精心玄悟,受法南泉印可,開物化迷,大行禪道,號趙州法道。卒諡真際大師。在唐後期對茶在北方的風興,起有較大影響。

11　米南宫:即米芾(1051—1107),一名黻,字元章,號鹿門居士,祖籍太原,後徙襄陽,又徙丹陽,史稱米襄陽。以恩補洺光尉,徽宗時召爲書畫學博士,擢禮部員外郎,出知淮陰軍。善書畫、精鑒別。有《寶英光集》《書史》《畫史》等。

校　記

① 湯少茶多則乳面聚:此條内容,摘自蔡襄《茶録》。乳,《茶録》原文作“粥”字,爲“粥面聚”。

② 點茶、注湯有應:應,谿谷子本、喻政《茶書》本、《説郛續》本等,同底本,均作“應”,但此以上内容,引自蔡襄《茶録》,《茶録》應作“准”。

③ 附竹爐並分封六事:底本和其他各本,下附圖文,但和正文相接,無標無題不分隔,此目爲本書編時加。

水辨

◇明 真清 輯

　　《水辨》,一稱《茶經水辨》,選録張又新《煎茶水記》、歐陽修《大明水記》及《浮槎山水記》部分内容而成。現存最早的《水辨》,刊於嘉靖壬寅(1542)竟陵柯姓知府所刻陸羽《茶經》之後。由此可知,《茶經》柯刻本的校録者,當即是《水辨》的輯者。

　　《水辨》輯者,過去有誤署作孫大綬者。實因孫大綬爲萬曆時刻書家,曾重刊《茶經》柯刻本,後世遂以孫大綬爲書後所附《水辨》的輯者。近人或以爲輯者爲吴旦(見1999年版《中國古代茶葉全書》),亦誤。

　　按壬寅柯刻本有魯彭的《刻茶經序》,明確指出,竟陵龍蓋寺僧真清爲柯刻本的輯録者,不僅輯録了《茶經》,還附有張又新與歐陽修的辨水文章。同書汪可立後序亦說:“時僧真清類寫成册以進,屬校讎于予。”可見,柯刻本的輯録者,就是真清。

　　明嘉靖、萬曆年間,有兩名僧人曰真清。一是《大明高僧傳》所記的長沙湘潭羅象先,出生於嘉靖丁酉年(1537),距壬寅輯寫成書只有五年,不符。二是魯彭序中所說“僧真清,新安之歙人,嘗新其寺,以嗜茶,故業此《茶經》”,即是本書的輯者。

　　本書所録三篇文字,俱見前文,故僅存目。魯彭《刻茶經敍》與吴旦有關《茶經》的跋文中都有關於真清的資料,因而作爲附録。

　　唐江州刺史張又新煎茶水記[1]

　　宋歐陽修大明水記[2]

　　浮槎山水記[3]

附録

魯彭　刻茶經敘

粵昔己亥,上南狩郢置荆西道無何,上以監察御史、青陽柯公來蒞厥職。越明年,百廢修舉,乃觀風竟陵,訪唐處士陸羽故處龍蓋寺。公喟然曰:"昔桑苧翁名於唐,足跡遍天下,誰謂其産茲土耶?"因慨茶井失所在,乃即今井亭而存其故已。復構亭其北,曰茶亭焉。他日公再往,索羽所著《茶經》三篇,僧真清者,業録而謀梓也,獻焉。公曰:"嗟,井亭矣,而經可無刻乎?"遂命刻諸寺。夫茶之爲經,要矣,行於世,膾炙千古,乃今見之。《百川學海》集中茲復刻者,便覽爾,刻之竟陵者,表羽之爲竟陵人也。按羽生甚異,類令尹子文。人謂子文賢而仕,羽雖賢,卒以不仕。又謂楚之生賢,大類后稷云。今觀《茶經》三篇,其大都曰源、曰具、曰造、曰飲之類,則固具體用之學者。其曰伊公羹陸氏茶,取而比之,實以自況,所謂易地皆然者,非歟?向使羽就文學太祝之召,誰謂其吏不伊且稷也,而卒以不仕,何哉?昔人有自謂不堪流俗、非薄湯武者,羽之意,豈亦以是乎?厥後茗飲之風行於中外,而回紇亦以馬易茶,由宋迄今,大爲邊助,則羽之功,固在萬世,仕不仕,奚足論也!或曰酒之用,視茶爲要,故《北山》亦有《酒經》三篇,曰酒始諸祀。然而妹也已有酒禍,惟茶不爲敗,故其既也,《酒經》不傳焉。羽器業顛末,具見於傳。其水味品鑒優劣之辨,又互見於張、歐、《浮槎》等記,則並附之《經》,故不贅。僧真清,新安之歙人,嘗新其寺,以嗜茶故,業《茶經》云。

皇明嘉靖二十一年歲在壬寅秋重九日景陵後學魯彭敘

吳旦　茶經跋

予聞陸羽著茶經,舊其□末之見,客京陵於龍蓋寺,僧真清處見之之後,披閱知有益於人,欲刻之而力未逮,返求同志程子伯,容共集諸釋以公於天下□蒼之者,無遺憾焉。刻完敬敘數語,紀歲月於末葡。

嘉靖壬寅歲一陽月望日新安後學吳旦識

注　釋

1　此處删節,見唐代張又新《煎茶水記》。
2　此處删節,見宋代歐陽修《大明水記》。
3　此處删節,見宋代歐陽修《大明水記》。

茶經外集

◇明　真清　輯

　　真清，生平事迹，見真清《水辨》題記。

　　《茶經外集》，此名從中國現存的古代茶書來説，最早見於嘉靖壬寅（1542）陸羽《茶經》柯刻本附本。所謂"附文"或"附録"，是後人整理、引用時所説，本文原書并没有這樣表示。嘉靖壬寅本《茶經》，全書共分兩册，第一册魚尾分《茶經》上、中、下三卷，即一般所説《茶經》正文。第二册魚尾分《茶經本傳》《茶經外集》《茶經序》和《後序》，也即有的書目所説的《茶經附集》《附録》和《茶經外集》。第二册《茶經本傳》包括《傳》[1]和童承敍《陸羽贊》兩文及《水辨》兩部分。《茶經序》和《後序》，收録陳師道《茶經序》附皮日休《茶中雜詠序》、附童内方與夢野《論茶經書》及新安吴旦《後識》和校者汪可立《茶經後序》等文。傳、序加《外集》，即構成《茶經》"壬寅本""柯刻本"和"竟陵本"的另册。《茶經》之後附刊其他茶葉詩文等内容，此前，至少從現存的古代茶書説，很少見；但自嘉靖壬寅本開例之後，成爲明代後期重刻《茶經》各本的一種風氣，從而也淡化産生出諸如《茶經水辨》《茶經外集》《茶譜外集》等茶書。

　　本集和壬寅柯刻本《水辨》一樣，由於不署輯者，至萬曆以後，隨萬曆十六年（1588）孫大綬秋水齋陸羽《茶經》本出，本集也慢慢爲孫大綬《茶經外集》之名所掩，甚至於爲有些刊本和書目，誤作爲即孫大綬《茶經外集》[2]。直至萬國鼎《茶書總目提要》，才翻出在大綬《茶經外集》之前，還有一種嘉靖壬寅本《茶經外集》的線索；《中國古代茶葉全書》根據萬國鼎提及的線索，經查證終於將嘉靖壬寅本《茶經》所附的《茶經外集》，第一次收録進中國古代茶書之列。可是因疏於細讀，將輯者由"真清"誤定爲"吴旦"[3]。

　　本集輯録時間，當和《水辨》一樣，也應是至遲不會晚於嘉靖己亥年（1539）。本書以嘉靖壬寅《茶經》柯雙華竟陵刻本爲底本，以所引各詩原文作校。但需要指出，由於本集所輯明代諸詩，均爲竟陵本地官吏士人所撰，限於香港收藏竟陵史志藝文條件，未能一一查見原詩。

唐

六羨歌　陸羽

不羨黄金罍，不羨白玉盃。不羨朝入省，不羨暮入臺。千羨萬羨西江水，曾向竟陵城下來。

送羽採茶　皇甫曾

千峯待逋客，香茗復叢生。採摘知深處，煙霞羨獨行。幽期山寺遠，野飯石泉清。寂寂燃燈夜，相思一磬聲。

送羽赴越　皇甫冉

行隨新樹深，夢隔重江遠。迢遞風日間，蒼茫洲渚晚。

尋陸羽不遇　僧皎然

移家雖帶郭，野徑入桑麻。近種籬邊菊，秋來未著花。扣門無犬吠，欲去問西家。報道山中出，歸來每日斜。

西塔院[4]　裴拾遺[5]

竟陵文學泉，蹤跡尚虛無。不獨支公住，曾經陸羽居。草堂荒産蛤，茶井冷生魚。一汲清泠飲，高風味有餘。

宋

觀陸羽茶井[6]　王禹偁

甃石封苔百尺深，試茶滋味少知音。惟餘半夜泉中月，留得先生一片心。

國朝[7]

秋日讀書西禪湖漲彌月小舟夜泛偶成　蓮北魯鐸[8]

寺門湖水漾秋痕,懶性相因省出門。卻被天心此明月,野航招去弄黃昏。

過西塔懷蓮北先生[9]　**一山張崗**[10]

茶井西偏結此亭,湖光明處衆山青。夜深神物應呵護,尚有東岡太史銘。

遊西禪寺漫興　東濱徐咸海鹽人[11]

湖波萬頃一橋通,西入禪房路莫窮。白鶴避煙茶竈在,青松留影法堂空。閑心未似沾泥絮,宦跡真成踏雪鴻。乘興忽來還忽去,此情渾與剡溪同。

聞清公從新安來大新龍蓋寺春日同夢野過訪　陸泉張本潔[12]

古刹西湖上,經年到未能。一尊攜偶過,千載喜重興。茶井頻添碗,松壇續見燈。徘徊飛錫處,因迓遠來僧。

尋清上人因懷可公次韻　夢野魯彭[13]

春湖入古寺,晝雨對盧能。徒倚論今昔,長歌感廢興。清風隨掛錫,白日好博燈。茶共西偏路,提壺憶老僧。

過西禪次陸泉韻　蔣山程鍵休寧人

佛法歸三昧,神通說七能。煮茶松鶴避,洗缽水龍興。白晝花飛雨,青蓮夜煥燈。何當謝塵故,接跡伴山僧。

訪西禪有作　瑞坡楊應和[14]長樂人

尋訪禪林懷好音,通幽花竹揔無心。看花說偈龍偏聽,燒竹烹茶鶴不禁。作客十年真幻妄,浮生半日此登臨。振衣趺坐待明月,猶恐長雲起暮陰。

遊西塔院逢清禪師次韻　觀復魯嘉[15]

我聞西塔院,佛子亦多能。萬古還虛寂,千年説廢興。禪枝玉作樹,雪殿石爲燈。寂寞風湖夜,相逢雲水僧。

西塔院訪古　芝山汪可立

西禪湖面寺,風致異囂寰。煮茗分新汲,沉檀蓺博山。百年乘興至,半日共僧閒。咄討成心癖[16],天雲互往還。

遊龍蓋寺　雪江程壚

十載江山訪赤松,半湖煙浪隱仙蹤。法門星月留丹□,水國魚龍傍曉鐘。花底尋幽殘露濕,竹間下榻□雲封。雪江咫尺乾坤迴,聊倚寒筇對晚峯。

宿龍蓋寺　心泉程太忠

西面湖光一徑通,白雲深處是禪宫。藤蘿裊裊煙霞古,水月澄澄色相空。仙茗浮春香滿座,胡床向晚腋生風。恍疑身世乾坤外,便欲凌翰訪赤松。

過龍蓋寺　比(涯)程略

江城抱古寺,咫尺斷浮埃。老鶴依僧臥,白雲逐客來。湖心懸日月,樹底響風雷。茶井神龍起,流光遍九垓。

茶亭懷古　陸洲張一中

茶井何年甃,林亭此日新。間過容假息,小築況爲鄰。龍鳳名空在,煙霞跡已湮。高人不可見,臨眺獨傷神。

過龍蓋寺清禪師　少岳何曉

天開龍蓋寺,地插鑑湖中。白晝雲光滿,清宵月色空。談經翻貝葉,把酒面芳叢。社白應慚我,何由識遠公。

西泉真清

十載傳衣鉢,沙門寄此身。種蓮開白杜,屏跡謝紅塵。定起雲生衲,經殘月滿津。卻憐桑苧老,千古挹風神。

春日遊西禪茶亭憩息　前川鄒穀

散步招提上,年來未一經。井泉仍舊跡,桑苧忽新亭。遠檻湖爭碧,開軒山送青。鷗馴如對語,鶴倦每梳翎。脫病身初健,偷閒心自寧。烹茶同老衲,得句慰山靈。日暮歸從晚,塵氛夢欲醒。幽期意無盡,相送更禪扃。

懷陸篇　夢野〔魯彭〕[①]

君不見,雁叫門上有陸公亭,寒泉古木何冥冥,青天白日來風霆。又不見,陸公一去已千載,陸公之名至今在。亭中過客雪片消,西湖漫漫長不改。我來訪古一引泉,茶爐況在落花前。平生浪說《煮茶記》,此日卻詠《懷陸篇》。嗟公磊呵不喜名,眼空塵世窺蓬瀛。幾迴天子呼不去,但見兩腋清風生。清風飄飄湖海中,雲籠月杓隨飛蓬。自從維揚品鑒後,千山萬水爲一空。孤蹤落落杳難跡,斷碑遺址令人惜。覆釜洲前柳復青,火門山頭月猶白。柳青月白無窮已,春去秋來共流水。西江宛轉南零開,苕溪指點依稀是。吁嗟古今不相見,簡中如覿春風面。日夕猶聞渚雁悲,山川不逐桑海變。洗馬臺邊物色新,正值人間浩蕩春。放歌曳履且歸去,回首滄波生白蘋。

登西禪訪陸羽故居　定溪方新[17]侍御[②]

竟陵南下雍湖陰,千載高蹤尚可尋。古井泉分煙月冷,幽亭風入芰荷深。談經早悟安禪旨,煮茗深知玩世心。我欲從君君莫哂,洞庭秋水擬投簪。

過景陵宿西禪寺　少泉王格[18]

積水迴巒草色幽,平蕪一望暮煙浮。居人落落多茅屋,征客瀟瀟傍荻洲。酒幌晝閑停馬問,釣舟夜放□魚遊。行行遥指孤城宿,落日西風古寺秋。

遊西禪寺　梧崖蕭録[19]

十載西禪入夢多,重來豈謂隔煙波。通人小艇穿魚鳥,候客幽僧出薜蘿。白石埛頹猶護址,紫微花老半無柯。水亭徒倚從遊侶,芳醑清琴笑語和。

又次方定溪韻

水亭幽帶薜蘿陰,一徑遥通不費尋。鐘鼓迎賓當晝未,鳧鷺聽講入簧深。人矜絶寂堪逃俗,我愛清冷好洗心。佳兆偏知榮轉客,天香浮瑞點朝簪。

秋日過西禪寺　星野方梁[20]

萬峯秋盡映湖光,乘興尋幽覓釣航。茶井處無仙□逝,山亭寥寂客心傷。雲深水殿鐘聲静,霜落江城木葉黄。慷慨登臨懷往事,清泉明月照禪房。

過西禪寺訪陸羽　蓋吾張惟翰[21]

香徑通禪榻,緣心質異人。鐘鳴僧出定,齋熟鳥來馴。樹老藤陰合,波澄竹影清。井餘茶竈冷,雲水意相親。

遊西禪寺　生員蕭選

上房佳氣鬱苕蕘,殿閣飛甍影動摇。雲净好山皆入座,雨餘新水欲平橋。山僧掃葉烹清茗,野客吹簫醉碧桃。卻憶當年桑苧客,小山叢桂竟誰招。

又登觀音閣

縹渺憑虛閣,三年此又登。爐煙飛細霧,燈火夾輕雲。舉目天低樹,回頭日近人。東園何處是，感慨欲傷神。

冬起過訪西禪　芝南江楚_{浮梁人}

霜晨霜滿服，隨喜塔西房。氣爽疑天別，僧閑竟話長。馴人鶴不避，入座茗猶香。但自遺名得，還來憩上方。

槐梟任高[22]　弔陸羽先生有感而題

謾覓遺蹤近渺茫，遍觀維見水洋洋。可憐一段經綸手，空付寒煙戴鶴傍。

過西禪寺　程彬

西塔知名寺，垂楊夾徑深。曇花明佛蠟，茶井漱禪心。風度鐘聲遠，波搖竹影沉。此身江海寄，乘興且登臨。

書西禪寺陸羽亭　新安余一龍[23]

西禪迤北構高亭，故老相傳陸羽名。羨有萬千惟此水，書無今古亦爲經。不居方丈圍蒲坐，獨向深山帶雨行。料得先生還意別，嗜茶未必是先生。

遊西禪寺　分巡荆西道蘇_{諱雨}[24]

竟陵秋色在雙湖，湖上招提入畫圖。清鏡影懸分巨浸，碧天光湛見真吾。地憑鰲背疑三島，勝據滄洲小二姑。乘暇偶來波若界，西湖重過舊時蘇。

西禪寺飲陸羽泉　又

聞道金山寺，金山似此山。開泉名陸羽，煮茗駐朱顏。味澄清涼果，人超煩惱關。阿誰同汲引，分得老僧閒。

題西禪茶井　新安程子諫

逃禪重陸羽，豈爲浮名牽。採茗南山下，鑿泉古刹前。非消司馬渴，那慕接輿賢。誰覺幽求士,茶經爲寓言。

庠生江有元

始學懷桑苧,今來異雁門。亭從何日圮,井獨舊風存。讀易知鴻漸,烹茶避鶴蹲。如何修潔羽,不赴九天閽。

庠生延鶴

陸羽傳燈處,清虛一洞天。珠林仍殿閣,竹嶼自山川。水羨西江好,書從唐史傳。龍團風味在,何著季卿篇。

注　釋

1　即《新唐書·陸羽傳》。

2　參見孫大綬《茶經外集·題記》。

3　參見《水辨·題記》。

4　西塔院:一稱西塔寺,在古城西二里覆金洲。原名龍蓋寺,因陸羽師積公化形甃塔因名。

5　裴拾遺:即唐裴迪,關中人,天寶時與王維同隱藍田。各作五言絶句二十首,合編爲《輞川集》。曾應進士試。天寶末入川任蜀州刺史,與杜甫友。《統籤》云,是《西塔院》詩,非出此裴迪作。

6　陸羽茶井:一名文學泉,在右縣署西北。二名均以陸羽取此泉試茶故。

7　國朝:下録明人咏哦陸羽遺迹和茶事詩,查有關詩文集和明清沔陽、天門、竟陵等方志俱未見,因是也無校。

8　蓮北:天門縣地名,即蓮北莊,一名東莊。在東湖之東,魯鐸別業於此。魯鐸(1461—1527),字振之,湖廣晋陵人。弘治十五年(1502)進士,授編修,正德時使頒詔安南,却其饋而還,擢南京國子監祭酒,尋改北京。卒諡文恪。有《蓮北稿》《使交集》《己有園集》《東廂西廂

《稿》等。

9　蓮北先生：即指魯鐸，蓮北是其別業和書室名。

10　一山張崗：一山，晋陵地名，張崗生平事迹無考，與魯鐸同時代人。

11　東濱：即指浙江海鹽。　徐咸：字子正。正德六年（1511）進士，歷任湖廣沔陽知州，襄陽知府，居官寬簡持大體，好文學。有《近代名臣言行録》《四朝聞見録》等。

12　陸泉：天門地名。　張本潔：字叔與，湖廣晋陵人。正德丙子（1516）科舉人，歷官海寧知州。

13　夢野：晋陵縣古地名。指夢野亭，在縣治東南隅台地上。宋景祐中州守王祺建。取義"一目可盡雲夢之野"。　魯彭，字壽卿，鐸長子。正德丙子（1516）舉人，尹樂會、和平、愷悌，有政績，去之日，民祠以祀之。此或指魯彭書室名，有《離騷賦》《雁門小橋稿》。

14　楊應和：福建長樂人，嘉靖二十一年（1542）任沔陽知州。

15　魯嘉：字亨卿，鐸子。正德己卯（1519）科舉人，以三場失落弃考，主司惋惜再三，京師噪聲飛譽。

16　凼討成心癖：凼，底本不清，也似"凶"字。如是凼，同"幽"，若作凼，同"凼"（chàng），見《龍龕》，義不詳。

17　定溪方新：定溪，方新的號，南直隸青陽人，字德新。嘉靖三十五年（1556）進士，官監察御史。上疏論邊政弊端，乞帝隨事自責，被斥爲民。

18　王格（1502—1595）：字汝化，湖廣京山人，少泉大概是其號。嘉靖五年（1526）進士，大禮議起，持論忤張德，貶爲永興知縣。累遷河南僉事，不肯賄中官，被杖謫。隆慶時授太僕寺少卿致仕。有《少泉集》。

19　蕭録：湖廣晋陵人，嘉靖丙午（1546）貢生，曾任内江教諭。

20　星野方梁：星野，方梁的字或號，江西弋陽人，嘉靖後期舉人，隆慶三年（1569）任晋陵知縣。

21　張惟翰：嘉靖間景陵縣訓導。

22　任高：四川温江（今成都市温江區）人，貢生，隆慶三年（1569）晋陵縣訓導。

23　余一龍：南直隸徽州人，隆慶六年（1572）任分巡荆西道。

24　蘇雨：事迹不詳，僅知萬曆十三年（1640）任分巡荆西道。

校　記

①　夢野魯彭：底本只有夢野兩字，今按文義加"魯彭"。

②　定溪方新侍御：侍御，底本不清，有的書擅删，本書考加。

煮泉小品

◇明　田藝蘅　撰[1]

　　田藝蘅,字子藝,號品嵒子,錢塘(今浙江杭州)人。其父田汝成,嘉靖五年(1526)進士,授南京刑部主事,歷官西南,罷歸故里後,盤桓湖山,撰《西湖遊覽志》及《遊覽志餘》等。田汝成的家教和上述經歷,對後來藝蘅才學的發展和爲人影響很大。如他十歲時隨其父過采石磯(在安徽當塗長江邊,相傳李白醉酒墮江處)時,即作《采石賦》云:"白玉樓成招太白,長山相對憶青蓮。寥寥采石江頭月,曾招仙人宮錦船。"顯示其自幼在他父親指授下詩才的早發。不過他長大後,"七舉不遇",《明史·田汝成傳》稱他"性放誕不羈,嗜酒任俠。以歲貢爲徽州訓導,罷歸"。藝蘅博學多聞,世人以成都楊慎與之相比,有《大明同文集》《留青日札》和雜著數十種。

　　《煮泉小品》,據趙觀和田藝蘅的前序,成書於明嘉靖三十三年(1554)。主要版本有《寶顏堂續秘笈》本、喻政《茶書》本、《錦囊小史》本、華淑(1589—1643)編《閒情小品》本、陶珽編《說郛續》本和朱祐檳《茶譜》本、王文濡輯《說庫》本等。對《煮泉小品》的評價,古今衆說不一。趙觀贊其"考據該洽,評品允當,實泉茗之信史"。《四庫全書總目提要》則稱"大抵原本舊文,未能標異於《水品》《茶經》之外"。近人萬國鼎的評語是:"議論夾雜考據,有說得合理處,但主要是文人的游戲筆墨。"明代嘉靖、萬曆年間,是中國茶書的撰著,也是抄襲、書賈僞托造假最盛的年代。田藝蘅在這種風氣之下,雖也引用舊文,但如萬國鼎說,或議或考,發表了不少自己的看法,《煮泉小品》因而可以說是一本較有價值的茶書。

　　本文以喻政《茶書》所錄爲底本,以《寶顏堂續秘笈》本、《錦囊小史》本、《閒情小品》本、《說郛續》本作校。

敘

田子藝夙厭①塵囂，歷覽名勝，竊慕司馬子長²之爲人，窮搜遐討。固嘗飲泉覺爽，啜茶忘喧，謂非膏粱紈綺可語。爰著《煮泉小品》，與漱流枕石者商焉。考據該洽②，評品允當，寔泉茗之信史也③。予惟贊皇公之鑑水，竟陵子之品茶，躭以成癖，罕有儷者。洎丁公言茶圖，頗論採造而未備；蔡君謨《茶錄》，詳於烹試而弗精；劉伯芻、李季卿論水之宜茶者，則又互有同異，與陸鴻漸相背馳，甚可疑笑。近雲間徐伯臣³氏作《水品》，茶復略矣。粵若子藝所品，蓋兼昔人之所長，得川原之雋味；其器宏以深，其思沖以淡，其才清以越，具可想也。殆與泉茗相渾化者矣，不足以洗塵囂而謝膏綺乎！重違嘉懇，勉綴首簡。嘉靖甲寅冬十月既望，仁和趙觀撰④。

引⑤

昔我田隱翁嘗自委曰："泉石膏肓。"噫！夫以膏肓之病，固神醫之所不治者也，而在於泉石，則其病亦甚奇矣。余少患此病，心已忘之，而人皆咎余之不治，然遍檢方書，苦無對病之藥。偶居山中，遇淡若叟，向余曰："此病固無恙也。子欲治之，即當煮清泉白石，加以苦茗，服之久久，雖辟穀可也，又何患於膏肓之病邪！"余敬頓首受之，遂依法調飲，自覺其效日著，因廣其意，條輯成編，以付司鼎山童。俾遇有同病之客來，便以此薦之，若有如煎金玉湯者來，慎弗出之，以取彼之鄙笑。

時嘉靖甲寅秋孟中元日，錢塘田藝衡序⑥。

目錄⑦

源泉

積陰之氣爲水。水本曰源，源曰泉。水，本作川，象衆水並流，中有微陽之氣也，省作水。源，本作原，亦作厵；從泉，出厂下。厂，山岩之可居者，省作原，今作源。⑧泉，本作㿻，象水流出成川形也。知三字之義，而泉之品思過半矣。

山下出泉曰蒙。蒙，穉也。物穉則天全；水穉則味全。故鴻漸曰：“山水上。”其曰乳泉石池漫流者，蒙之謂也，其曰瀑湧湍激者，則非蒙矣，故戒人勿食。

混混不舍，皆有神以主之，故天神引出萬物。而《漢書》三神，山嶽其一也。

源泉必重，而泉之佳者尤重。餘杭徐隱翁嘗爲余言，以鳳凰山泉較阿姥墩百花泉，便不及五錢，可見仙源之勝矣。

山厚者泉厚，山奇者泉奇，山清者泉清，山幽者泉幽，皆佳品也。不厚則薄，不奇則蠢，不清則濁，不幽則喧，必無佳泉。

山不亭處，水必不亭。若亭，即無源者矣，旱必易涸。

石流

石，山骨也；流，水行也。山宣氣以産萬物，氣宣則脈長，故曰“山水上”。《博物志》：“石者，金之根甲。石流精以生水。”又曰：“山泉者，引地氣也。”

泉非石出者，必不佳。故《楚詞》云：“飲石泉兮蔭松栢。”皇甫曾《送陸羽》詩：“幽期山寺遠，野飯石泉清。”梅堯臣《碧霄峯茗》詩：“烹處石泉嘉。”又云：“小石泠泉留早味”，誠可謂賞鑑者⑨矣。

咸，感也。山無澤，則必崩；澤感而山不應，則將怒而爲洪。

泉，往往有伏流沙土中者，挹之不竭⑩，即可食。不然，則滲瀦之潦耳，雖清勿食。

流遠則味淡，須深潭渟畜，以復其味，乃可食。

泉不流者，食之有害。《博物志》：山居之民，多癭腫疾，由於飲泉之不流者。

泉湧出曰濆，在在所稱“珍珠泉”者，皆氣盛而脈湧耳，切不可食，取以釀酒或有力。

泉有或湧而忽涸者，氣之鬼神也，劉禹錫詩⑪“沸井今無湧”是也。否則徙泉喝水，果有幻術邪？

泉懸出曰沃[12]，暴溜曰瀑，皆不可食。而廬山水簾，洪州天台瀑布，皆入水品，與陸經背矣。故張曲江[4]《廬山瀑布》詩："吾聞山下蒙，今乃林巒表。物性有詭激，坤元曷紛矯。默然置此去，變化誰能了。"則識者固不食也。然瀑布實山居之珠箔錦幕也，以供耳目，誰曰不宜。

清寒

清，朗也，靜也，澄水之貌。寒，冽也，凍也，覆水之貌。泉，不難於清而難於寒。其瀨峻流駛而清，巖奧陰積而寒者，亦非佳品。

石少土多、沙膩泥凝者，必不清寒。

蒙之象曰果行，井之象曰寒泉。不果，則氣滯而光；不澄，不寒，則性燥而味必嗇。

冰，堅水也。窮谷陰氣所聚，不洩則結而爲伏陰也。在地英明者惟水，而冰則精而且冷，是固清寒之極也。謝康樂[5]詩："鑿冰煮朝飧。"《拾遺記》[6]："蓬萊山冰水，飲者千歲。"

下有石硫黃者，發爲溫泉，在在有之。又有共出一竅半溫半冷者，亦在在有之，皆非食品。特新安[7]黃山朱沙湯泉可食。《圖經》云："黃山舊名黟山，東峯下有朱沙湯泉可點茗，春色微紅，此則自然之丹液也。"《拾遺記》："蓬萊山沸水，飲者千歲。"此又仙飲。

有黃金處，水必清；有明珠處，水必媚；有孑鮒處，水必腥腐；有蛟龍處，水必洞黑。媺惡不可不辨也。

甘香

甘，美也；香，芳也。《尚書》"稼穡作甘黍。"甘爲香黍，惟甘香，故能養人。泉惟甘香[13]，故亦能養人[14]。然甘易而香難，未有香而不甘者也。

味美者曰甘泉，氣芳者曰香泉，所在間有之。泉上有惡水，則葉滋根潤，皆能損其甘香，甚者能釀毒液，尤宜去之。

甜水，以甘稱也。《拾遺記》："員嶠山北，甜水遶之，味甜如蜜。"《十洲記》[8]："元洲玄潤，水如蜜漿，飲之與天地相畢。"又曰："生洲之水，味如飴酪。"

水中有丹者，不惟其味異常，而能延年卻疾[15]；須名山大川諸仙翁修煉之所有之。葛玄[9]少時，爲臨沅[10]令。此縣廖氏家世壽，疑其井水殊赤，乃試掘井左右，得古人埋丹砂數十斛。西湖葛井，乃稚川[11]煉所。在馬家園後淘井，出石匣，中有丹數枚，如茨實，啖之無味，棄之。有施漁翁者，拾一粒食之，壽一百六歲。此丹水尤不易得，凡不净之器，切不可汲。

宜茶

茶，南方嘉木[16]，日用之不可少者。品固有媺惡，若不得其水，且煮之不得其宜，雖佳弗佳也。

茶如佳人，此論雖妙，但恐不宜山林間耳。昔蘇子瞻詩"從來佳茗似佳人"，曾茶山詩"移人尤物衆談誇"，是也。若欲稱之山林，當如毛女、麻姑[12]，自然仙風道骨，不浼煙霞可也。必若桃臉柳腰，宜亟屏之銷金帳[13]中，無俗我泉石。

鴻漸有云："烹茶於所産處無不佳，蓋水土之宜也。"此誠妙論，況旋摘旋瀹[17]，兩及其新邪。故《茶譜》亦云："蒙之中頂茶，若獲一兩，以本處水煎服，即能袪宿疾。"是也。今武林諸泉，惟龍泓入品，而茶亦惟龍泓山爲最。蓋兹山深厚高大，佳麗秀越，爲兩山之主，故其泉清寒甘香，雅宜煮茶。虞伯生[14]詩："但見瓢中清，翠影落羣岫。烹煎黄金芽，不取穀雨後。"姚公綬[15]詩："品嘗顧渚風斯下，零落茶經奈爾何。"則風味可知矣，又況爲葛仙翁煉丹之所哉？又其上爲老龍泓，寒碧倍之，其地産茶，爲南北山絶品。鴻漸第錢唐天竺、靈隱者爲下品，當未識此耳。而郡志亦只稱寶雲、香林、白雲諸茶，皆未若龍泓之清馥雋永也。余嘗一一試之，求其茶泉雙絶，兩浙罕伍云。

龍泓今稱龍井，因其深也。郡志稱有龍居之，非也。蓋武林之山，皆發源天目，以龍飛鳳舞之讖，故西湖之山，多以龍名，非真有龍居之也。有龍，則泉不可食矣。泓上之閣，亟宜去之；浣花諸池，尤所當浚。

鴻漸品茶，又云杭州下，而臨安、於潛生於天目山，與舒州同，固次品也。葉清臣則云：茂錢唐者，以徑山稀，今天目遠勝徑山，而泉亦天淵也。洞霄次徑山。

嚴子瀨，一名七里灘。蓋沙石上，曰瀨、曰灘也，總謂之漸江[16]，但潮汐不及而且深澄，故入陸品耳。余嘗清秋泊釣臺下，取囊中武夷、金華二茶試之，固一水也，武夷則黃而燥冽，金華則碧而清香，乃知擇水當擇茶也。鴻漸以婺州爲次，而清臣以白乳爲武夷之右，今優劣頓反矣。意者所謂離其處，水功其半者邪。

茶自浙以北皆較勝，惟閩、廣以南，不惟水不可輕飲，而茶亦當慎之。昔鴻漸未詳嶺南諸茶，仍云"往往得之，其味極佳。"余見其地多瘴癘之氣，染著草木，北人食之，多致成疾，故謂人當慎之。要須採摘得宜，待其日出，山霽露收嵐淨[18]可也。茶之團者、片者，皆出於碾磑之末，既損真味，復加油垢，即非佳品，總不若今之芽茶也，蓋天然者自勝耳。曾茶山《日鑄茶》詩："寶錡自不乏，山芽安可無。"蘇子瞻《壑源試焙新茶》詩："要知玉雪心腸好，不是膏油首面新"是也。且末茶瀹之有屑，滯而不爽，知味者當自辨之。

芽茶以火作者爲次，生曬者爲上，亦更近自然，且斷煙火氣耳。況作人手器不潔，火候失宜，皆能損其香色也。生曬茶，瀹之甌中，則旗鎗舒暢，清翠鮮明，尤爲可愛。

唐人煎茶多用薑鹽，故鴻漸云："初沸水，合量調之以鹽味薛能詩：鹽損添常戒，薑宜著更誇。"蘇子瞻以爲茶之中等，用薑煎信佳，鹽則不可。余則以爲二物皆水厄也。若山居飲水，少下二物以減嵐氣或可耳。而有茶，則此固無須也。

今人薦茶，類下茶果，此尤近俗。縱是[19]佳者，能損真味，亦宜去之。且下果則必用匙，若金銀，大非山居之器，而銅又生腥，皆不可也。若舊稱北人和以酥酪，蜀人入以白鹽[20]，此皆蠻飲，固不足責耳[21]。

人有以梅花、菊花、茉莉花薦茶者，雖風韻可賞，亦損茶味，如有佳茶，亦無事此。

有水有茶，不可無火。非無火也，有所宜也。李約[17]云："茶須緩火炙，活火煎"，活火，謂炭火之有焰者。蘇軾詩"活火仍須活水烹"是也。余則以爲山中不常得炭，且死火耳，不若枯松枝爲妙。若寒月，多拾松實，畜爲煮茶之具，更雅。

人但知湯候，而不知火候。火然則水乾，是試火先於試水也。《呂氏春秋》[18]：伊尹[19]説湯。"五味九沸"；九變火爲之紀。

湯嫩則茶味不出，過沸則水老而茶乏，惟有花而無衣，乃得點瀹之候耳。

唐人以對花啜茶爲殺風景，故王介甫[20]詩"金谷千花莫漫煎"，其意在花，非在茶也。余則以爲金谷花前，信不宜矣。若把一甌，對山花啜之，當更助風景，又何必羌兒酒也。

煮茶得宜，而飲非其人，猶汲乳泉以灌蒿藋，罪莫大焉。飲之者一吸而盡，不暇辨味，俗莫甚焉。

靈水

靈，神也。天一生水，而精明不淆，故上天自降之澤，實靈水也。古稱"上池之水者非與"。要之皆仙飲也。

露者，陽氣勝而所散也。色濃爲甘露，凝如脂，美如飴，一名膏露，一名天酒。《十洲記》"黃帝寶露"，《洞冥記》[21]"五色露"，皆靈露也。莊子曰："姑射山神人[22]，不食五穀，吸風飲露。"《山海經》："仙丘絳露，仙人常飲之。"《博物志》："沃渚之野，民飲甘露。"《拾遺記》："含明之國，承露而飲。"《神異經》[23]："西北海外人，長二千里，日飲天酒五斗。"《楚詞》："朝飲木蘭之墜露。"是露可飲也。

雪者，天地之積寒也。《氾勝書》[24]："雪爲五穀之精。"《拾遺記》："穆王東至大轍[25]之谷，西王母來進嵊州[26]甜雪，是靈雪也。"陶穀取雪水烹團茶，而丁謂《煎茶》詩："痛惜藏書篋，堅留待雪天。"李虛己[27]《建茶呈學士》詩："試將梁苑雪，煎動建溪春。"是雪尤宜茶飲也。處士列諸末品，何邪？意者以其味之燥乎？若言太冷，則不然矣。

雨者，陰陽之和，天地之施，水從雲下，輔時生養者也。和風順雨，明雲甘雨，《拾遺記》"香雲遍潤，則成香雨"，皆靈雨也，固可食。若夫龍所行者，暴而霆者，旱而凍者，腥而墨者及檐溜者，皆不可食。

《文子》[28]曰：水之道，上天爲雨露，下地爲江河，均一水也。故特表靈品。

異泉

異,奇也。水出地中,與常不同,皆異泉也,亦仙飲也。

醴泉:醴,一宿酒也;泉,味甜如酒也。聖王在上,德普天地,刑賞得宜,則醴泉出,食之令人壽考。

玉泉:玉石之精液也。《山海經》:"密山出丹水,中多玉膏;其源沸湯,黃帝是食。"《十洲記》:瀛洲玉石,高千丈,出泉如酒。味甘,名玉醴泉,食之長生。又,方丈洲有玉石泉;崑崙山有玉水。尹子曰:"凡水方折者有玉。"

乳泉:石鍾乳,山骨之膏髓也。其泉色白而體重,極甘而香,若甘露也。

朱沙泉:下産朱沙,其色紅,其性温,食之延年却疾。 .

雲母泉:下産雲母,明而澤,可煉爲膏,泉滑而甘。

茯苓泉:山有古松者,多産茯苓。《神仙傳》:"松脂淪入地中,千歲爲茯苓也。"其泉或赤或白,而甘香倍常。又术泉,亦如之。非若杞菊之産於泉上者也。

金石之精,草木之英,不可殫述,與瓊漿並美,非凡泉比也,故爲異品。

江水

江,公也,衆水共入其中也。水共則味雜,故鴻漸曰江水中,其曰:"取去人遠者。"蓋去人遠,則澄清而無盪瀁之漓耳。

泉自谷而溪、而江、而海,力以漸而弱,氣以漸而薄,味以漸而鹹[22],故曰"水曰潤下"。潤下作鹹旨哉。又《十洲記》:"扶桑[29]碧海,水既不鹹苦,正作碧色,甘香味美,此固神仙之所食也。"

潮汐近地,必無佳泉,蓋斥鹵誘之也。天下潮汐,惟武林最盛,故無佳泉。西湖山中則有之。

楊子,固江也,其南泠;則夾石淳淵,特入首品。余嘗試之,誠與山泉無異。若吳淞江,則水之最下者也,亦復入品,甚不可解。

井水

井,清也,泉之清潔者也;通也,物所通用者也;法也、節也,法制居人,令節飲食無窮竭也。其清出於陰，其通入於淆，其法節由於不得已，脈暗而味滯。故鴻漸曰："井水下。"其曰"井取汲多者"，蓋汲多，氣通而流活耳。終非佳品，勿食可也。

市廛民居之井，煙爨稠密，污穢滲漏，特潢潦耳，在郊原者庶幾。

深井多有毒氣。葛洪方五月五日，以雞毛試投井中，毛直下，無毒；若迴四邊，不可食。淘法，以竹篩下水，方可下浚。

若山居無泉，鑿井得水者，亦可食。

井味鹹色綠者，其源通海。舊云"東風時鑿井，則通海脈"，理或然也。

井有異常者，若火井、粉井、雲井、風井、鹽井、膠井，不可枚舉。而水井[23]則又純陰之寒[24]也，皆宜知之。

緒談

凡臨佳泉，不可容易漱濯，犯者每爲山靈所憎。

泉坎須越月淘之，革故鼎新，妙運當然也。

山木固欲其秀而蔭，若叢惡，則傷泉。今雖未能使瑤草瓊花披拂其上，而修竹幽蘭自不可少也[25]。

作屋覆泉，不惟殺盡風景，亦且陽氣不入，能致陰損，戒之戒之。若其小者，作竹罩以籠之，防其不潔之侵，勝屋多矣。

泉中有蝦蟹、孑蟲，極能腥味，亟宜淘净之。僧家以羅濾水而飲，雖恐傷生，亦取其潔也。包幼嗣[30]《净律院》詩"濾水澆新長"，馬戴[31]《禪院》詩"濾泉侵月起"，僧簡長[32]詩"花壺濾水添"是也。于鵠[33]《過張老園林》詩："濾水夜澆花"，則不惟僧家戒律爲然，而修道者，亦所當爾也。

泉稍遠而欲其自入於山廚，可接竹引之、承之，以奇石貯之以净缸[26]，其聲尤玲淙可愛[27]。駱賓王詩"刳木取泉遥"[34]，亦接竹之意。

去泉再遠者，不能自汲，須遣誠實山童取之，以免石頭城下之僞[35]。蘇子瞻愛玉女河水，付僧調水符取之，亦惜其不得枕流焉耳。故曾茶山[36]《謝送惠山泉》詩："舊時水遞費經營。"

移水而以石洗之，亦可以去其搖盪之濁滓，若其味，則愈揚愈減矣。

移水取石子置瓶中，雖養其味，亦可澄水，令之不淆。黃魯直《惠山泉》詩"錫谷寒泉撧石^{37㉘}俱"是也。擇水中潔净白石,帶泉煮之,尤妙尤妙。

汲泉道遠,必失原味。唐子西³⁸云:"茶不問團錡,要之貴新;水不問江井,要之貴活。"又云:"提瓶走龍塘,無數千步,此水宜茶,不減清遠峽。"而海道趨建安,不數日可至,故新茶不過三月至矣。今據所稱,已非嘉賞。蓋建安皆碾磑茶,且必三月而始得,不若今之芽茶,於清明、穀雨之前陟採而降煮也。數千步取塘水,較之石泉新汲,左杓右鐺,又何如哉? 余嘗謂二難具享,誠山居之福者也^㉙。

山居之人,固當惜水,況佳泉更不易得,尤當惜之,亦作福事也。章孝標《松泉》³⁹詩:"注瓶雲母滑,漱齒茯苓香。野客偷煎茗,山僧惜净床。"夫言偷,則誠貴矣;言惜,則不賤用矣。安得斯客斯僧也,而與之爲鄰邪^㉚?

山居有泉數處,若冷泉、午月泉、一勺泉,皆可入品。其視虎丘石水,殆主僕矣,惜未爲名流所賞也。泉亦有幸有不幸邪,要之隱於小山僻野,故不彰耳。竟陵子可作,便當煮一杯水,相與蔭青松、坐白石,而仰視浮雲之飛也。

跋^㉛

子藝作泉品,品天下之泉也。予問之曰:盡乎? 子藝曰:"未也。"夫泉之名有甘、有醴、有冷、有温、有廉、有讓、有君子焉,皆榮也。在廣有貪⁴⁰,在柳有愚⁴¹,在狂國有狂⁴²,在安豐軍有咄⁴³,在日南有淫⁴⁴,雖孔子亦不飲者有盜⁴⁵,皆辱也。予聞之曰:"有是哉,亦存乎其人爾。天下之泉一也,惟和士飲之,則爲甘;祥士飲之,則爲醴;清士飲之,則爲冷;厚士飲之,則爲温;飲之於伯夷⁴⁶,則爲廉;飲之於虞舜⁴⁷,則爲讓;飲之於孔門諸賢,則爲君子。使泉雖惡,亦不得而污之也,惡乎辱? 泉遇伯封⁴⁸,可名爲貪;遇宋人⁴⁹,可名爲愚;遇謝奕⁵⁰,可名爲狂;遇楚項羽,可名爲咄;遇鄭衛之俗,可名爲淫;其遇蹠⁵¹也,又不得不名爲盜。使泉雖美,亦不得而自濯也,惡乎榮?"子藝曰:"噫! 予品泉矣,子將兼品其人乎。"予山中泉數種,請附其語於集,且以貽同志者,毋混飲以辱吾泉。餘杭蔣灼題。

注　釋

1　底本和現存多數版本,署名大多作"明錢塘田藝蘅撰";寶顏堂續本除
　　"武林子藝田藝蘅撰"外,還接署有"華亭仲醇陳繼儒閲,攜李寓公高
　　函埏校"等字樣。

2　司馬子長:即司馬遷,子長是其字。

3　雲間徐伯臣:伯臣,即徐獻忠的字。雲間爲今上海松江古稱。

4　張曲江:張九齡(673 或 678—740),韶州曲江(今屬廣東)人,擢進
　　士,開元二十一年(733)官至中書侍郎,同中書門下平章事,時稱
　　賢相。

5　謝康樂:謝靈運(385—433),晋時襲封康樂公,又稱謝康樂。有《謝
　　康樂集》。

6　《拾遺記》:舊題晋王嘉撰,今本大概經過南朝梁蕭綺的整理。

7　新安:此指隋唐時的新安郡。隋大業三年(607)改歙州置,治所位於
　　今安徽休寧縣。唐武德初改爲歙州,天寶元年(742)又復爲新安郡,
　　領今皖南徽歙一帶。

8　《十洲記》:全名《海内十洲記》,舊題漢代東方朔撰,據考應是漢末魏
　　晋間人假托之作。

9　葛玄:字孝先,三國吴句容人,葛洪從祖父。嘗入天台赤城山學道、隱
　　馬迹山(今無錫太湖中)修煉,自稱葛仙翁。

10　臨沅:縣名,治所在今湖南常德市。

11　稚川:即葛洪(284—364),字稚川,自號抱扑子。

12　毛女、麻姑:毛女,《列仙傳》載:字玉姜,自言秦始皇宮女,秦亡,隱華
　　陰山,遇道士谷春,教其服食松葉,於是從不飢寒,身輕如飛,已百七
　　十餘年。麻姑,典出葛洪《神仙傳》,講漢孝桓帝時,降蔡經家,能撒米
　　"成真珠"。傳說甚多,唐宋時李白、元稹、蘇軾、陸游等詩作中均有
　　提及。

13　銷金帳:銷金,熔化金屬。銷金帳,指用金絲或金飾製作的帳幕。

14　虞伯生:即虞集(1272—1348),字伯生,號邵庵。世居蜀,宋亡,父率

家僑居臨川崇仁。少受家學,嘗從吳澄游。大德初,以薦授大都路儒學教授。文宗即位,累除奎章閣侍書學士,領修《經世大典》。卒謚文靜,弘才博識,工詩文,有《道園學古錄》等。

15　姚公綬:即姚綬(1422—1495),字公綬,號穀庵,自號仙痴,晚號雲東逸史,浙江嘉善人。擢進士,授監察御史,成化初由永寧知州解官歸,築室名丹丘,人稱丹丘先生。工詩畫,撰有《雲東集》。

16　漸江:亦稱漸水、浙江、制河、淛江,即今浙江錢塘江、富春江及其浙西、皖南上游的新安江水系。

17　李約:唐汧國公李勉(717—788)子,字存博,自稱蕭蕭,官至兵部員外郎。

18　《呂氏春秋》:古籍名,一稱《呂覽》,戰國末秦相呂不韋集門客共同編寫,是雜家代表作。全書二十六卷,內容以儒道思想爲主,兼及名、法、墨、農及陰陽家言,共一百六十篇。是先秦的重要文獻,其《上農》《任地》等四篇,保存了先秦農學片段。

19　伊尹:商代大臣,名伊,一名摯。尹,官名。

20　王介甫:即王安石,介甫是其字。

21　《洞冥記》:又名《漢武洞冥記》,舊題東漢郭憲撰。

22　姑射(yè)山神人:典出《莊子·逍遥遊》。

23　《神異經》:舊題西漢東方朔撰。

24　《氾勝書》:即《氾勝之書》。氾勝之,名抑或作勝,山東曹縣人。漢成帝時,任議郎,曾在三輔教民種麥,謹事者,獲豐收,後徙爲御史。此書是西漢黃河流域農業生產經驗的總結。惜原書早佚,僅存清以後輯本。

25　大攕:攕,疑爲"戲"的俗寫。係"戲"的异體字。大攕,即"大攕",古地名。《國語·魯語》:"幽(周幽王)滅於戲";戲當然不等"大戲",但由"戲""戲水""戲亭"等名,可證"大戲"當也在今陝西境內。

26　嵰(qiǎn)州:傳說中的地名。晋《拾遺記·周穆王》有"嵰州甜雪"句。齊治平校注,嵰州"去玉門三十萬里",地多寒雪,霜露著木石上,皆融而甘,可以爲果。

27　李虛己：字公受，宋建安人，太平興國二年（977）進士，累官知遂州（今四川遂寧），終工部侍郎。有《雅正集》。

28　《文子》：二卷，《漢志》道家《文子》九篇；《隋志》載《文子》十二篇，并稱文子爲老子弟子；有人考稱，"似依托者也"。是書雜糅儒、墨等衆家之言以釋道家之學《道德經》。今所行者，仍十二篇本。別本爲《通玄真經》；唐天寶元年（742），詔由《文子》改。

29　扶桑：此指東海中神木和國名。按其方位，約指日本。故中國唐以後文獻中，常用此作日本的代稱。

30　包幼嗣：幼嗣，爲包何字，唐潤州延陵（一稱湖州）人。玄宗天寶進士，代宗時爲起居舍人。工詩，與其父包融、弟包佶齊名，時稱"三包"。

31　馬戴：字虞臣，唐曲陽（一説華州）人，武宗會昌時擢進士第，宣宗大中年間曾任太原幕府掌書記，官終太學博士，是賈島、姚合詩友。

32　簡長：約五代詩僧，下引"花壺濾水添"句，出自《贈浩律詩》。

33　于鵠：唐詩人，初隱居漢陽，年三十猶未成名，代宗大曆時嘗爲諸府從事。有集。

34　駱賓王詩"刳木取泉遥"：此句出自《靈隱寺》詩；但是詩一作"宋之問"撰。

35　石頭城下之僞：李贊皇（即栖筠，以治行，詔封"贊皇縣子"。一稱爲其孫李德裕爲相時故事）知有使至潤州（今江蘇鎮江）"命置中冷水一壺，其人舉棹忘之，至石頭城（今南京）乃汲一瓶歸獻"。李飲之曰："此何似建業（亦南京舊名）城下水也?"其人只好坦白認錯。

36　曾茶山：即曾凡（1084—1166），字志甫（一作吉甫），自號"茶山居士"。宋高宗時，歷任江西、浙江提刑和知合州（今重慶合川，宋爲合州巴川郡）。工詩，有《茶山集》三十卷等行世。

37　撱（tuó）石：指圓而長之石。

38　唐子西：即唐庚（1071—1121）。哲宗紹聖時進士，徽宗時爲"宗子博士"，擢提舉京畿常平。爲文精密，文采風流，有《唐子西文録》《唐子西集》等著作。

39　章孝標：睦州桐盧(一稱杭州錢塘)人。憲宗元和十四年(819)進士，文宗大和中試大理評事。工詩，此《松泉》詩，爲其吟咏茶事詩中的代表作。

40　在廣有貪：貪，即"貪泉"。《中國古代茶葉全書》："在今廣東南海縣西北，又名石門水、沈香浦、投香浦。世傳飲之者其心無厭。"

41　柳有愚：柳，今廣西柳州。愚，即愚泉，在古代零陵縣(治位今廣西全州)愚溪東北。柳宗元貶柳州時，嘗游柳巖、柳山、柳江等山水勝景并有題點。柳宗元名此泉作"愚泉"，有人稱意即"己之愚及於溪泉"之謂也。

42　狂國有狂：《宋書·袁粲傳》引："昔有一國，國中一水，號曰狂泉。國人飲此水，無不狂，唯國君穿井而汲，獨得無恙。國人既並狂，反謂國主之不狂爲狂，於是聚謀，共執國主，療其狂疾，火艾針藥，莫不畢具。國主不任其苦，於是到泉所酌水飲之，飲畢便狂。君臣大小，其狂若一，衆乃歡然。"

43　安豐軍有咄：安豐軍，南宋紹興時置，治所在安豐縣(今安徽壽縣西南)，乾道三年(1167)移治壽春縣(今壽縣)，元改爲路。咄，即咄嗟、咄咄，段玉裁釋作"猝乍相驚之意"。

44　日南有淫：日南，古郡縣名。日南郡，西漢置，治所在西卷縣(今越南甘露河與廣治河合流處)，東晉時廢，唐天寶元年(742)復名，乾元時改驩州。日南縣，隨開皇三年(583)置，治位今越南清化東北，唐末廢。淫泉，典出《拾遺記》，云"日南之南，有淫泉之浦"。文中淫作兩釋：一言其水浸淫，出地成淵；一稱其泉激石之聲，"似人之歌笑，聞者令人淫動"。

45　雖孔子亦不飲者有盜：盜，指盜泉，位山東泗水縣。典出《尸子》："(孔子)過於盜泉，渴矣而不飲，惡其名也。"言孔子過盜泉惡其名，雖渴不飲其水。晋代陸機、唐代李白、宋代黃庭堅均有詩句咏及。

46　伯夷：商諸侯孤竹國君長子。典詳《史記·伯夷列傳》，伯夷和其弟叔齊因相讓君位，雙雙出逃，擬投奔西伯(周文王)。路上遇到周武王捧着已死西伯的牌位率兵伐紂，伯夷兄弟攔諫稱："父死不葬，爰及干戈。可謂孝乎？以臣弒君，可謂仁乎？"及武王滅紂，伯夷、叔齊恥之，義不食周粟，隱於首陽山，采薇而食，最後餓死於首陽山。

47 虞舜：傳説中的遠古部落首領。虞，指"有虞氏"，部落名，居蒲阪（今山西永濟西蒲州鎮）。舜，是有虞氏部落的首領，也是上古禪讓制度的傳説者。相傳堯爲部落聯盟首領時，各部落的頭領推舉舜爲繼承人。堯把舜叫到身邊和他一起工作，經過三年考察，堯死舜便繼爲首領。後來，舜又用同樣的方法，讓位於禹。

48 伯封：傳説爲舜的典樂之君夔的兒子。《春秋左傳注疏》中提到："伯封，實有豕心，貪惏無厭，忿類無期，謂之封豕。"惏，貪的意思，《方言》稱："楚人謂貪爲惏。"類，指戾，暴戾，即古所謂"暴貪爲戾"。簡言之，伯封其人，心大如猪，貪而無恥。"財利飲食，貪而無厭；忿怒暴戾，無有期度"。

49 遇宋人，可名爲愚：此疑指宋人"守株待兔"的故事。晚唐詩人杜牧詩句："宋株聊自守，魯酒怕旁圍。"把守株待兔的痴呆，簡稱爲"宋株"，就直接和宋國之人聯結了起來。

50 謝奕：字無奕，東晉陳郡陽夏人，謝安兄。曾官安西將軍、豫州刺史，與桓温友。嗜酒，每因酒無復朝廷禮。此或田藝蘅稱奕爲狂之據。

51 蹻："跖"的异體字，在古籍中，"跖"兩字并用。跖，春秋、戰國間人，在《孟子》《商君書》《荀子》等上古文獻中，都將其貶爲"盗"，稱"盗跖"。如《荀子·不苟》："盗跖吟口，名聲若日月"即是。

校　記

① 子藝夙厭：在"子藝"與"夙厭"間，《寶顔堂續秘笈》本（簡稱寶顔堂續本）多"抱轔轢江山之氣，吐吞葩藻之才"十三字。

② 考據該洽："考"字前，寶顔堂續本多"頃於子謙所出以示予"九字。

③ 寔泉茗之信史也：在"也"字下，寶顔堂續本多"命敘之，刻燭以竢（俟）"七字。

④ 嘉靖甲寅冬十月既望，仁和趙觀撰：寶顔堂續本無"嘉靖甲寅冬十月

既望”九字,改增“第即席摭辭愧不工耳”九字。

⑤　引：小史本無此引;《説郛續》本,既無此引,也無上面趙觀敘和下面的目録。另,底本引前和引畢同前敘,均加書名作“煮泉小品引”和“煮泉小品引畢”;本書編時删。

⑥　甲寅秋孟中元日,錢塘田藝蘅序：寶顔堂續本作“甲寅秋孟中元日也,小小洞天居士”。

⑦　目録：底本等在目録前和畢,同前叙也加書名作“煮泉小品目録”“煮泉小品目録終”,本書編時删。另有的版本目録改作品目。

⑧　省作原,今作源：《錦囊小史》本(簡稱小史本)、《説郛續》本無“今作源”三字。

⑨　賞鑑者：寶顔堂續本、小史本無“者”字。

⑩　挹之不竭：竭,寶顔堂續本作“絶”。

⑪　劉禹錫詩：“劉”字前,小史本、《説郛續》本,多一“如”字。

⑫　泉懸出曰沃：小史本、説郛續本,自這句另起一段;從改。

⑬　泉惟甘香：香,寶顔堂續本、小史本、《説郛續》本皆作“泉”。

⑭　故亦能養人：寶顔堂續本無“亦”字。

⑮　延年卻疾：卻,小史本作“御”字。

⑯　南方嘉木：方,底本作“山”,小史本、《説郛續》本作“方”,據改。

⑰　旋摘旋瀹：寶顔堂續本作“旋摘施瀹”。

⑱　露收嵐净：底本“净”作“静”,此據小史本、《説郛續》本改。

⑲　縱是：寶顔堂續本、小史本作“是縱”。

⑳　白鹽：鹽,寶顔堂續本、小史本、《説郛續》本作“土”。

㉑　不足責耳：小史本、《説郛續》本,責下無“耳”字。

㉒　鹹：此處和本文以下所有“鹹”字,小史本、《説郛續》本作“鹽”。下不出校。

㉓　水井：水,寶顔堂續本、小史本作“冰”。

㉔　純陰之寒也：“寒”字下,寶顔堂續本、小史本、《説郛續》本,皆多一“沍”字。沍(hù),凍結;寒沍,指嚴寒冰凍不化。據多本之説,上注“水井”,似應作“冰井”;“寒也”,似也應作“寒沍也”。

㉕　不可少也：小史本、《説郛續》本，"少"之下無"也"字。

㉖　净缸：净，底本作"琤"，據小史本、《説郛續》本改。

㉗　琤淙可愛：小史本、《説郛續》本改上面"琤缸"作"净缸"的同時，連着將下面"琤淙"之"琤"也改作"净"。此"琤"爲玉聲，"琤淙"猶王履《水濂洞》詩"飛濺隨風遠，琮琤上谷遲"。形容水石相擊之聲也。

㉘　擷石：擷，底本作"擒"，據《山谷集》卷2改。

㉙　誠山居之福者也：小史本"福"下無"者"字。

㉚　與之爲鄰邪：邪，《説郛續》本作"耶"。

㉛　跋：底本原題作"煮泉小品跋"，寶顔堂續本作"後跋"，現統編省作"跋"。小史本、《説郛續》本無此跋。

水品

◇明　徐獻忠　撰

　　徐獻忠(1493—1569)[1]，字伯臣，號長谷、長谷翁，華亭(今上海松江)人。嘉靖四年(1525)舉人，官奉化知縣，節用平稅、減役防水，頗盡職守。嘉靖六年(1527)，謝官後游於吳興，樂其土風晏然，駐足而居。工詩善書，與何良俊、董宜陽、張之象俱以文章氣節名，時稱四賢。著作甚豐，撰有《吳興掌故集》十七集，《水品》二卷，《長谷集》十五卷，《樂府原》十五卷，《金石文》七卷，《六朝聲偶》七卷，與朱警合編《唐百家詩》一百八十四卷附《唐詩品》一卷等。卒年七十七歲。

　　《四庫全書總目提要》云："是編皆品煎茶之水。"上卷爲總論，下卷詳記諸水。"其上卷第六篇中，駁陸羽所品虎邱石水及二瀑水、吳松江水，張又新所品淮水；第七篇中，駁羽著中初沸調以鹽味之說，亦自有見。然時有自相矛盾者，如上卷論瀑水不可飲，下卷乃列噴霧崖瀑，引張商英之說，以爲偏宜著茗；下卷濟南諸泉條中，論珍珠泉湧出珠泡，爲山氣太盛，不可飲，天臺桐柏宮水條，又謂湧起如珠，甘冽入品。恐亦一時興到之言，不必盡爲典要也。"《提要》另外還訂正了有些古書將《水品》誤作《水品全秩》的混亂。

　　本文據田藝蘅題序，定爲撰於嘉靖三十三年(1554)。現存刊本，有明金陵荊山書林刻《夷門廣牘》本，收入《四庫全書存目叢書》；又有明喻政《茶書》刻本，以及清陶珽編《說郛續》本。《說郛續》本沒有全收，僅只刊錄了《水品》卷上。本書以喻政《茶書》本作底本，另兩本作校。

序[①]

　　余嘗著《煮泉小品》，其取裁於鴻漸《茶經》者，十有三。每閱一過，則

塵吻生津,自謂可以忘渴也。近遊吳興,會徐伯臣示《水品》,其旨契余者,
十有三。緬視又新、永叔諸篇,更入神矣。蓋水之美惡,固不待易牙之口
而自可辨。若必欲一一第其甲乙,則非盡聚天下之水而品之,亦不能無爽
也。況斯地也,茶泉雙絕;且桑苧翁作之於前,長谷翁述之於後,豈偶然
耶? 攜歸並梓之,以完泉史。

嘉靖甲寅秋七月七日錢唐田藝蘅題

目録

蘇門山⁸百泉

濟南諸泉

廬山康王谷水

楊子中泠水

無錫惠山寺水⑤

洪州噴霧崖瀑

萬縣西山泡泉

潼川⁹

雁蕩龍鼻泉

天目山潭水

吳興白雲泉

顧渚金沙泉

碧林池

四明〔山〕雪竇上巖水⑥

天台桐栢宮水

黃巖〔靈谷寺〕香泉⑦

黃巖鐵篩泉

麻姑山神功泉

樂清〔縣〕沐簫泉⑧

福州〔閩越王〕南臺〔山〕泉⑨

桐廬嚴瀨水⑩

姑蘇七寶泉

宜興三洞水

華亭¹⁰五色泉

金山寒穴泉

卷上

一源

或問山下出泉曰艮¹¹，一陽在上，二陰在下，陽騰爲雲氣，陰注液爲泉，此理也。二陰本空洞處，空洞出泉，亦理也。山中本自有水脈，洞壑通貫而無水脈，則通氣爲風。

山深厚者若大者⑪，氣盛麗者，必出佳泉水。山雖雄大⑫而氣不清越，山觀不秀，雖有流泉，不佳也。

源泉實關氣候之盈縮，故其發有時而不常、常而不涸者，必雄長於羣崒而深源之發也。

泉可食者，不但山觀清華，而草木亦秀美，仙靈之都薄也。

瀑布，水雖盛，至不可食。汛激撼盪，水味已大變，失真性矣。瀑字，從水、從暴，蓋有深義也。予嘗攬瀑水上源，皆派流會合處，出口有峻壁，始垂掛爲瀑，未有單源隻流如此者。源多則流雜，非佳品可知。

瀑水垂洞口者，其名曰簾，指其狀也。如康王谷水是也。

瀑水雖不可食，流至下潭渟匯久者，復與瀑處不類。

深山窮谷，類有蛟蛇毒沫，凡流來遠者，須察之。

春夏之交，蛟蛇相感，其精沫多在流中，食其清源或可爾，不食更穩。

泉出沙土中者，其氣盛湧，或其下空洞通海脈，此非佳水。

山東諸泉，類多出沙土中，有湧激吼怒，如趵突泉是也。趵突水，久食生頸瘦，其氣大濁。

汝州¹²水泉，食之多生癭。驗其水底，凝濁如膠，氣不清越乃至此。聞蘭州亦然。

濟南王府有名珍珠泉者，不待拊掌振足，自浮爲珠。然氣太盛，恐亦不可食。

山東諸泉，海氣太盛，漕河之利，取給於此。然可食者少，故有聞名甘露，淘米茶泉者，指其可食也。若洗缽，不過賤用爾。其臭泉、皂泥泉、濁河等泉太甚，不可食矣。

傳記論泉源有杞菊，能壽人。今山中松苓、雲母、流脂、伏液，與流泉同宮，豈下杞菊。浮世以厚味奪真氣，日用之不自覺爾。昔之飲杞水而壽，蜀道漸通，外取醯鹽食之，其壽漸減，此可證。

水泉初發處，甚澹；發於山之外麓者，以漸而甘；流至海，則自甘而作鹹矣。故汲者持久，水味亦變。

閩廣山嵐有熱毒，多發於花草水石之間。如南靖沄水坑，多斷腸草，落英在溪，十里內無魚蝦之類。黃巖人顧永主簿，立石水次，戒人勿飲[13]。天台蔡霞山爲省參時有語云：“大雨勿飲溪，道傍休嗅草。”此皆仁人用心也。

水以乳液爲上，乳液必甘，稱之，獨重於他水。凡稱之重厚者，必乳泉也。丙穴[13]魚以食乳液，特佳。煮茶稍久，上生衣，而釀酒大益。水流千里者，其性亦重。其能煉雲母爲膏，靈長[14]下注之流也。

水源有龍處，水中時有赤脈，蓋其涎也，不可犯。晉溫嶠燃犀照水[15]，爲神所怒，可證。

二清

泉有滯流積垢，或霧翳雲蓊，有不見底者，大惡。

若泠谷澄華，性氣清潤，必涵內光澄物影，斯上品爾。

山氣幽寂，不近人村落，泉源必清潤可食。

骨石巉巇而外觀青蔥，此泉之土母也。若土多[14]而石少者，無泉，或有泉而不清，無不然者。

春夏之交，其水盛至，不但蛟蛇毒沫可慮，山墟積腐經冬月者，多流出其間，不能無毒。雨後澄寂久，斯可言水也。

泉上不宜有木，吐葉落英，悉爲腐積，其幻爲滾水蟲[15]，旋轉吐納，亦能敗泉。

泉有滓濁，須滌去之。但爲覆屋作人巧者，非丘壑本意。

《湘中記》曰：湘水至清，雖深五六丈，見底了了。石子如樗蒲矢，五色鮮明。白沙如霜雪，赤岸如朝霞。此異境，又別有説。

三流

水泉雖清映甘寒[16]可愛，不出流者，非源泉也。雨澤滲積，久而澄寂爾。

《易》謂“山澤通氣”。山之氣，待澤而通；澤之氣，待流而通。

《老子》“谷神不死”，殊有深義。源泉發處，亦有谷神，而混混不舍晝夜,所謂不死者也。

源氣盛大,則注液不窮。陸處士品:"山水上,江水中,井水下",其謂中理。然井水淳泓,地中陰脈,非若山泉天然出也,服之中聚易滿,煮藥物不能發散流通,忌之可也。《異苑》[16]載句容縣季子廟前井,水常沸湧。此當是泉源,止深鑿爲井爾。

《水記》第虎丘石水居三。石水雖泓渟,皆雨澤之積,滲竇之潢也。虎丘爲闔閭墓隧,當時石工多闠死,山僧衆多,家常不能無穢濁滲入,雖名陸羽泉,與此粉通[17],非天然水脈也。道家服食,忌與屍氣近,若暑月憑臨其上,解滌煩襟可也。

四甘

泉品以甘爲上,幽谷紺寒清越者,類出甘泉,又必山林深厚盛麗,外流雖近而內源遠者。

泉甘者,試稱之必重厚。其所由來者,遠大使然也。江中南零水,自岷江發流,數千里始澄於兩石間,其性亦重厚,故甘也。

古稱醴泉,非常出者,一時和氣所發,與甘露、芝草同爲瑞應。《禮緯》[17]云:"王者刑殺當罪,賞錫當功,得禮之宜,則醴泉出於闕庭。"《鶡冠子》[18]曰:"聖王子德,上薄太清,下及太寧,中及萬靈,則醴泉出。"光武中元元年,醴泉出京師。唐文皇貞觀初,出西域之陰[18]。醴泉食之令人壽考,和氣暢達,宜有所然。

泉上不宜有惡木,木受雨露,傳氣下注,善變泉味。況根株近泉,傳氣尤速,雖有甘泉不能自美。猶童蒙之性,繫於所習養也。

五寒

泉水不甘寒[19],俱下品。《易》謂"並列寒泉[20]食",可見並泉以寒爲上。金山在華亭海上,有寒穴,諸詠其勝者,見郡誌。廣中新城縣,冷泉如冰,此皆其尤也。然凡稱泉者,未有舍寒冽而著者。

溫湯在處有之。《博物志》:"水源有石硫黃,其泉溫,可療瘡痍。"此非食品也。《黃庭內景》[19]湯谷神王,乃內景自然之陽神,與地道溫湯相耀列爾。

予嘗有《水頌》云："景丹霄之浩露，眷幽谷㉑之浮華。瓊醴庶以消憂，玄津抱而終老。"蓋指甘寒也。

泉水甘寒者多香，其氣類相從爾。凡草木敗泉味者，不可求其香也。

六品

陸處士品水，據其所嘗試者，二十水爾，非謂天下佳泉水盡於此也，然其論故有失得。自予所至者，如虎丘石水及二瀑水，皆非至品；其論雪水，亦自至地者，不知長桑君上池品，故在凡水上。其取吳松江水，故惘惘非可信。吳松潮汐上下，故無瀠泓若南泠在二石間也。潮海性澤濁，豈待試哉。或謂是吳江第四橋水，茲又震澤㉒東注，非吳松江水也。予嘗就長橋試之，雖清激處亦腐梗作土氣，全不入品，皆過言也。

張又新記淮水，亦在品列。淮故湍悍澤濁，通海氣，自昔不可食，今與河合派㉑，又水之大幻也。李記以唐州㉒栢巖縣，淮水源庶矣。

陸處士能辨近岸水非南泠，非無旨也。南泠洄洑淵渟，清激重厚；臨岸故常流水爾，且混濁迥異，嘗以二器貯之自見。昔人且能辨建業城下水，況泠岸故清濁易辨，此非誕也。歐陽修《大明水記》直病之，不甚詳悟爾。

處士云："山水上，江水中，井水下。其山水，揀乳泉、石池慢流者上，其瀑湧湍漱勿食之。久食令人頸疾。又多別流，於山谷者，澄浸不洩，自火天至霜郊以前，或潛龍蓄毒其間，飲者可決之，以流其惡；使新泉涓涓酌之。"此論至確，但瀑水不但頸疾，故多毒沫可慮。其云："澄寂不洩，是龍潭水"，此雖出其惡，亦不可食。

論"江水取去人遠者"，亦確。"井取汲多者"，止自乏泉處可爾。並故非品。

處士所品可據及不能盡試者，並列：蘄州蘭溪石下水；峽州扇子山下，有石突，然洩水獨清泠，狀如龜形，俗云蝦蟆口水；廬山招賢寺下方橋潭水；洪州西山東瀑布水；廬州龍池山水；漢江金州㉓上游中零水；歸州玉虛洞下香溪水；商州武關㉔西洛水；郴州㉒圓泉水。

七雜説

移泉水遠去,信宿之後,便非佳液。法取泉中子石養之,味可無變。

移泉須用常汲舊器、無火氣變味者,更須有容量,外氣不乾。

東坡洗水法,直戲論爾,豈有汲泉持久,可以子石淋數過還味者?

暑中取净子石畳盆盂,以清泉養之;此齋閣中天然妙相也,能清暑、長目力。東坡有怪石供此,殆泉石供也。

處士《茶經》,不但擇水,其火用炭或勁薪,其炭曾經燔,爲腥氣所及,及膏木敗器不用之。古人辨勞薪之味,殆有旨也。

處士論煮茶法,初沸水合量,調之以鹽味。是又厄水也。

卷下

上池水

湖守李季卿與陸處士論水精劣,得二十種,以雪水品在末後,是非知水者。昔者秦越人[25]遇長桑君[26],飲以上池之水,三十日當見物。上池水者,水未至地,承取露華水也。《漢武志》[27]慕神仙,以露盤取金莖飲之。此上池真水也,《丹經》[28]以方諸取太陰真水,亦此義。予謂露雪雨冰,皆上池品,而露爲上。朝露未晞時,取之栢葉及百花上佳,服之可長年不飢。《續齊諧記》[29]:司農鄧沼,八月朝,入華山,見一童子以五色囊承取承葉下露。露皆如珠,云:"赤松先生取以明目。"《吕氏春秋》云:"水之美者,有三危之露"[30],爲水即味重於水也。《本草》載:六天氣,令人不饑,長年美顔色,人有急難阻絶之處,用之如龜蛇服氣不死,陵陽子明[22]《經》言:春食朝露,秋食飛泉,冬食沆瀣,夏食正陽,並天玄地黄,是爲六氣[24]。亦言"平明爲朝露,日中爲正陽,日入爲飛泉[25],夜半爲沆瀣",此又服氣之精者。

玉井水

玉井者,諸産有玉處,其泉流澤潤,久服令人仙。《異類》云:"崑崙山有一石柱,柱上露盤,盤上有玉水溜下,土人得一合服之,與天地同年。又太華山有玉水,人得服之長生。"今人山居者多壽考[26],豈非玉石之津乎。

《十洲記》:瀛洲,有玉膏泉如酒,令人長生。

南陽酈縣北潭水

酈縣北潭水,其源悉芳菊生被岸,水爲菊味。盛弘之[27]《荆州記》:太尉胡廣久患風羸,常汲飲此水,遂療。《抱朴子》云"酈縣山中有甘谷水",其居民悉食之,無不壽考[28]。"故司空王暢、太尉劉寬、太傅袁隗,皆爲南陽太守,常使酈縣,月送甘谷水四十斛,以爲飲食,諸公多患風痺及眩〔冒〕[29],皆得愈。"

按:寇宗奭《衍義》[31]菊水之説甚怪,水自有甘澹,焉知無有菊味者?嘗官於永耀間[30],沿幹至洪門北山下古石渠中,泉水清徹,其味與惠山泉水等。亦微香,烹茶尤相宜。由是知泉脈如此。

金陵八功德水

八功德水,在鍾山靈谷寺。八功德者:一清、二冷、三香、四柔、五甘、六浄、七不噎、八除痾。昔山僧法喜,以所居乏泉,精心求西域阿耨池[32]水,七日掘地得之。梁以前,常以供御池。故在峭壁。國初遷寶誌塔,水自從之,而舊池遂涸,人以爲異。謂之靈谷者,自琵琶街鼓掌,相應若彈絲聲,且志其徙水之靈也。陸處士足跡未至此水,尚遺品録。予以次上池玉水及菊水者,蓋不但諧諸草木之英而已。

鍾陰[33]有梅花水,手掬弄之,滴下皆成梅花。此石乳重厚之故,又一異景也。鍾山故有靈氣,而泉液之佳,無過此二水。

句曲山喜客泉

大茅峯東北,有喜客泉,人鼓掌即湧沸,津津散珠。昭明讀書臺下拊掌泉,亦同此類。茅峯故有丹金,所産多靈木,其泉液宜勝。按:陶隱居《真誥》[34]云:茅山"左右有泉水,皆金玉之津氣"。又云:"水味是清源洞遠沾爾[31],水色白,都不學道,居其土、飲其水,亦令人壽考。是金津潤液之所溉耶。"今之好遊者,多紀巖壑之勝,鮮及此也。

王屋山玉泉聖水

王屋山,道家小有洞天。蓋濟水之源,源於天壇之巔,伏流至濟瀆祠,復見合流,至溫縣虢公臺,入於河,其流汛疾。在醫家去痾,如東阿之膠,青州之白藥,皆其伏流所製也。其半山有紫微宮,宮之西,至望仙坡北折一里,有玉泉,名玉泉聖水。《真誥》云:"王屋山,仙之別天,所謂陽臺是也。諸始得道者,皆詣陽臺。陽臺是清虛之宮。""下生鮑濟之水,水中有石精,得而服之可長生。"

泰山諸泉

玉女泉,在嶽頂之上,水甘美,四時不竭,一名聖水池。白鶴泉,在昇元觀後,水洌而美。王母池,一名瑤池,在泰山之下,水極清,味甘美。崇寧間,道士劉崇鼇石。

此外有白龍池,在嶽西南,其出爲漆河。仙臺嶺南一池,出爲汶河。桃花峪,出爲泮河。天神泉懸流如練,皆非三水比也。

天書觀傍,有醴泉。

華山涼水泉

華山第二關即不可登越,鑿石竅,插木攀援若猿猱,始得上。其涼水泉,出竇間,芳洌甘美,稍以憩息,固天設神水也。自此至青牛,平入通仙觀,可五里爾。

終南山澂源池

終南山之陰太乙宮者,漢武因山有靈氣,立太乙元君[35]祠於澂源池之側。宮南三里,入山谷中,有泉出奔,聲如擊筑、如轟雷,即澂源派也。池在石鏡之上,一名太乙湫,環以羣山,雄偉秀特,勢逼霄漢。神靈降遊之所,止可飲勺取甘,不可穢褻,蓋靈山之脈絡也。杜陵、韋曲[36]列居其北,降生名世有自爾。

京師西山玉泉

玉泉山在西山大功德寺西數百步,山之北麓,鑿石爲螭頭,泉自口出,瀦而爲池。瑩徹照暎,其水甘潔,上品也。東流入大內,注都城出大通河,爲京師八景之一。京師所艱得惟佳泉，且北地暑毒，得少憩泉上，便可忘世味爾。

又西香山寺有甘露泉，更佳。道險遠，人鮮至，非内人建功德院，幾不聞人間矣。

偃師甘露泉

甘泉在偃師東南，瑩徹如練，飲之若飴。又緱山浮丘塚，建祠於庭下，出一泉，澄澈甘美，病者飲之即愈，名浮丘靈泉。

林慮山水簾

大行[32]之奇秀，至林慮之水簾爲最。水聲出亂石中，懸而爲練，湍而爲漱，飛花旋碧，喧豗飄灑。其潴而爲泓者，清澈如空，纖芥可見。坐數十人，蓋天下之奇觀也。

蘇門山百泉

蘇門山[37]百泉者，衛源也。"毖彼泉水"[38]詩，今尚可誦。其地山岡勝麗，林樾幽好，自古幽寂之士，卜築嘯詠，可以洗心漱齒。晉孫登[39]、嵇康[40]，宋邵雍[41]皆有陳跡可尋。討其光寒泓穆之象，聞之且可醒心，況下上其間耶？

濟南諸泉

濟南名泉七十有二，論者以瀑流[33]爲上，金線次之，珍珠又次之；若玉環、金虎、柳絮、皇華、無憂及水晶簟，皆出其下。所謂瀑流者，又名趵突，在城之西南濼水源也。其水湧瀑而起，久食多生頸疾。金線泉，有紋如金線；珍珠泉，今王府中，不待振足拊掌，自然湧出珠泡，恐皆山氣太盛，故作此異狀也。然昔人以三泉品，居上者，以山川景象秀朗而言爾；未必果在七十二泉之上也。有杜康泉者，在舜祠西廡，云杜康取此釀酒。昔人稱楊子中泠水，每升重二十四銖，此泉止減中泠一銖。今爲覆屋而埋，或去廡屋受雨露，則靈氣宣發也。又大明湖，發源於舜泉，爲城府特秀處。繡江發源長白山下,二處皆有芰荷洲渚之勝,其流皆與濟水合。恐濟水隱伏其間,故泉池之多如此。

廬山康王谷水

陸處士云:瀑湧湍漱,勿食之,康王谷水簾上下,故瀑水也,至下潭澄寂處,始復其真性。李季卿序次有瀑水,恐托之處士。

楊子中泠水

往時江中惟稱南零水,陸處士辨其異於岸水,以其清澈而味厚也,今稱中泠。往時金山屬之南岸,江中惟二泠,蓋指石簰山南北流也。今金山淪入江中,則有三流水,故昔之南泠,乃列爲中泠爾。中泠有石骨,能淳水不流,澄凝而味厚。今山僧憚汲險,鑿西麓一井代之,輒指爲中泠,非也。

無錫惠山寺水

何子叔皮[42]一日汲惠水遺予,時九月就涼,水無變味,對其使烹食之,大佳也。明年,予走惠山,汲煮陽羨鬭品,乃知是石乳。就寺僧再宿而歸。

洪州噴霧崖瀑

在蟠龍山,飛瀑傾注,噴薄如霧,宋張商英[43]遊此題云:“水味甘腴,偏宜煮茗。”范成大亦以爲天下瀑布第一。

萬縣西山包(泡)泉

宋元符間,太守方澤[44]爲銘,以其品與惠山泉相上下。轉運張縝詩:“更挹巖泉分茗碗,舊遊彷彿記孤山。”

雲陽縣有天師泉,止自五月江漲時溢出,九月即止。雖甘潔清洌,不貴也;多喜山雌雄泉,分陰陽盈竭,斯異源爾。

潼川

鹽亭縣西,自劍門南來四百里爲負戴山。山有飛龍泉,極甘美。

遂寧縣東十里，數峯壁立，有泉自巖滴下成穴，深尺餘。紺碧甘美，流注不竭，因名靈泉。宋楊大淵[45]等守靈泉山即此。

雁蕩龍鼻泉

浙東名山，自古稱天台，而雁蕩不著，今東南勝地輒稱之。其上有二龍湫：大湫數百頃，小湫亦不下百頃。勝處有石屏、龍鼻水。屏有五色異景，石乳自龍鼻滲出，下有石渦承之，作金石聲。皆自然景象，非人巧也。小湫今爲遊僧開瀉成田，郡内養蔭龍氣，在術家爲龍樓真氣，今洩之，山川之秀頓減矣。

天目山潭水

浙西名勝必推天目。天目者，東南各一湫如目也。高巓與層霄北近，靈景超絶，下發清泠，與瑶池同勝。山多雲母、金沙，所産吳术、附子、靈壽藤，皆異穎，何下子杞菊水。南北皆有六潭，道險不可盡歷，且多異獸，雖好遊者不能遍。山深氣早寒，九月即閉關，春三月方可出入。其跡靈異，晴空稍起雲一縷，雨輒大至，蓋神龍之窟宅也。山居谷汲，予有夙慕云。

吳興白雲泉

吳興金蓋山，故多雲氣。乙未三月，與沈生子内曉入山。觀望四山，繚遶如垣，中間田段平衍，環視如在甑中受蒸潤也。少焉日出，雲氣漸散，惟金蓋獨遲，越不易解。予謂氣盛必有佳泉水，乃南陟坡陁，見大楊梅樹下，汨汨有聲，清泠可愛，急移茶具就之，茶不能變其色。主人言，十里内蠶絲俱汲此煮之，輒光白大售[㉟]。下注田段，可百畝，因名白雲泉云。

吳興更有杼山珍珠泉，如錢塘玉泉，可拊掌出珠泡。玉泉多餌五色魚，穢垢山靈爾。杼山因僧皎然夙著。

顧渚金沙泉

顧渚每歲採貢茶時，金沙泉即湧出。茶事畢，泉亦隨涸，人以爲異。元末時，乃常流不竭矣。

碧林池　在吳興弁山太陽塢

《避暑録》[46]云："吾居東西兩泉"，"匯而爲沼⑤"，纔盈丈，溢其餘於外不竭。東泉決爲澗，經碧林池，然後匯大澗而出。兩泉皆極甘，不減惠山，而東泉尤冽"。

四明山雪竇上巖水

四明山巔出泉甘冽，名四明泉上矣。南有雪竇，在四明山南極處，千丈巖瀑水殊不佳，至上巖約十許里，名隱潭，其瀑在險壁中，甚奇怪。心弱者，不能一置足其下，此天下奇洞房也。至第三潭水，清泚芳潔，視天台千丈瀑殊絶爾。天台康王谷，人跡易至，雪竇甚閟，潭又雪竇之閟者。世間高人自晦於蓬藋間，若此水者，豈堪算計耶。

天台桐柏宮水

宮前千仞石壁，下發一源，方丈許，其水自下湧起如珠，溉灌甚多，水甘冽入品。

黃巖靈谷寺香泉

寺在黃巖、太平之間，寺後石罅中，出泉甘冽而香，人有名爲聖泉者。

麻姑山神功泉㊱

其水清冽甘美，石中乳液也。土人取以釀酒，稱麻姑者，非釀法，乃水味佳也。

黃巖鐵篩泉

方山下出泉甚甘，古人欲避其泛沙，置鐵篩其内，因名。士大夫煎茶㊲，必買此水，境内無異者。有宋人潘愚谷詩黃巖八景之意也。

樂清縣沐簫泉

沐簫是王子晉[47]遺跡，山上有簫臺，其水闊境，用之，佳品也。

福州閩越王南臺山泉

泉上有白石壁,中有二鯉形,陰雨鱗目粲然。貧者汲賣泉水,水清泠可愛。土人以南山有白石,又有鯉魚,似甯戚[48]歌中語,因傳會戚飯牛於此。

桐廬嚴瀨水

張君過桐廬江,見嚴子瀨溪水清泠,取煎佳茶,以爲愈於南泠水。予嘗過瀨,其清湛芳鮮,誠在南泠上。而南泠性味俱重,非瀨水及也。瀨流瀉處,亦殊不佳。臺下灣窈迴洑澄渟,始是佳品。必緣陟上下方得之,若舟行捷取,亦常然波爾。

姑蘇七寶泉

光禄寺左鄧尉山東三里有七寶泉,發石間,環甃以石,形如滿月。庵僧接竹引之,甚甘。吳門故乏泉,雖虎丘名陸羽泉,予尚以非源水下之。顧此水不録,以地僻隱,人跡罕至故也。

宜興三洞水㊳

善權寺前有湧金泉,發於寺後小水洞,有竇形如偃月,深不可測。李司空[49]碑謂,微時親見白龍騰出洞中,蓋龍穴也,恐不可食。今人有飲者,云無害。西南至大水洞,其前湧泉奔赴石上,濺沫如銀,注入洞中。出小水洞,蓋一源也。

張公洞東南至會仙巖,其下空洞,有泉出焉。自右而趨,有聲潺潺可聽。

南嶽銅官山麓有寺,寺有卓錫泉,其地即古之陽羡,産茶獨佳。每季春,縣官祀神泉上,然後入貢。

寺左三百步,有飛瀑千尺,如白龍下飲,匯而爲池。相傳稠錫禪師卓錫[50]出泉於寺,而剖腹洗腸於此,今名洗腸池。此或巢由洗耳之意,或飲此水可以洗滌腸中穢跡,因而得名爾。其側有善行洞,庵後有泉出石間,涓涓不息。僧引竹入廚煎茶,甚佳。天下山川,奇怪幽寂,莫逾此三洞。近溧陽史君恭甫,更於玉女潭搜剔水石,構結精廬,其名勝殆冠絕,雖降仙真可也,況好遊人士耶?

華亭五色泉

松治西南數百步,相傳五色泉,士子見之,輒得高第。今其地無泉,止有八角井,云是海眼。禱雨時,以魚負鐵符下其中,後漁人得之。白龍潭井水,甘而冽,不下泉水。所謂五色泉,當是此,非別有泉也。丹陽觀音寺、楊州大明寺水,俱入處士品,予嘗之與八角無異。

金山寒穴泉

松江治南海中金山上有寒穴泉。按:宋毛滂《寒穴泉銘序》云:"寒穴泉甚甘,取惠山泉並嘗,至三四反覆,略不覺異。"王荆公《和唐令寒穴泉》詩有云:"山風吹更寒,山月相與清。"今金山淪入海中,汲者不至,他日桑海變遷,或仍爲岸谷,未可知也。

後跋^㊴

徐子伯臣,往時曾作唐詩品,今又品水,豈水之與詩,其泠然之聲、沖然之味有同流邪? 予嘗語田子曰:吾三人者,何時登崑崙、探河源,聽奏鈞天之洋洋,還涉三湘;過燕秦諸川,相與飲水賦詩,以盡品咸池[51]、韶濩[52]之樂,徐子能復有以許之乎!　餘杭蔣灼跋。

注　釋

1　關於徐獻忠的生卒年份,現在各論著特別是辭書中,衆説紛紜,十分混亂。如《中國歷代人名大辭典》定爲"1483—1559",《中國歷史人物辭典》稱是"1469—1545",《歷代人名室名別號辭典》推作"1459—1545",等等。異説還多,不一一列舉。本書據王世貞所撰徐獻忠墓志,擇定"1493—1569"。

2　酈縣：本楚酈邑，漢置酈縣，後魏析爲南北二縣，此爲南酈，一稱下酈，在今河南内鄉縣東北。北周復爲一縣，隋改名菊潭，五代周省。

3　句曲：古山名，即今江蘇句容和金壇二市之間的茅山。相傳漢時咸陽茅盈兄弟修煉得道於此；世號三茅君，故亦稱三茅山。《元和郡縣圖志》載，本名句曲者，"以形似'巳'字，句曲有所容，故邑號句容"。

4　王屋山：在今山西陽城縣與河南濟源縣之間，山有三重，其狀如屋，故名。

5　終南山：又名中南山、周南山、南山、秦山，即今陝西秦嶺山脉，在長安縣西，東至藍田，西到酈縣，綿亘八百餘里。《詩·秦風》："終南何有？有條有梅"即此。

6　偃師：西漢時置縣，在今河南偃師縣東。相傳周武王伐紂在此築城休整，故名。西晋廢，隋開皇時復置。1961 年移治槐廟鎮今址。

7　林慮山：一名隆慮山，東漢殤帝時改名林慮，在今河南林州西。隋末王德仁起義以之爲根據地。

8　蘇門山：一名蘇嶺，在今河南輝縣西北。本名柏門山，山上有百門泉，亦稱百泉，故又名百門山。

9　潼川：即潼川府或潼川州。潼川府北宋重和元年（1118）升梓州置；明洪武九年（1376）降府爲州，在今四川三台。清雍正時，復爲府，1913 年廢。

10　華亭：唐天寶時割嘉興、海鹽和昆山三縣地置，治所在今上海松江。1914 年改名松江縣。

11　艮：八卦卦名之一，其卦圖形爲☶，象徵山。《易經》由八卦兩兩組成的六十四卦中，亦有"艮"字，象曰"止"。此作八卦之義釋。

12　汝州：隋大業二年（606）改伊州置，治所在承休縣（今河南臨汝縣東）。次年改置襄城郡。唐貞觀八年（634）復改伊州爲汝州，治所在梁縣（今臨汝）。1913 年改爲臨汝縣。

13　丙穴：在今四川廣元市北，與陝西寧强縣交界。

14　靈長（zhǎng）：此指冠甲衆水之靈液。猶郭璞《江賦》"實水德之靈長"。

15　燃犀照水:傳説晋温嶠回武昌經牛渚磯,水深不可測,世云其下多怪物,嶠毁犀角而照之,須臾見水族覆火,奇形异狀。嶠於是夜夢,人謂曰:"與君幽明道别,何意相照也?"後嶠以齒疾終。

16　《異苑》:南朝宋劉敬叔撰,共十卷。

17　《禮緯》:緯書。《隋書·經籍志》載:"《禮緯》三卷,鄭玄註。原書佚,《古微書》及《玉函山房輯佚書》有《含文嘉》《稽命徵》《斗威儀》三篇。"

18　《鶡冠子》:春秋時楚人鶡冠子所著書名。道家書。《漢書·藝文志》載:《鶡冠子》一篇,今存宋陸佃注本,已增爲十九篇。

19　《黄庭内景》:也稱《黄庭内景經》一卷。"黄者中央之色,庭者四方之中";内者,指"肺心脾中",此書名之由。是書皆七言韵語,是道家養生修煉之書。

20　震澤:一名具區,即今太湖古名。《書·禹貢》:"三江既入,震澤底定"即此。

21　派(pài):也作"泒"。水的支流。一同"沠",即"流"。

22　唐州:唐貞觀九年(635)改顯州置,治所在比陽(今河南泌陽),天祐時移治今河南唐河,改名泌州,入明後廢州改名唐縣。

23　金州:西魏廢帝(元欽,?—554,551—554)三年(554),由東梁州改名,治所在西城縣(今陝西安康市西北)。隋廢,唐武德元年(618)復置。明萬曆十一年(1583)改名興安州,治所也在今安康市。

24　武關:戰國秦置,在今陝西商州市南部。唐移今陝西丹鳳縣東南武關鎮(鄰近今商南縣丹江北岸)。

25　秦越人:即戰國時名醫扁鵲。《史記·扁鵲列傳》稱:"扁鵲者,勃海郡鄭人也。姓秦氏,名越人。少時爲人舍長。"秦越人,有的地方也借指醫術高明者。

26　長桑君:扁鵲業師。《史記·扁鵲列傳》:傳説扁鵲少時,爲人舍長。舍客長桑君過,扁鵲謹遇之,長桑君乃以懷中藥與扁鵲,并以禁方盡與之。扁鵲飲藥三十日,洞見垣一方人,以此視病,盡見五臟症結,扁鵲以其爲師。

27 《漢武志》：即《漢武洞冥記》，四卷。舊題東漢郭憲撰，考之係六朝時人偽托。

28 《丹經》：道教經典或煉丹之書，我國古籍中，稱丹經的書有多種，如《黄帝丹經》等。但也有的道教經典，用其他名字。如宋神宗時天台張伯端所寫的《悟真篇》，集呂嵒、劉操金丹學說之大成，是《參同契》以後最主要的一部丹經，在修煉法門上，開南宗一派。

29 《續齊諧記》：志怪小説。南朝梁吳均（469—520）撰，一卷。

30 三危之露："三危"，上古傳説的仙山之名。《山海經·西山經》載："又西二百二十里，曰三危之山，三青鳥居之。"青鳥相傳是專爲西王母取食的鳥。"三危之露"，即三危山所出的甘露。

31 寇宗奭《衍義》：即北宋寇宗奭撰《本草衍義》。《直齋書録解題》作十三卷，《文獻通考》録作《本草廣義》二十卷。陳振孫評其書"引援辯證，頗可觀采"。

32 阿耨池：即《佛經》所説"阿耨達池"。"阿耨達"爲清涼無熱鬧之意。《西域記》傳説"池在香山之南，大雪山之北"。

33 鍾陰：即鍾山（今南京中山陵所在的紫金山）脚下舊稱産梅花水之地名。

34 陶隱居《真誥》：陶隱居，即陶弘景，字通明，南朝梁丹陽秣陵人，善琴棋，工草隸，博通曆算、地理、醫藥。齊武帝（蕭賾，440—493，482—493 在位）永明十年（492），隱居句曲山（今江蘇茅山），梁武帝（蕭衍，464—549，502—549 在位）禮聘不出，然朝中大事，每以諮詢，時有"山中宰相"之稱。《真誥》爲道家書，共七篇；另有《本草經集註》《肘後百一方》等。

35 太乙元君：漢武帝所尊天神名。漢武帝初從謬忌之奏，以爲太乙（亦作一）乃天神之貴者，置太一壇、太一宫以祠，後世帝王亦多效以祠太一神者。

36 杜陵、韋曲：杜陵，在今陝西西安市長安區東北，西漢宣帝築陵於此。唐杜甫舊宅在其西，稱杜陵布衣。韋曲，即今陝西西安市長安區韋曲鎮，潏水繞其前，唐時諸韋居於此，因以名之。

37　蘇門山:在今河南輝縣境,百泉距城關鎮不遠。

38　毖彼泉水:句出《詩經・邶風・泉水》,抒嫁於諸侯的魏女,思歸探視
　　父母之情。近出有的茶書,將"毖"形誤作"瑟"。

39　孫登:字公和,汲郡共(今河南輝縣)人。無家屬,隱於郡北山。好讀
　　《易》,司馬昭使阮籍往訪,與語不應。嵇康從游三年、默然無語。將
　　別,誡康曰:"才多識寡,難乎免於今之世。"後康果遭非命,登竟不知
　　所終。

40　嵇康(223—262?):字叔度。妻魏長樂亭主,爲曹操曾孫女。齊王芳
　　正始間,拜中散大夫,世稱嵇中散。後隱居不仕,與阮籍等交游,爲竹
　　林七賢之一。友人呂安被誣,康爲之辯遭陷殺。善文工詩,有《嵇
　　康集》。

41　邵雍(1011—1077):字堯夫,自號安樂先生、伊川翁。少有志,讀書蘇
　　門山百源上。仁宗、神宗時先後被召授官,皆不就。創"先天學",以
　　爲萬物皆由"太極"演化而成,而社會時在退化。有《觀物篇》《先天
　　圖》等書。

42　何叔皮:即何良傳,叔皮是其字。《萬姓統譜》載,良傳華亭(今上海
　　松江)人,嘉靖二十年(1541)進士,授行人,歷南京禮部祠祭司郎中。
　　學早成,與其兄良俊(字元朗)皆負俊才,時稱"二何"。

43　張商英(1043—1122):字天覺,號無盡居士,蜀州新津人。哲宗親政
　　召爲右政言,左司柬;徽宗崇寧初,爲吏部、刑部侍郎,翰林學士。蔡
　　京爲相時,任尚書右丞、左丞。有《宗禪辯》。

44　方澤:字雲望,號冬溪,明嘉善人。秀水(治位今浙江嘉興)精巖寺高
　　僧,有《華嚴要略》《冬溪集》等。

45　楊大淵(?—1265):天水人。仕宋爲將,守閬州。元兵來攻,以城
　　降,率部招降蓬、廣安諸郡、授侍郎、都行省,後又以擊退宋軍反攻,拜
　　東川都元帥。

46　《避暑録》:即《避暑録話》,一作《石林避暑録話》,二卷。葉夢德撰,
　　成書於南宋高宗紹興五年(1135)。

47　王子晉:一作王子喬或王喬。傳説爲春秋周靈王太子,名晉,以直諫

被廢。相傳好吹笙作鳳凰鳴。有浮丘生接晉至嵩高山。三十餘年後，預言於七月七日見於緱氏山巔。至期，晉乘白鶴至山頭，舉手以謝時人，數日而去。

48　甯戚：春秋時衛國人，貧窮無錢，爲商旅挽車至齊，宿於城門外，待齊桓公夜出迎客時擊牛角、發悲歌。桓公聞而异之，與見。陳述桓公治理天下之道。桓公大悦，任爲大夫。

49　李司空：此疑指唐代曾做過司空的李紳。

50　稠錫禪師卓錫：稠錫禪師，名清晏，桐廬人，唐開元間築庵南岳（在宜興）。錫，僧人外出所挂錫杖，傳説一日外出，當衆將錫杖在巖上一立，巖下即有泉涌出，因名。泉下積一池，稠錫剖腹洗腸於池。

51　咸池：一名"大咸"，樂曲名。相傳爲堯，一説爲黄帝所作。《周禮·春官·大司樂》："舞咸池，以祭地示。"

52　韶濩：樂曲名，如《元氏長慶集》有"痁卧聞幕中諸公徵樂會飲，因有戲呈三十韶濩"記載。

校　記

①　序：底本冠書名作"水品序"，本書編時删。夷門本此序不是排在目録之前而是之後，且無書"水品序"或"序"等字。另在本序文之後，夷門本還將底本蔣灼後跋，接排於此；也未書"水品後跋"數字，把後跋或後序改成了前序。《説郛續》本文前無題序、目録，將田藝蘅此序文删存"余嘗著《煮泉小品》……緬視又新、永叔諸篇，更入神矣；錢唐田藝蘅題"七十多字，置於本文《七雜説》也是《説郛續》本所録《水品》之最後。

②　玉井水：底本原目無"水"字，據文中標題加。

③　南陽酈縣北潭水：底本無"南陽"兩字，據文中標題加。

④　王屋山玉泉聖水：底本作"王屋王泉"，據文中標題增補。

⑤　無錫惠山寺水：底本作"無錫惠山泉"，據文中標題改。

⑥　四明山雪竇上巖水：底本無"山"字，據文中標題加。

⑦　黃巖靈谷寺香泉：底本無“靈谷寺”三字，據文中標題加。

⑧　樂清縣沐蕭泉：底本無“縣”字，據文中標題補。

⑨　福州閩越王南臺山泉：底本作“福州南臺泉”，據文中標題增補。

⑩　桐廬嚴瀨水：底本作“桐廬子瀨”，據文中標題改。

⑪　山深厚者若大者：若，《説郛續》本作“雄”。

⑫　山雖雄大：雖，底本、夷門本作“睢”，據《説郛續》本校改作“雖”。

⑬　戒人勿飲：“飲”字下，夷門本、《説郛續》本多“閩中如此類非一”七字。

⑭　土母、土多：土，底本作“上”字，《説郛續》本校改作“土”。

⑮　其幻爲滾水蟲：《説郛續》本作“其下產滾水蟲”。

⑯　甘寒：甘，《説郛續》本作“紺”。

⑰　與此粉通：粉，《説郛續》本作“脈”。

⑱　西域之陰：域，夷門本、《説郛續》本作“城”。

⑲　泉水不甘寒：甘，底本和《説郛續》本作“紺”，紺，應作“甘”。紺指天青色。查有關辭書，未見“紺”與“甘”可通假例子；“紺”或是“甘”字的音誤。

⑳　並列寒泉：列，《説郛續》本作“冽”。

㉑　幽谷：谷，《説郛續》本作“介”。

㉒　郴州：夷門本、《説郛續》本，同底本，郴，作“彬”，據《煎茶水記》原文改。

㉓　陵陽子明：《水品》作“陽陵子明”。

㉔　“陵陽子明《經》言”至“是爲六氣”：徐獻忠輯録時有刪簡，據《證類本草》引《明經》本段文字爲：“春食朝露，日欲出時向東氣也。秋食飛泉，日没時向西氣也。冬食沆瀣，北方夜半氣也。夏食正陽，南方日中氣也。並天玄地黄之氣，是爲六氣。”

㉕　日入爲飛泉：飛泉，夷門本同，《證類本草》等引作“泉飛”。

㉖　今人山居者多壽考：此句徐獻忠也是輯引《異類》，但文字稍有變動。《異類》原文爲：“今人近山多壽者。”

㉗　盛弘之：弘，夷門本作“洪”。

㉘ 其居民悉食之,無不壽考:此句是徐獻忠輯引《抱朴子》"酈縣山中有甘谷水"與"故司空王暢"之間,"所以甘者,谷上左右皆生甘菊,菊花墮其中,歷世彌久,故水味爲變;其臨此谷中居民,皆不穿井,悉食甘谷水,食者無不老壽;高者百四十五歲,下者不失八九十無夭年人,得此菊力也"這段文字的縮寫和介語。通過這句十字,將"南陽酈縣山中有甘谷水"與"故司空王暢"以下所引的《抱朴子》内容有機聯繫了起來。

㉙ 眩冒:冒,底本和夷門本皆無,據《抱朴子内外篇》原文補。

㉚ 嘗官於永耀間:嘗,底本作"常",據夷門本改。

㉛ 清源洞遠沾爾:夷門本同如上,但《真誥》原文"清源洞"爲"清源幽瀾洞泉";"遠沾爾",沾,作"沽",爾,作"耳"。

㉜ 大行:即太行山,古"大""太"通。

㉝ 瀑流:瀑,夷門本此條均作"爆"。

㉞ 輒光白大售:喻政輯録或《水品》梓刊時"白"字和"大"字錯位,作"輒光大白售",據《湖録》改。

㉟ "東西兩泉"和"匯而爲沼"之間,《避暑録話》原文還有"西泉發於山足,蓊然澹而不流,其來若不甚壯"十八字。

㊱ 本條内容,與文前目録序次不符。按目録排列或與上條"黃巖靈谷寺香泉"内容的地域關係,本條全部應移至下條"黃巖鐵篩泉"之後。

㊲ 士大夫煎茶:在"夫"字與"煎"字間,夷門本多一"家"字。

㊳ 宜興三洞水:夷門本同底本,作"宜興洞水";三,據文前"目録"改。

㊴ 後跋:底本在後跋前,還冠有《水品》書名,今删。

茶寮記

◇明　陸樹聲　撰

　　陸樹聲(1509—1605),字與吉,號平泉,華亭(今上海松江)人。嘉靖二十年(1541)進士第一,選庶吉士,授編修。後爲太常卿,掌南京國子監祭酒事,萬曆初官拜禮部尚書。《明史》本傳説"樹聲屢辭朝命,中外高其風節,遇要職必首舉樹聲,唯恐其不至",而他"端介恬雅,翛然物表,難進易退,通籍六十餘年,居官未肯一紀",年九十七卒,贈太子太保,謚文定。著作有《汲古叢語》《長水日抄》《陸文定公集》等。

　　《茶寮記》最初見於周履靖編《夷門廣牘》,内容包括"適園無諍居士"陸樹聲著《諂記》一篇、《煎茶七類》一篇,後來喻政《茶書》與陸樹聲去世十多年後編印的《陸文定公集》裏的《茶寮記》,也都由這兩部分構成,但是陳繼儒的《寶顏堂秘笈》與《説郛續》所收《茶寮記》裏,却都只有《諂記》而没有《煎茶七類》。這樣就出現了一個問題,即《煎茶七類》究竟是不是《茶寮記》的一部分? 換句話説,它是否爲陸樹聲撰寫?

　　過去如《四庫全書總目提要》、萬國鼎《茶書二十九種題記》、布目潮渢《中國茶書全集·解説》等似乎都未能注意到《茶寮記》裏的《煎茶七類》是有問題的。首先,《煎茶七類》并不出現在《夷門廣牘》的《茶寮記》中,而是《夷門廣牘》刊印前數年,即萬曆二十年(1592)徐渭(1521—1593)於石帆山手書的《煎茶七類》刻石上(參見《煎茶七類》題記),徐渭署其作者爲盧仝。説《煎茶七類》的作者是盧仝,似無根據,因其中述"烹點"有"古茶用團餅""茶葉"等詞句,在在顯示這是宋以後或明人才有的説法。徐渭和陸樹聲基本上生活在同一時代,一個出生在山陰(今浙江紹興),一個住在松江,相距不遠,如果《煎茶七類》確爲陸樹聲撰寫,大概不會有徐渭勒石在先并且署名盧仝的現象。其次,編印《寶顏堂秘笈》的陳繼儒(1558—

1639）既與陸樹聲同時，又與他是華亭同鄉，因此，《寶顏堂秘笈》所錄《茶寮記》當比其他明本更加可靠，而這個《茶寮記》也是不含《煎茶七類》的。從這兩條線索來看，陸樹聲撰寫的《茶寮記》原來恐怕并不包括《煎茶七類》，世所流傳包含《煎茶七類》在內的《茶寮記》，很有可能是周履靖在編刻《夷門廣牘》時，擅自撮合陸樹聲的《茶寮謾記》和失名的《煎茶七類》而成的。而以上推論如能成立，則署名陸樹聲的《茶寮記》應該僅有《謾記》這一部分。

《茶寮記》的寫作時間，《四庫全書總目提要》說是當"樹聲初入翰林，與嚴嵩不合罷歸後，張居正柄國，欲招致之，亦不肯就，此編其家居之時，與終南山僧明亮同試天池茶而作"，萬國鼎進一步推定約在隆慶四年（1570）前後。

上述版本之外，《茶寮記》尚有陳繼儒《亦政堂陳眉公普秘》本、程百二《程氏叢刻》本及明末所刻《枕中秘》本，這裏選用的底本是明《夷門廣牘》本。

園居敞小寮於嘯軒埤垣之西。中設茶竈，凡瓢汲罌注、濯拂之具咸庀。擇一人稍通茗事者主之，一人佐炊汲。客至，則茶煙隱隱起竹外。其禪客過從予者，每與余相對結跏趺坐，啜茗汁，舉無生話。終南僧明亮者，近從天池來，餉余天池苦茶，授余烹點法甚細。余嘗受其法於陽羨，士人大率先火候，其次候湯所謂蟹眼魚目，糸沸沫沉浮以驗生熟者，法皆同。而僧所烹點，絕味清，乳面不黟，是具入清净味中三昧者。要之，此一味非眠雲跂石人，未易領略。余方遠俗，雅意禪棲，安知不因是遂悟入趙洲耶。時杪秋既望，適園無諍居士與五臺僧演鎮終南僧明亮，同試天池茶於茶寮中。謾記。

煎茶七類[1]

一人品

煎茶非漫浪，要須其人與茶品相得。故其法每傳於高流隱逸，有雲霞泉石磊塊胸次間者。

二品泉

泉品以山水爲上，次江水，井水次之。井取汲多者，汲多則水活。然須旋汲旋烹，汲久宿貯者，味減鮮洌。

三烹點

煎用活火，候湯眼鱗鱗起，沫餑鼓泛，投茗器中。初入湯少許，俟湯茗相投，即滿注。雲腳漸開，乳花浮面，則味全。蓋古茶用團餅碾屑，味易出。葉茶驟則乏味，過熟則味昏底滯。

四嘗茶

茶入口，先灌漱，須徐啜。俟甘津潮舌，則得真味，雜他果，則香味俱奪。

五茶候

涼臺静室，明窗曲几，僧寮道院，松風竹月，晏坐行吟，清譚把卷[①]。

六茶侶

翰卿墨客，緇流羽士，逸老散人，或軒冕之徒，超軼世味[②]。

七茶勳

除煩雪滯，滌醒破睡，譚渴書倦，是時茗椀策勳，不減凌煙。

注　釋

1　以下恐非陸樹聲撰寫，參見徐渭《煎茶七類》和本篇提要，録此以存版本原貌。

校　記

① 清譚把卷：譚,通作"談"。

② 超軼世味："味"字下,喻政《茶書》本、集成本等多一"者"字。

茶經外集

◇明　孫大綬　輯[①]

　　孫大綬,字伯符,明嘉萬時新都(約今浙皖贛接壤的淳安、歙縣、婺源及其周圍的古新安郡地)人。以秋水齋爲書室名,刻印過陸羽《茶經》及附籍六種共八卷、陸西星《南華真經副墨》八卷、《讀南華真經雜説》一卷等。

　　和嘉靖壬寅本真清《茶經外集》一樣,所謂《茶經外集》,指的是附《茶經》後的茶葉詩文集。從現存的《茶經》刻本來看,宋以前的刻本,如左圭《百川學海》本,還没有在《茶經》文後另附其他文獻的情况。但至明代嘉靖、萬曆以後,各種《茶經》刻本,包括喻政《茶書》一類的叢書、類書,在《茶經》正文之後,每每增刻若干附録。這些附録,或相互援引,或各自增删,情况不一。如萬曆鄭熜《茶經》刻本,其正文及附録就基本參照孫大綬《茶經》校刊本。但大綬的萬曆秋水齋《茶經》刻本和嘉靖壬寅本的附録却不同,孫本僅保留了壬寅本《水辨》一篇未變,餘則幾乎全新。如《茶經外集》,孫本和壬寅本雖名字一樣,而且孫本特别是唐代部分的茶詩,保留壬寅本的内容也較多,但所增唐盧仝《茶歌》、宋范仲淹《鬥茶歌》兩首長歌,全部删去明代竟陵地方史志的藝文内容,便顯出與壬寅本的不同。又自孫大綬《茶經外集》出,真清《茶經外集》逐漸爲人淡忘,一部分人甚至將兩者混同爲一。直到萬國鼎《茶書總目提要》介紹孫大綬《茶經外集》,談到在嘉業堂藏書樓書目中看到"嘉靖壬寅本《茶經》三卷附《外集》一卷",并説不知是否和大綬刊本相同,"如果相同,那末大綬也還是抄來的",才使人意識到孫大綬《茶經外集》之前,還有另一本《茶經外集》的存在。後來《中國古代茶葉全書》,也才將嘉靖壬寅本真清《茶經外集》恢復爲獨立一書。

　　可惜大概受萬國鼎所謂"大綬也還是抄來的"影響,《中國古代茶葉全書》倒過來又將孫大綬《茶經外集》,附於嘉靖壬寅本《茶經外集》之後,不再當作獨立一書。這樣處理，似乎也失當。所以，本書以萬曆鄭煾校刻孫大綏秋水齋本《茶經》作收。

唐

六羨歌　陸羽（不羨黃金罍）

茶歌[②]　盧仝

日高丈五睡正濃，將軍扣門驚周公。口傳諫議送書信，白絹斜封三道印。開緘宛見諫議面，手閱月團三百片。聞道新年入山裏，蟄蟲驚動春風起。天子須嘗陽羨茶，百草不敢先開花。仁風暗結珠蓓蕾，先春抽出黃金芽。摘鮮焙芳旋封裹，至精至好且不奢。至尊之餘合王公，何事便到山人家。柴門反關無俗客，紗帽籠頭自煎吃。碧雲引風吹不斷，白花浮光凝碗面。一碗喉吻潤；二碗破孤悶；三碗搜枯腸，惟有文字五千卷；四碗發輕汗，平生不平事，盡向毛孔散；五碗肌骨清；六碗通仙靈；七碗吃不得也，唯覺兩腋習習清風生。蓬萊山，在何處？玉川子，乘此清風欲歸去。山上羣仙司下土，地位清高隔風雨。安得知百萬億蒼生，命墮顛崖受辛苦[③]。便從諫議問蒼生，到頭不得蘇息否。

送羽採茶　皇甫曾（千峯待遍客）

送羽赴越　皇甫冉（行隨新樹深）

陸羽不遇　僧皎然（移家雖帶郭）

西塔院　裴拾遺（竟陵文學泉）

宋

鬥茶歌[④]　范希文

年年春自東南來，建溪先暖冰微開。溪邊奇茗冠天下[⑤]，武夷仙人從古栽。新雷昨夜發何處，家家嬉笑穿雲去。露芽錯落一番榮，綴玉含珠散嘉樹。終朝採掇未盈襜⑥，惟求精粹不敢貪。研膏焙乳有雅製，方中圭兮圓中蟾。北苑將期獻天子，林下雄豪先鬥美。鼎磨雲外首山銅，瓶攜江上中濡水。黃金碾畔綠塵飛⑦，碧玉甌中翠濤起⑧。鬥茶味兮輕醍醐，鬥茶香兮薄蘭芷。其間品第胡能欺，十目視而十手指。勝若登仙不可攀，輸同降將無窮恥。吁嗟天産石上英，論功不愧階前蓂。眾人之濁我獨清，千人之醉我獨醒⑨。屈原試與招魂魄，劉伶卻得聞雷霆。盧仝敢不歌，陸羽須作經。森然萬象中，焉知無茶星。商山丈人休茹芝，首陽先生休採薇。長安酒價減千萬，成都藥市無光輝。不如仙山一啜好，泠然便欲乘風飛。君莫羨，花間女郎只鬥草，贏得珠璣滿斗歸。

觀陸羽茶井　王禹偁（甃石對苔百尺深）

校　記

① 明孫大綬輯：爲本書按體例所署。底本在《茶經外集》篇名下，次行題有“明　新都孫大綬編次”；再行書作“明晉安鄭熜校梓”二行十五字。本書編校時删。

② 茶歌：《全唐詩》題作《走筆謝孟諫議寄新茶》。

③ 命墮顛崖受辛苦：《全唐詩》墮，作“墜”，且在“墜”字下，還多一“在”字。

④ 《鬥茶歌》：《全宋詩》題爲《和章岷從事鬥茶歌》。

⑤ 溪邊奇茗冠天下：茗，底本作“花”，據《全宋詩》改。

⑥ 終朝採掇未盈襜：襜，底本作“檐”，徑改。《全宋詩》作“衫”。

⑦ 黃金碾畔綠塵飛：塵，底本作“雲”，據《全宋詩》改。

⑧ 碧玉甌中翠濤起：碧、中、翠，《全宋詩》作“紫”“心”“雪”。

⑨ 千人之醉我獨醒：人、獨，《全宋詩》作“日”“可”。

茶譜外集

◇明　孫大綬　輯[①]

　　孫大綬，字伯符，生平事迹，見孫大綬《茶經外集》題記。

　　《茶譜外集》，是萬曆十六年(1588)孫大綬刻陸羽《茶經》所附《茶經水辨》《茶經外集》《茶具圖贊》和錢椿年、顧元慶《茶譜》之後的又一卷茶葉詩賦集。可能因附於《茶譜》之後，加之已有《茶經外集》，故名之爲《茶譜外集》。《茶譜外集》從孫大綬所梓《茶經》附錄中析出，獨立成一書，是萬曆汪士賢所刻《山居雜志》的事情。也即是説，孫大綬輯刊的《茶譜外集》，不久即應當時社會商品經濟發展的需要，被人從《茶經》附綠中輯出，作爲明朝較早的不多幾種茶書之一，獨立傳示於世了。

　　孫大綬所梓《茶經》，刊印於萬曆戊子(十六)年；則《茶譜外集》輯編的時間，當也是在這年或稍前。關於這點和是書爲孫大綬所輯，除萬國鼎在《茶書總目提要》提出有懷疑外，學術界的看法基本一致。萬國鼎在《提要》中指出，此集《山居雜志》本和《文房奇書》本都説是孫大綬所編的，但又不見於南京圖書館所藏孫大綬校刊的陸羽《茶經》後，因此是否大綬所編，也有問題。本書在編校本文時，對萬國鼎所提出的問題作了查證，發現萬國鼎所據的南京圖書館收藏的陸羽《茶經》萬曆孫大綬校刊本，本身就有問題。陸羽《茶經》孫大綬萬曆秋水齋原刻本，正附兩册，附本如上所説，收錄《水辨》《茶經外集》《茶具圖贊》《茶譜》和《茶譜外集》，如湖南社會科學院圖書館所藏，一種不缺，是完整的。但南京圖書館所藏的孫大綬萬曆秋水齋《茶經》刻本，是乾隆丁丙重刻本，其所附僅《茶經外集》《茶具圖贊》和《水辨》三種，未收《茶譜》和《茶譜外集》。萬國鼎誤以乾隆丙丁重刻本作孫大綬萬曆秋水齋原刻本，當然就"不見"也不可能見到收有《茶譜外集》了。

　　本文版本除上述提及的四種外,還有萬曆鄭熜校刻秋水齋本《茶經》等等。今以鄭熜刻本作底本,以其所引原詩各有關刻本作校。

茶賦 〔吳淑〕[2]

　　夫其滌煩療渴,《唐書》曰:常魯使西蕃,烹茶帳中,謂蕃人曰:滌煩療渴,所謂茶也。蕃人曰:"我此亦有",命取以出。指曰:此壽州者,此顧渚者,此蘄門者。換骨輕身。陶弘景《雜錄》曰:苦茶,輕身換骨,昔丹丘子、黃山君服之。茶荈之利,其功若神。《説文》曰:茶,苦茶也,即今之茶荈。則有渠江薄片,《茶譜》曰:渠江薄片,一斤八十枚。西山白露,《茶譜》曰:洪州西山之白露。雲垂綠腳,《茶譜》曰:袁州之界橋,其名甚著,不若湖州之研膏紫筍,烹之有綠腳垂。香浮碧乳,《茶譜》曰:婺州有舉巖茶,斤片方細[3],所出雖少,味極甘芳,煎如碧乳也。挹此霜華,《茶譜》[4]曰:傅巽《七誨》云:蒲桃、宛柰、齊柿、燕栗、常陽黃梨[5]、巫山朱橘、南中茶子、西極石蜜,寒溫既畢,應下霜華之茗[6]。卻兹煩暑。《茶譜》曰:長沙之石橘,採芽爲茶,湘人以四月四日摘楊桐草,搗其汁,拌米而蒸[7],猶糕糜之類,必啜此茶,乃去風也。暑月飲尤好。清文既傳於杜育,育《荈賦》曰:調神和内,倦懈康除。精思亦聞於陸羽。唐陸羽著《茶經》三卷。若夫擷此皋盧,《廣州記》曰:皋盧,茗之別名。葉大而澀,南人以爲飲。烹兹苦茶。《爾雅》曰:檟,苦茶。樹小似梔子,早採者爲茶,晚採者爲茗。荈,蜀人名爲苦茶。桐君之録尤重,《桐君録》曰:巴東有真香茗,煎飲令人不眠。仙人之掌難踰。當陽縣有溪山仙人掌茶,李白有詩。豫章之嘉甘露,《宋録》曰:豫章王子尚,詣曇濟道人於八公山,濟設茶茗。尚味之曰:此甘露也,何言茶茗。王肅之貪酪奴。《伽藍記》曰:王肅好魚,彭城王勰嘗戲謂肅曰:卿不重齊魯大邦,而愛邾莒小國。肅對曰:鄉曲所美,不得不好。勰復謂曰:卿明日顧我,爲卿設邾莒之飧,亦有酪奴。故號茗飲爲酪奴。待槍旗而採摘[8],《茶譜》曰:團黃有一旗二槍之號,言一葉二芽[9]也。對鼎鑑以吹噓。左思《嬌女》詩曰:吾家有好女,皎皎常白晳。小字爲紈素,口齒自清歷。貪走風雨中,倏忽數百適。心爲茶荈劇,吹噓對鼎鑑。則有療彼斛瘕,《續搜神記》曰:桓宣武有一督將,因時行病,後虛熱便能飲復茗,必一斛二斗乃飽。裁減升合,便以爲大不足。後有客造之,更進五升,乃大吐。有一物出,如升大,有口。形質縮縐,狀如牛肚。客乃令置之於盆中,以斛二斗復茗澆之,此物吸之都盡而止,覺小脹,又增五升,便悉混然從口中湧出。既吐此物,病遂瘥。或問之此何病? 答曰:此病名爲斛茗瘕也。困兹水厄。《世説》曰:晉王蒙好飲茶,人至輒命飲之。士大夫皆患之,每欲往候,必云"今日有水厄"。擢彼陰林,見前得於爛石。《茶經》曰:上者生爛石,中者生櫟壤,下者生黃土。**先火而造，乘雷以摘。**《茶譜》曰：蜀之雅州有蒙山，山有五頂，頂有茶園。其中頂上清峯，昔有僧病冷且久，嘗遇一老父，謂曰：蒙之中頂茶，常以春分之先後，多搆人力，俟雷之發聲，併手採摘，三日而止。若獲一兩，以本處水煎服，即能袪宿疾。二兩，當限前無疾；三兩，固以換骨；四兩，即爲地仙矣。是僧因之中頂築室以俟。及期，獲一兩餘，服未竟而病瘥。時到城市，人見容貌常若年三十餘，眉髮綠色，其後入青城訪道，不知所終。今四頂採摘不廢，惟中頂草太繁密，雲霧蔽障，鷙獸時出，人跡稀到矣。今蒙頂茶有霧鋑牙、籛牙，皆云火前；言造於禁火之前也。**吳主之憂韋曜，初沐殊恩。**《吳志》⑩曰：孫皓每宴席，飲後必服茗，每以七升爲限⑪，雖不悉入口，澆灌取盡。韋曜飲酒不過二升，初見禮異，密賜茶茗以當酒。至於寵衰，更見逼強，輒以爲罪。**陸納之待謝安，誠彰儉德。**《晉書》曰：陸納爲吳興太守時，謝安欲詣納。納兄子俶，怪納無所備，不敢請，乃私爲具。安既至，訥所設唯茶果而已，俶遂陳盛饌，珍羞畢具。安去，納杖俶四十。云：“汝既不能光益叔父，奈何穢吾素業。”**別有產於玉壘，造彼金沙。**《茶譜》曰：玉壘關外寶唐山，有茶樹，產於懸崖。笋長三寸、五寸，方有一葉、兩葉。湖州長興縣啄木嶺金沙泉，即每歲造茶之所，湖常二郡接界於此。厥土有境會亭，每茶節，二牧皆至焉。斯泉也，處沙之中，居常無水。待造茶，太守具儀往拜敕祭泉，頃之發源，其夕清溢。造供御者畢，水微減；供堂者畢，水且半之；太守造畢，即涸矣。太守或還施稽期，則示風雷之變，或見鷙獸、毒蛇、木魅焉。**三等爲號**，《茶譜》曰：邛州之臨邛、臨溪、思安、火井，有早春、火前、火後、嫩綠等上、中、下茶。**五出成花。**茶之別者，枳殼牙、枸杞牙、枇杷牙，皆治風疾。又有皂筴牙、槐牙、柳牙，乃上春摘其牙和茶作之。五花茶者，其片作五出花也。**早春之來賓化，**《茶譜》曰：涪州出三般茶，賓化最上，製於早春，其次白馬，最下涪陵。**橫紋之出陽坡。**《茶譜》曰：宣城縣有丫山小方餅，橫鋪茗牙裝面。其山東爲朝日所燭，號曰陽坡；其茶最勝者也。**復聞澗湖含膏之作，**《茶譜》曰：義興有澗湖之含膏。**龍安騎火之名。**《茶譜》曰：龍安有騎火茶，最上。言不在火前，不在火後作也。**柏巖兮鶴嶺，**《茶譜》曰：福州柏巖極佳，又洪州西山白露及鶴嶺茶尤佳⑫。**鳩阬兮鳳亭**。鳩阬在睦州，出佳茶。《茶經》曰：生鳳亭山飛雲、曲水二寺，青峴、啄木二嶺者，與壽州同。**嘉雀舌之纖嫩，翫蟬翼之輕盈。**《茶譜》曰：蜀州雀舌、鳥嘴、麥顆，蓋取其嫩牙所造，以其牙似之也。又有片甲者，牙葉相抱如片甲也；蟬翼者，其葉嫩薄如蟬翼也。**冬牙早秀，**冬牙，言隆冬甲折也。**麥顆先成。**見上**或重西園之價，**《汪氏傳》曰：統遷愍懷太子洗馬，上疏諫曰：今西園賣醯、麵、茶、菜、藍子之屬，虧敗國體。**或侔團月之形。**《茶譜》曰：衡州之衡山，封州之西鄉茶，研膏爲之。皆片團如月。**並明目而益思，**見前**豈瘠氣而侵精。**唐《新語》曰：右補闕梅景，博學有著述才。性不飲茶，著《茶飲序》曰：釋滯消壅，一日之利暫佳，瘠氣侵精，終身之累斯大。獲益則功歸茶力，貽患則不謂茶災；豈非福近易知,禍遠難見者乎。又有蜀岡、牛嶺,《茶譜》曰:揚州禪智寺,隋之故宮。寺枕蜀岡,有茶園,其味甘香如蒙頂也。又歙州牛栀嶺者,尤好。洪雅烏程《茶譜》曰:眉州洪雅、丹陵、昌合,亦製餅茶,法如蒙頂。《吴興記》曰:烏程縣西二十里,有温山,出御荈。碧澗紀號,《茶譜》曰:有水江園⑬、明月簝、碧澗簝、茱萸簝之名。紫筍爲稱。《茶譜》曰:蒙頂有研膏茶,作片進之,亦作紫筍。陟仙(涯)而花墜,《茶譜》曰:彭州蒲村堋口,其園有仙(涯)、石花等號。服丹丘而翼生。《天台記》曰:丹丘出大茗,服之生羽翼。至於飛自獄中,《廣陵耆老傳》曰:晉元帝時,有老姥每旦擎一器茗往市鬻之。市人競買,自旦至暮,其器不減。所得錢與道旁孤貧乞人。或執而繫之於獄,夜擎所賣茗器,飛出獄去。煎於竹裏。唐肅宗嘗賜高士張志和奴婢各一人,志和配爲夫妻,名之曰漁童、樵青。人問其故,答曰:漁童使捧釣牧綸,蘆中鼓枻。樵青使蘇蘭薪桂,竹裏煎茶。效在不眠,《博物志》曰:飲真茶,令人少眠睡。功存悦志。《神農》曰:茶茗宜久服,令人有力悦志。或言詩爲報,《茶譜》曰:胡生以釘鉸爲業,居近白蘋洲,旁有古墳。每因茶飲,必奠酹之。忽夢一人謂之曰:吾姓柳,平生善爲詩而嗜茗。感子茶茗之惠,無以爲報,欲教子爲詩。胡生辭以不能。柳强之,曰,但率子意言之,當有致矣。生後遂工詩焉,時人謂之胡釘鉸詩。柳當是柳惲也。或以錢見遺。《異苑》曰:剡縣陳務妻,少寡,與二子同居。好飲茶,家有古塚,每飲輒先祠之。二子欲掘之,母止之。夜夢人致感云:吾雖潛朽壤,豈忘翳桑之報。及曉,於庭中獲錢十萬,似久埋者,惟貫新耳。復云葉如梔子,花若薔薇。見前。輕飈浮雲之美,霜笴竹籜之差。《茶經》曰:茶千類萬狀,略而言之,有如胡人靴者,蹙縮然;犎牛臆者,廉譫然;浮雲出山者,輪菌然;輕飈拂水者;涵澹然。此茶之精好者也。有竹籜者,枝榦堅實,堅於蒸搗,故其形粗簁,然如霜笴者,莖葉凋沮,易其狀貌,故其形萎萃然。此茶之瘠老者也。自采至於封七經目;胡靴至霜笴凡六等⑭。唯芳茗之爲用,蓋飲食之所資。

煎茶賦　黄魯直

洶洶乎如澗松之發清吹,皓皓乎如春空之行白雲。賓主欲眠而同味,水茗相投而不渾。苦口利病,解膠滌昏⑮,未嘗一日不放箸,而策茗碗之勳者也。余嘗爲嗣直瀹茗,因録其滌煩破睡之功,爲之甲乙。建溪如割,雙井如霆,日鑄如絸[1]。其餘苦則辛螫,甘則底滯,嘔酸寒胃,令人失睡,亦未足與議。或曰無甚高論,敢問其次。涪翁曰:味江之羅山,嚴道之蒙頂,黔陽之都濡高株,瀘川之納溪梅嶺,夷陵之壓磚,〔臨〕邛之火井⑯,不得已而去於三,則六者亦可酌兔褐之甌,瀹魚眼之鼎者也。或者又曰,寒中瘠氣,莫甚於茶。或濟之鹽，勾賊破家[17]，滑竅走水，又況雞蘇之與胡麻。涪翁於是酌岐雷[2]之醲醴，參伊聖[3]之湯液；斲附子如博投，以熬葛仙[4]之堊。去菽而用鹽，去橘而用薑，不奪茗味而佐以草石之良。所以固太倉而堅作疆，於是有胡桃、松實、菴摩[5]、鴨腳、敦賀、蘑蕪、水蘇[6]、甘菊，既加臭味，亦厚賓客。前四後四，各用其一；少則美，多則惡，發揮其精神，又益於咀嚼。蓋大匠無可棄之才，太平非一士之略。厥初貪味雋永，速化湯餅，乃至中夜不眠，耿耿既作，溫齊殊可屢歃。如以《六經》，濟三尺法[7]，雖有除治與人安樂，賓至則煎，去則就榻，不遊軒后之華胥，則化莊周之蝴蝶。

煎茶歌　　蘇子瞻

蟹眼已過魚眼生，颼颼欲作松風鳴。蒙茸出磨細珠落，眩轉遶甌飛雪輕。銀瓶瀉湯誇第一[18]，未識古人煎冰意。君不見，昔時李生好客手自煎，貴從活火發新泉；又不見，今時潞公煎茶學西蜀，定州花瓷琢紅玉。我今貧病苦渴飢，分無玉碗奉蛾眉。且學公家作茗飲，磚爐石銚行相隨。不用撐腸拄腹文字五千卷，但願一甌常及睡足日高時。

試茶歌　　劉禹錫

山僧後簷茶數叢，春來映竹抽新茸。宛然爲客振衣起，自傍芳叢摘鷹嘴。斯須炒成滿室香，便酌砌下金沙水。驟雨松聲入鼎來，白雲滿碗花徘徊。悠揚噴鼻宿酲散[19]，清峭徹骨煩襟開。陽崖陰嶺各殊氣，未若竹下莓苔地。炎帝雖嘗不解煎，桐君有錄那知味。新芽連拳半未舒，自摘至煎俄頃餘。木蘭墜露香微似，瑤草臨波色不如。僧言靈味宜幽寂，采采翹英爲嘉客。不辭緘封寄郡齋，磚井銅鑪損標格。何況蒙山顧渚春，白泥赤印走風塵。欲知花乳清泠味，須是眠雲跂石人[20]。

茶壟　　蔡君謨

造化曾無私，亦有意所嘉。夜雨作春力，朝雲護日華[21]。千萬碧玉枝[22]，戢戢抽靈芽。

採茶

春衫逐紅旗,散入青林下。陰崖喜先至,新苗漸盈把㉓。競攜筥籠歸㉔,更帶山雲瀉㉕。

造茶

屑玉寸陰間㉖,摶金新範裏。規呈月正圓㉗,蟄動龍初起。出焙色香全㉘,爭誇火候是。

試茶

兔毫紫甌新,蟹眼清泉煮。雪凍作成花,雲間未垂縷㉙。願爾池中波,去作人間雨。

惠山泉　　黃魯直

錫谷寒泉瀹石俱,併得新詩蠆尾書。急呼烹鼎供茶事,澄江急雨看跳珠。是功與世滌膻腴,今我一空常宴如。安得左蟠箕穎尾,風爐煮茗臥西湖。

茶碾烹煎

風爐小鼎不須催,魚眼長隨蟹眼來。深注寒泉收第一,亦防枵腹爆乾雷。

雙井茶㉚

人間風日不到處,太上玉堂森寶書。想見東坡舊居士,揮毫百斛瀉明珠。我家江南摘雲腴,落磑紛紛雪不如㉛,爲君喚起黃州夢,歸載扁舟向五湖。

注　釋

1　劈(jué):同"絶"。字見《集韻》。

2　岐雷：上古傳説發明釀造"醪醴"一類濁酒的人。

3　伊聖：疑即指商湯時名臣伊尹。

4　葛仙：葛洪,東晉道士和名醫。

5　菴摩：于良子《茶譜外集》注稱,即菴摩羅,亦作菴羅、菴摩勒,果名油柑,葉如小棗,果如胡桃。

6　敦賀、摩蕪、水蘇：即"薄荷""蘪蕪(香草名),亦名蘄茝""雞蘇,一名龍腦香蘇"(俱見于良子《茶譜外集·註》)。

7　三尺法：簡稱三尺,古法律之謂。上古,將法律條文,書在三尺長的竹木簡上,故名。如《史記·酷吏列傳》："若爲天子決平,不循三尺法。"

校　記

① 明孫大綬輯：此爲本書統一署名。本文底本,原題作"明新都孫大綬編次";另行署"明晉安鄭熜校梓"。

② 吴淑：本文原未署作者,爲與下文一致,編校時補。

③ 斤片方細：片,底本作"半",據《事類賦註》改。

④ 《茶譜》：下引内容,非出毛文錫《茶譜》,係吴淑將《茶經》的"經"字,誤作"譜"字。

⑤ 常陽黄梨：常陽,陸羽《茶經》作"垣陽"。

⑥ 寒温既畢,應下霜華之茗：《茶經》引《七誨》内容,至"西極石蜜"止。寒温既畢,應下霜華之茗,是此下《茶經》引弘景《舉食徼》的頭兩句,係吴淑轉録《茶經》之《七誨》時,有意或無意的串文。

⑦ 拌米而蒸：拌,底本作"伴",據《事類賦註》改。

⑧ 待槍旗而採摘：槍,底本作"搶",徑改。下同,不出校。

⑨ 一旗二槍之號,言一葉二芽：一旗二槍、一葉二芽,毛文錫《茶譜》原誤,應作"一槍二旗""一芽二葉"。

⑩ 《吴志》：志,底本作"主",據《事類賦註》改。

⑪ 每宴席,飲後必服茗,每以七升爲限：飲後必服茗,係吴淑妄加的衍文。此句《事類賦註》作"每宴席,飲無不能,每率以七升爲限"。《三

國志・吳書》作"坐席無能否,率以七升爲限"。

⑫　西山白露及鶴嶺茶尤佳:及,底本作"尺",據《事類賦註》改。

⑬　水江園:水,《事類賦註》作"小"。"水"字疑誤。毛文錫《茶譜》亦作"小"。

⑭　自采至於封七經目;胡靴至霜荷凡六等:采、日,底本作"來""日",據陸羽《茶經》改。"胡靴至霜荷凡六等",陸羽《茶經》作"自胡靴至於霜荷八等"。

⑮　解膠滌昏:膠,據同賦後文"醪醴",似應作"醪"。

⑯　臨邛之火井:臨,底本原脱,據《山谷全書》補。

⑰　勾賊破家:賊,底本作"踐",據《山谷全書》改。

⑱　銀瓶瀉湯誇第一:第一,《蘇軾詩集》作"第二"。

⑲　悠揚噴鼻宿酲散:酲,底本作"醒",據《全唐詩》改。

⑳　須是眠雲跂石人:跂,底本作"岐",據《全唐詩》改。

㉑　朝霞護日華:華,底本作"車",據《端明集》改。

㉒　千萬碧玉枝:玉,底本作"天",據《端明集》改。

㉓　新苗漸盈把:苗,底本作"笛",據《端明集》改。

㉔　競攜筠籠歸:歸,底本作"錦",據《端明集》改。

㉕　更帶山雲瀉:瀉,底本作"寫",據《端明集》改。

㉖　屑玉寸陰間:屑,底本作"糜",據《端明集》改。

㉗　規呈月正圓:圓,底本作"員",據《端明集》改。

㉘　出焙色香全:底本作"出焙香花全",據《端明集》改。

㉙　雲間未垂縷:間,底本作"閑",據《端明集》改。

㉚　《雙井茶》:井茶,底本作"茶井",徑改。

㉛　落落磑紛紛雪不如:"落落"衍一字;磑,底本作"磴",據《全宋詩》改。

煎茶七類

◇明　徐渭　改定

　　徐渭（1521—1593），字文清，更字文長，號天池山人，又號青藤道士，書畫或亦署田水月，山陰（今浙江紹興）人。生員，屢應鄉試不中。曾在浙閩總胡宗憲處作幕客多年。擒徐海、誘王宜皆預其謀。宗憲下獄，渭懼禍發狂，幾次自殺不死，後因殺妻入獄七年，得張元忭救獲免。晚年甚貧，有書千卷，斥賣殆盡。自稱"南腔北調人"以終其生。自稱"吾書第一，詩次之，文次之，畫又次之"。《明史·文苑傳》有傳。著作見近年輯校本《徐渭集》（北京：中華書局，1983年，4冊）。《浙江採集遺書總錄》又稱其撰有《茶經》一卷、《酒史》六卷。

　　《煎茶七類》，由文末題記可知，是萬曆二十年（1592），由徐渭改定手書勒石石帆山朱氏宜園，原撰者唐代盧仝，顯是假托。萬曆二十五年（1597），周履靖編《夷門廣牘》，將它和陸樹聲的茶寮"漫記"、宋陶穀《清異錄》"荈茗門"的部分文字合在一起，題名爲陸樹聲的《茶寮記》。這是《煎茶七類》首見於書籍文獻。後來《說郛續》收錄此文，又將它從《茶寮記》中抽出，署徐渭撰，與《茶寮記》并列。而如明刻《錦囊小史》《八公遊獻叢談》和《枕中秘》，則改稱高淑嗣撰。及至萬曆四十五年（1617），無錫人華淑編刻《閒情小品》，另在"烹點"和"嘗茶"之間塞進20字的"茶器"一條，更其名爲《品茶八要》一卷。後來的《錫山華氏叢書》和其他刻本或書目，將《品茶八要》的作者變成了華淑（參見《茶寮記·題記》）。這種錯亂，明清以來，一直未得到澄清。

　　徐渭的《煎茶七類》，已收錄在抗戰前北京大學中國民俗學會編印的《民俗叢書·茶專號》中，本書以徐渭石帆山朱氏宜園《煎茶七類》石刻（《天香樓藏帖》）作錄，以《說郛續》本、喻政《茶書》本、《徐渭集》（北京：

中華書局,1983 年)作校。

一、人品　煎茶雖凝清小雅①,然要須其人與茶品相得。故其法每傳於高流大隱、雲霞泉石之輩,魚蝦麋鹿之儔②。

二、品泉　山水爲上③,江水次之,井水又次之。井貴汲多,又貴旋汲。汲多水活,味倍清新④;汲久貯陳⑤,味減鮮冽。

三、烹⑥點　烹⑦用活火,候湯眼鱗鱗起,沫渤鼓泛,投茗器中。初入湯少數,候湯茗相浹⑧,卻復滿注。頃間雲腳漸開⑨,浮花浮面,味奏全□矣⑩。蓋古茶用碾屑團餅,味則易出之。葉茶是尚,驟則味虧⑪;過熟則味昏底滯。

四、嘗茶　先滌漱⑫,既乃⑬徐啜,甘津潮舌,孤清自賞⑭,設雜以他果,香味俱奪。

五、茶宜⑮　涼臺靜室,明窗曲几,僧寮道院,松風竹月,晏坐行吟,清譚把卷。

六、茶侶　翰卿墨客,緇流羽士,逸老散人,或軒冕之徒,超然⑯世味者。

七、茶勛　除煩雪滯,滌醒⑰破睡,譚渴書倦,此際策勳⑱,不減凌煙。

是七類乃盧仝作也,中夥甚疵,余臨書稍定之。時壬辰仲秋青藤道士徐渭書於石帆山下朱氏之宜園。

校　記

① 雖凝清小雅:《説郛續》本、喻政《茶書》本作"非漫浪"。

② 雲霞泉石之輩,魚蝦麋鹿之儔:《説郛續》本、喻政《茶書》本"雲"字前多一"有"字。泉石,喻政《茶書》本作"石泉"。之輩魚蝦麋鹿之儔,《説郛續》本、喻政《茶書》本,改縮成"磊塊胸次間者"。

③ 山水爲上:《説郛續》本、喻政《茶書》本作"泉品以山水爲上"。

④ 井貴汲多,又貴旋汲。汲多水活,味倍清新:《説郛續》本、喻政《茶

書》本作"井取汲多者,汲多則水活,然須旋汲旋烹"。

⑤　貯陳:《説郛續》本、喻政《茶書》本等作"宿貯者"。

⑥　烹:《説郛續》本作"煎"。

⑦　烹:《説郛續》本、喻政《茶書》本作"煎"。

⑧　浹:《説郛續》本、喻政《茶書》本作"投"。

⑨　卻復滿注。項間雲腳漸開:《説郛續》本、喻政《茶書》本作"即滿注,
　　雲腳漸開"。

⑩　浮花浮面,味奏全□矣:《説郛續》本、喻政《茶書》本作"乳花浮面則
　　味全"。

⑪　葉茶是尚,驟則味虧:《説郛續》本、喻政《茶書》本作"葉,驟則乏味"。
　　乏,《説郛續》本作"泛"。

⑫　先滌漱:《説郛續》本、喻政《茶書》本作"茶入口,先灌漱"。

⑬　既乃:《説郛續》本、喻政《茶書》本作"須"。

⑭　甘津潮舌,孤清自覺:《説郛續》本、喻政《茶書》本作"俟甘津潮舌,則
　　得真味"。

⑮　茶宜:《説郛續》本、喻政《茶書》本作"茶候"。

⑯　然:《説郛續》本、喻政《茶書》本作"軼"。

⑰　醒:喻政《茶書》本作"醒"字。

⑱　此際策勳:《説郛續》本、喻政《茶書》本作"是時茗碗策勳"。

茶箋[1]

◇明　屠隆　撰

屠隆(1542—1605),字長卿,一字緯真,號赤水,晚號鴻苞居士,鄞縣(今浙江寧波)人。少時聰慧,有文名。萬曆五年(1577)進士,先後出任潁上和青浦知縣。後遷禮部主事,因事遭罷歸。賦閒以後,縱情詩酒,并賣文爲生。他著述甚豐,並參與搜集刊刻。曾刻印過《唐詩品匯》九十卷,《天中記》六十卷,《董解元西廂記》兩卷等各類著作十多種兩百餘卷。自撰有《考槃餘事》《鴻苞集》《棲真館集》《由拳集》《白榆集》《採真集》《南遊集》等。他亦工於戲曲,著有《曇花記》《修文記》《彩毫記》等作品。

《茶箋》,一作《茶説》,原爲屠隆《考槃餘事》中的部分内容。喻政編《茶書》,從《考槃餘事》中抽選相關内容,别擇成書曰《茶説》。後來《考槃餘事》幾經整理,内容編排已非原貌,因此,與喻政所選輯的《茶説》内容亦有參差。今查閱了明萬曆繡水沈氏刻《寶顏堂秘笈》本、萬曆《尚白齋陳眉公訂正秘笈》本、馮可賓《廣百川學海》等明末諸刻《考槃餘事》本,以《寶顏堂秘笈》本爲底本,校以其他刻本,并參考喻政《茶書》本、《錦囊小史》本等版本。

至於屠隆撰寫本篇的時間,萬國鼎推定爲萬曆十八年(1590)前後,大抵不差。

茶寮①

構一斗室,相傍書齋。内設茶具,教一童子專主茶役,以供長日清談。寒宵兀坐,幽人首務,不可少廢者。

茶品②

與《茶經》稍異，今烹製之法③，亦與蔡、陸諸前人不同矣。

虎丘

最號精絶，爲天下冠。惜不多産，皆爲豪右所據。寂寞山家，無緣獲購矣。

天池

青翠芳馨，噉之賞心，嗅亦消渴，誠可稱仙品。諸山之茶，尤當退舍。

陽羨

俗名羅岕，浙之長興者佳，荆溪稍下²。細者其價兩倍天池，惜乎難得，須親自採收方妙。

六安

品亦精，入藥最效。但不善炒，不能發香而味苦。茶之本性實佳。

龍井

不過十數畝，外此有茶，似皆不及。大抵天開龍泓美泉，山靈特生佳茗以副之耳。山中僅有一二家炒法甚精；近有山僧焙者亦妙。真者，天池不能及也。

天目

爲天池龍井之次，亦佳品也。地誌云：山中寒氣早嚴，山僧至九月即不敢出。冬來多雪，三月後方通行。茶之萌芽較晚。

採茶

不必太細，細則芽初萌而味欠足；不必太青，青則茶以老④而味欠嫩。須在穀雨前後，覓成梗帶葉，微綠色而團且厚者爲上。更須天色晴明，採之方妙。若閩廣嶺南，多瘴癘之氣，必待日出山霽，霧障嵐氣收净，採之可也。穀雨日晴明採者，能治痰嗽、療百疾。

日曬茶

茶有宜以日曬者，青翠香潔，勝以火炒。

焙茶

茶採時，先自帶鍋灶入山，別租一室；擇茶工之尤良者，倍其僱值。戒其搓摩，勿使生硬，勿令過焦，細細炒燥，扇冷方貯罌中。

藏茶

茶宜箬葉而畏香藥，喜温燥而忌冷濕。故收藏之家，先於清明時收買箬葉，揀其最青者，預焙極燥，以竹絲編之。每四片編爲一塊聽用。又買宜興新堅大罌，可容茶十斤以上者，洗净焙乾聽用。山中焙茶回，復焙一番。去其茶子、老葉、枯焦者及梗屑⑤，以大盆埋伏生炭，覆以灶中，敲細赤火，既不生煙⑥，又不易過，置茶焙下焙之。約以二斤作一焙，別用炭火入大爐内，將罌懸其架上，至燥極而止。以編箬襯於罌底，茶燥者，扇冷方先入罌。茶之燥，以拈起即成末爲驗。隨焙隨入。既滿，又以箬葉覆於罌上。每茶一斤，約用箬二兩。口用尺八紙焙燥封固，約六七層，捆以寸厚白木板⑦一塊，亦取焙燥者。然後於向明净室高閣之。用時以新燥宜興小瓶取出，約可受四五兩，隨即包整。夏至後三日，再焙一次；秋分後三日，又焙一次。一陽後³三日，又焙之。連山中共五焙⑧，直至交新，色味如一。罌中用淺，更以燥箬葉貯滿之⑨，則久而不浥。

又法

以中罈盛茶，十斤一瓶，每瓶燒稻草灰入於大桶，將茶瓶座桶中。以灰四面填桶，瓶上覆灰築實。每用，撥開瓶，取茶些少，仍復覆灰，再無蒸壞。次年換灰。

又法

空樓中懸架，將茶瓶口朝下放不蒸。緣蒸氣自天而下也。

諸花茶[⑩]

蓮花茶……不勝香美。[⑪]

橙茶……烘乾收用。[⑫]

木樨、玫瑰、薔薇、蘭蕙、橘花、梔子、木香、梅花，皆可作茶[⑬]……置火上焙乾收用，則花香滿頰，茶味不減。諸花倣此，已上俱平等細茶[⑭]拌之可也。茗花入茶，本色香味尤嘉⁴[⑮]。

茉莉花，以熟水[⑯]半杯放冷，鋪竹紙一層，上穿數孔。晚時採初開茉莉花，綴於孔內，上用紙封，不令泄氣。明晨取花簪之水，香可點茶。[⑰]

擇水[⑱]

天泉　秋水爲上，梅水次之。秋水白而洌，梅水白而甘。甘則茶味稍奪，洌則茶味獨全，故秋水較差勝之。春冬二水，春勝於冬，皆以和風甘雨，得天地之正施者爲妙。惟夏月暴雨不宜，或因風雷所致，實天之流怒也。　龍行之水，暴而霆者，旱而凍者，腥而墨者，皆不可食。雪爲五穀之精[⑲]，取以煎茶，幽人清贶[⑳]。

地泉　取乳泉漫流者，如梁溪⁵之惠山泉爲最勝。　取清寒者，泉不難於清，而難於寒。石少土多，沙膩泥凝者，必不清寒；且瀨峻流駛而清，巖粵陰積而寒者，亦非佳品。　取香甘者，泉惟香甘，故能養人。然甘易而香難，未有香而不甘者。　取石流者，泉非石出者，必不佳。　取山脈透迤者，山不停處，水必不停。若停，即無源者矣。旱必易涸，往往有伏流沙土中者，挹之不竭，即可食。不然，則滲瀦之潦耳，雖清勿食[㉑]。　有瀑湧湍急者勿食，食久令人有頭疾[㉒]。如廬山水簾、洪州天台瀑布，誠山居之珠箔錦幙。以供耳目則可，入水品則不宜矣。　有溫泉，下生硫黃故然。有同出一壑，半溫半冷者，皆非食品。　有流遠者，遠則味薄；取深潭停蓄，其味迺復。　有不流者，食之有害。《博物志》曰：山居之民，多癭腫；由於飲泉之不流者。　泉上有惡木，則葉滋根潤，能損甘香，甚者能釀毒液，尤宜去之。如南陽菊潭，損益可驗㉓。

江水㉔

取去人遠者，楊子南泠㉕夾石渟淵，特入首品。

長流㉖

亦有通泉竇者，必須汲貯，候其澄徹，可食。

井水㉗

脈暗而性滯，味鹹而色濁，有妨茗氣。試煎茶一甌，隔宿視之，則結浮膩一層，他水則無，此其明驗矣。雖然汲多者可食，終非佳品。或平地偶穿一井，適通泉穴，味甘而澹，大旱不涸，與山泉無異，非可以井水例觀也。若海濱之井，必無佳泉，蓋潮汐近，地斥鹵故也。

靈水㉘

上天自降之澤，如上池天酒⁶、甜雪香雨之類，世或希覯，人亦罕識，迺仙飲也。

丹泉㉙

名山大川，仙翁修煉之處，水中有丹，其味異常，能延年卻病，尤不易得。凡不淨之器，切不可汲㉚。如新安黃山東峯下，有硃砂泉，可點茗，春色微紅，此自然之丹液也。臨沅廖氏家世壽，後掘井左右，得丹砂數十斛㉛。西湖葛洪井，中有石瓮，陶出丹數枚，如芡實，啖之無味，棄之；有施漁翁者，拾一粒食之，壽一百六歲㉜。

養水

取白石子瓮中㉝，能養其味，亦可澄水不淆㉞。

洗茶

凡烹茶,先以熟湯[35],洗茶去其塵垢冷氣[36],烹之則美。

候湯

凡茶,須緩火炙,活火煎。活火,謂炭火之有焰者。以其去餘薪之煙,雜穢之氣,且使湯無妄沸,庶可養茶。始如魚目微有聲[37],爲一沸;緣邊湧泉[38]連珠,爲二沸;奔濤濺沫,爲三沸。三沸之法,非活火不成。如坡翁云:"蟹眼已過魚眼生,颼颼欲作松風聲[39]"盡之矣。若薪火方交,水釜纔熾,急取旋傾,水氣未消,謂之嫩。若人過百息[40],水踰十沸,或以話阻事廢,始取用之,湯已失性,謂之老。老與嫩,皆非也。

注湯

茶已就膏,宜以造化成其形。若手顫臂軃,惟恐其深。瓶嘴之端,若存若亡,湯不順通,則茶不勻粹,是謂緩注。一甌之茗,不過二錢。若盞量合宜,下湯不過六分。萬一快瀉而深積之,則茶少湯多,是謂急注。緩與急,皆非中湯。欲湯之中,臂任其責[41]。

擇器

凡瓶,要小者,易候湯;又點茶、注湯有應。若瓶大,啜存停久,味過則不佳矣。所以策功建湯業者,金銀爲優;貧賤者不能具,則瓷石有足取焉。瓷瓶不奪茶氣[42],幽人逸士,品色尤宜。石凝結天地秀氣而賦形,琢以爲器,秀猶在焉。其湯不良,未之有也。然勿與誇珍衒豪臭公子道。銅、鐵、鉛、錫,腥苦且澀;無油瓦瓶,滲水而有土氣,用以煉水,飲之逾時,惡氣纏口而不得去。亦不必與猥人俗輩言也。

宜廟時有茶盞,料精式雅,質厚難冷,瑩白如玉,可試茶色,最爲要用。蔡君謨取建盞,其色紺黑,似不宜用[43]。

滌器[44]

茶瓶、茶盞、茶匙生鉎,致損茶味,必須先時洗潔則美。

熁盞⁴⁵

凡點茶,必須熁盞,令熱則茶面聚乳;冷則茶色不浮。

擇薪

凡木可以煮湯,不獨炭也;惟調茶在湯之淑慝。而湯最惡煙,非炭不可。若暴炭膏薪,濃煙蔽室,實爲茶魔。或柴中之麩火,焚餘之虛炭,風乾之竹篠樹稍,燃鼎附瓶,頗甚快意,然體性浮薄,無中和之氣,亦非湯友。

擇果

茶有真香,有佳味,有正色,烹點之際,不宜以珍果、香草奪之。奪其香者,松子、柑、橙、木香、梅花、茉莉、薔薇、木樨之類是也。奪其味者,番桃、楊梅之類是也。凡飲佳茶,去果方覺清絕,雜之則無辨矣。若必曰所宜,核桃、榛子、杏仁、欖仁、菱米、栗子、雞豆、銀杏、新筍、蓮肉之類精製或可用也⁴⁶。

茶效⁷⁴⁷

人品

茶之爲飲,最宜精行修德之人,兼以白石清泉,烹煮如法,不時廢而或興,能熟習而深味,神融心醉,覺與醍醐、甘露抗衡,斯善賞鑒者矣。使佳茗而飲非其人,猶汲泉以灌蒿萊⁴⁸,罪莫大焉。有其人而未識其趣,一吸而盡,不暇辨味,俗莫甚焉。司馬溫公與蘇子瞻嗜茶墨,公云:茶與墨正相友,茶欲白,墨欲黑;茶欲重,墨欲輕;茶欲新,墨欲陳。蘇曰:奇茶妙墨俱香,公以爲然。

唐武曌⁴⁹,博學,有著述才,性惡茶,因以詆之。其略曰:“釋滯銷壅,一日之利暫佳,瘠氣侵精,終身之害斯大。獲益則收功茶力,貽患則不爲茶災,豈非福近易知,禍遠難見。”《世說新語》

李德裕奢侈過求,在中書時,不飲京城水,悉用惠山泉,時謂之水遞。清致可嘉,有損盛德。《芝田錄》⁵⁰傳稱陸鴻漸闔門著書,誦詩擊木,性甘茗莽,味辨淄繩,清風雅趣,膾炙古今,鬻茶者至陶其形置煬突間,祀爲茶神,可謂尊崇之極矣。嘗考《蠻甌志》云:陸羽採越江茶,使小奴子看焙,奴失睡,茶燋爍不可食,羽怒,以鐵索縛奴而投火中,殘忍若此,其餘不足觀也已矣[51]。

茶具[52]

苦節君_{湘竹風鑪}建城_{藏茶箬籠}湘筠_{焙焙茶箱},蓋其上以收火氣也;隔其中,以有容也;納火其下,去茶尺許,所以養茶色香味也。雲屯_{泉缶}烏府_{盛炭籃}水曹_{滌器桶}鳴泉_{煮茶罐}品司_{編竹爲撞}[53],收貯各品葉茶[54]沉垢_{古茶洗}分盈_{水杓,即《茶經》水則。每兩升用茶一兩}執權_{準茶秤,每茶一兩,用水二斤}合香_{藏日支茶,瓶以貯司品者}歸潔_{竹筅箒,用以滌壺}漉塵_{洗茶籃}商象_{古石鼎}遞火_{銅火斗}降紅_{銅火筯,不用聯索}團風_{湘竹扇}注春_{茶壺}静沸_{竹架,即《茶經》支腹}運鋒_{鑱果刀}啜香_{茶甌}撩雲_{竹茶匙}甘鈍_{木碪墩}納敬_{湘竹茶橐}易持_{納茶漆雕秘閣}受污_{拭抹布}

注　釋

1　乾隆五十年(1785),屠隆嗣孫繼序等重刻《考槃餘事》,有錢大昕題言:"屠長卿先生,以詩文雄隆萬間,在弇洲四十子之列。雖宦途不達,而名重海内。晚年優遊林泉,文酒自娱,蕭然無世俗之思。今讀先生《考槃餘事》,評書論畫,滌硯修琴,相鶴觀魚,焚香試茗,几案之珍,山旘之制,靡不曲盡其妙。具此勝情,宜其視軒冕如浮雲矣。兹先生之嗣孫繼序等重付剞劂,屬予校正,並題數言歸之。乾隆乙巳季夏晦日錢大昕書。"

2　長興者佳,荊溪稍下:本文清代、民國重刊時,有部分非原作内容摻入,本書編校時凡能考查確定的,都從正文剔出置於校記中供參考。本條有可能也是後來摻附進來的。這裏的長興和荊溪,無疑是指縣名。荊溪縣由宜興析置的時間爲雍正二年(1724),1912年撤歸宜興。

3　一陽:陽,指"陽月",《爾雅・釋天》:陰曆"十月爲陽"。《中國古代茶葉全書》釋一陽爲"冬至"。疑指陽月以後的第一個節氣,十一月中旬,即冬至節。

4　此處刪節,見明代顧元慶、錢椿年《茶譜・製茶諸法》。

5　梁溪:舊江蘇無錫別稱。"梁溪",發源無錫城西惠山腳下,兩岸居民飲斯水、用斯水,以致用該溪傳爲是城的代名。

6　上池天酒:上池,指上池水。古籍中"謂水未至地,蓋承取露及竹木上水",取之以和藥。天酒,西晋張華注《神異經》稱指"甘露"。

7　此處刪節,見明代顧元慶、錢椿年《茶譜・茶效》。

校　記

① 《茶寮》之前,南京圖書館藏喻政《茶書》手抄本,多一《茶説目録》:茶寮　茶品　虎丘　天池　陽羨　六安　龍井　天目　採茶　日曬茶　焙茶　藏茶　又法　又法　花茶　擇水　江水　長流　井水　靈水　丹泉　養水　洗茶　候湯　注湯　擇器　擇薪　人品

② 茶品:本文凡《考槃餘事》和《茶説》本,在"茶品"條前,還多收"茶寮"一條。但是,反之凡稱《茶箋》者,包括《廣百川學海》本(簡稱廣百川本)、小史本乃至叢書集成本,則均自本條"茶品"收起,"茶寮"一般劃爲《山齋箋》之内容。

③ 今烹製之法:製,《尚白齋陳眉公訂正秘笈》本(簡稱尚白齋本)、喻政《茶書》本、廣百川本、小史本以至叢書集成本,同底本均作"製"。但乾隆乙巳本、叢書集成本作"煮"。

④ 青則茶以老:茶,尚白齋本與底本同作"茶",但其他各本均作"茶",徑改。

⑤ 及梗屑:及,喻政《茶書》本作"更"。

⑥ 既不生煙:生,底本作"坐",喻政《茶書》本、乾隆乙巳本、叢書集成本作"生",據改。

⑦ 以寸厚白木板:寸,底本作"方",小史本作"寸",據改。

⑧ 共五焙:喻政《茶書》本作"共約五焙"。

⑨　貯滿之：喻政《茶書》本作“貯之”。

⑩　諸花茶：喻政《茶書》本作“花茶”。廣百川本無此條。

⑪　蓮花茶……不勝香美：喻政《茶書》本、廣百川本不收。

⑫　橙花……烘乾收用：喻政《茶書》本、廣百川本不收。

⑬　作茶：小史本作“伴茶”，叢書集成本作“伴花”。

⑭　俱平等細茶：俱，叢書集成本作“諸”。

⑮　茗花入茶，本色香味尤嘉：尚白齋本、叢書集成本等與底本同，此句爲木樨、玫瑰等諸花窨茶條的最後一句。喻政《茶書》本“花茶”，此前内容均未録，以此句爲開頭，下接茉莉花内容，組成其《茶説》花茶的全部内容。小史本和喻政《茶書》本相反，以上諸花茶内容全收，此句以下包括茉莉花内容全删。

⑯　熟水：喻政《茶書》本、叢書集成本作“熱水”。

⑰　茉莉花……香可點茶：小史本、廣百川本不收。

⑱　擇水：廣百川本無此目，其下各條内容也未加收録。

⑲　五穀之精：精，底本作“情”，據喻政《茶書》本和小史本改。

⑳　幽人清賑：賑，各本同底本作“賑”，唯喻政《茶書》本作“況”。

㉑　雖清勿食：食，叢書集成本作“飲”。

㉒　頭疾：頭，叢書集成本作“頸”。

㉓　損益可驗：益，底本作“盆”，據喻政《茶書》本和小史本改。

㉔　江水：廣百川本、小史本無此條。

㉕　楊子南泠：泠，底本作“冷”，據喻政《茶書》本改。

㉖　長流：廣百川本、小史本無此條。

㉗　井水：廣百川本、小史本無此條。

㉘　靈水：廣百川本、小史本無此條。

㉙　丹泉：廣百川本、小史本無此條。

㉚　凡不浄之器，切不可汲：切，底本、尚白齋本、喻政《茶書》本作“甚”，叢書集成本據乾隆乙巳本，作“切”，據改。

㉛　得丹砂數十斛：斛，底本作“淘”，乾隆乙巳本作“斛”，據改。

㉜　在本條下，叢書集成本，還增多《煮茶小品》如下引文一條：“味美曰甘

泉,氣芳曰香泉,惟甘故能養人,然甘易而香難,未有香而不甘者。山<small>(田)子藝《煮茶小品》</small>。"底本、尚白齋本、喻政《茶書》本、廣百川本等明刻《考槃餘事》和《茶説》《茶箋》均無此條,顯爲清以後重刻時附入,本書不作正文,姑置校記中備查。

㉝　取白石子瓮中:叢書集成本作"取白石子置瓮中"。

㉞　在此條下,叢書集成本還增多《茗笈》如下引文一條:"《茶記》言,養水置石子於甕,不惟益水,而白石清泉,會心不遠。夫石子須取其水中表裏瑩徹者佳。白如截肪,赤如雞冠,藍如螺黛,黄如蒸栗,黑如元漆,錦紋五色,輝映瓮中,徙倚其側,應接不暇,非但益水,亦且娛神。<small>屠幽叟《茗笈》</small>。"本文底本、尚白齋本、廣百川本、小史本等明刻《考槃餘事》和《茶説》《茶箋》均無此條,顯爲清以後重刻時附入,本書不作正文,姑置校記中備查。

㉟　熟湯:喻政《茶書》本、小史本爲"熱湯"。

㊱　洗茶去其塵垢冷氣:喻政《茶書》本作"洗去塵垢冷氣";小史本作"洗其塵垢冷氣";叢書集成本作"洗茶去其塵垢,俟冷氣烹之則美"。

㊲　如魚目微有聲:叢書集成本作"如魚目微微有聲"。

㊳　湧泉:叢書集成本作"泉湧"。

㊴　松風聲:喻政《茶書》本作"鳴"。

㊵　若人過百息:人,喻政《茶書》本作"火"。

㊶　在本條之下,叢書集成本還增多《茗笈》如下引文一條:"凡事俱可委人,第責成效而已;惟瀹茗須躬自執勞。瀹茗而不躬執,欲湯之良,無有是處。<small>屠幽叟《茗笈》</small>。"底本、尚白齋本、廣百川本、喻政《茶書》本等各明刻本,無此内容,疑爲清以後重刊時附入。本書正文不收,姑置校記中備查。

㊷　瓷瓶不奪茶氣:叢書集成本作"瓷不奪茶氣"。

㊸　宣廟時……不宜用:廣百川本未收。

㊹　滌器:滌,叢書集成本作"洗";喻政《茶書》本無此條。

㊺　燴盞:喻政《茶書》本無此條。

㊻　喻政《茶書》本、小史本無此段。

㊼　茶效：唯喻政《茶書》本無此條。

㊽　猶汲泉以灌蒿萊：叢書集成本作"猶汲乳泉以灌蒿萊"。

㊾　武墾：廣百川本、小史本無此條。喻政《茶書》本文後未錄《世説新語》出處。

㊿　《芝田録》：底本、尚白齋本有注；喻政《茶書》本無録。廣百川本、小史本無此條。

51　廣百川本、小史本無此條。在本條下，叢書集成本在本條之下，還多增這樣一條引文："飲茶以客少爲貴，客衆則喧。喧則雅趣乏矣。獨啜曰幽，二客曰勝，三四曰趣，五六曰汎，七八曰施。"《東原試茶録》（編者按：此書名疑有誤）這條引文，不見本文底本，也不見上述各明刻《考槃餘事》和《茶説》《茶箋》諸本，顯爲清以後重刻時附增，故本書不收作正文，暫置校記中備查。

52　茶具：尚白齋本、廣百川本、小史本和底本收録，但喻政《茶書》本無此條。

53　編竹爲撞：撞，廣百川本、小史本作"狀"。

54　葉茶：叢書集成本作"茶葉"。

茶箋

◇明　高濂　輯

　　高濂,字深甫,號端南道人、湖上桃花漁等,錢塘(今浙江杭州)人。生平事迹不詳,活躍於明萬曆年間。以芳芷樓、妙賞樓、弦雪居爲寓居和書室名。著述很多,且以強身防病、飲食玩賞的内容居多;主要作品有:《四時攝生消息論》《按摩導引訣》《仙靈衛生歌》《治萬病坐功訣》《服氣訣》《解萬毒方》《醖造譜》《法製譜》《甜食譜》《粉麵品》《脯鮓品》《粥糜品》《湯品》《相寶要説》《鑒賞小品》《座右箴言》《雅尚齋詩》《遵生寶訓》和《遵生八箋》等等。

　　《論茶品泉水》是由高濂《遵生八箋》中輯出,該書成於萬曆十九年(1591)。高濂《茶箋》是本書編者收錄時給加的名字,在《遵生八箋》中,作“茶泉類”另行次標題《論茶品》,後面再題《論泉水》,實際是有關茶水資料的選輯。近見有的茶葉書籍中,將之輯出後或稱《茶品水錄》,或稱《茶輯》,或稱《茶泉論》,定名不一,易生混淆,本書才決定收錄,并予以新名。本篇的内容大都抄襲,沒有多少價值,但往往被誤以爲是《遵生八箋》的茶事論著,在明清茶書和其他文獻中引録,本末顛倒。本書收錄高濂的《論茶品泉水》,爲的是正本清源,指出哪些是高濂自己所寫,哪些是輯集别人的内容。

　　本書以趙立勛等《遵生八箋校註》(北京:人民衛生出版社,1994年)爲底本,此書所據爲初刊雅尚齋《遵生八箋》本。

論茶品

茶之産於天下多矣……惜皆不可致耳。[1]

若近時虎丘山茶,亦可稱奇,惜不多得。若天池茶,在穀雨前收細芽

炒得法者，青翠芳馨，嗅亦消渴。若真岕茶，其價甚重，兩倍天池，惜乎難
得。須用自己令人採收方妙。又如浙之六安①，茶品亦精，但不善炒，不能
發香而色苦，茶之本性實佳。如杭之龍泓，即龍井也茶真者，天池不能及也。
山中僅有一二家炒法甚精，近有山僧焙者亦妙，但出龍井者方妙。而龍井
之山不過十數畝，外此有茶，似皆不及。附近假充猶之可也，至於北山西
溪，俱充龍井，即杭人識龍井茶味者亦少，以亂真多耳。意者，天開龍井美
泉，山靈特生佳茗以副之耳。不得其遠者，當以天池龍井爲最，外此天竺、
靈隱爲龍井之次，臨安、於潛生於天目山者，與舒州同，亦次品也。

　　茶自浙以北皆較勝……霧障山嵐收凈，採之可也。茶團、茶片，皆出
碾硙，大失真味。茶以日曬者佳甚，青翠香潔，更勝火炒多矣。[2]

採茶

　　團黃有一旗一槍之號，言一葉一芽也。凡早取爲茶，晚取爲荈，穀雨
前後收者爲佳。粗細皆可用，惟在採摘之時，天色晴明，炒焙適中，盛貯
如法。

藏茶

　　茶宜箬葉而畏香藥，喜溫燥而忌冷濕，故收藏之家，以箬葉封裹入焙
中，兩三日一次，用火當如人體溫，溫則去濕潤。若火多，則茶焦不可
食矣。

　　又云：以中罈盛茶，十斤一瓶，每年燒稻草灰入大桶，茶瓶座桶中，以
灰四面填桶，瓶上覆灰築實。每用，撥灰開瓶，取茶些少，仍復覆灰，再無
蒸壞。次年換灰爲之。

　　又云：空樓中懸架，將茶瓶口朝下放，不蒸。緣蒸氣自天而下，故宜
倒放。

　　若上二種芽茶，除以清泉烹外，花香雜果，俱不容入。人有好以花拌
茶者，此用平等細茶拌之，庶茶味不減，花香盈頰，終不脫俗，如橙茶、蓮花
茶。於日未出時……諸花傚此。[3]

煎茶四要

一擇水

二洗茶

三候湯[4]

四擇品

凡瓶,要小者,易候湯,又點茶注湯相應。若瓶大,啜存停久,味過則不佳矣。茶銚、茶瓶,磁砂爲上,銅錫次之[②]。磁壺注茶,砂銚煮水爲上。《清異錄》云:富貴湯,當以銀銚煮湯佳甚,銅銚煮水、錫壺注茶,次之。

茶盞惟宣窯壇盞爲最,質厚白瑩,樣式古雅有等。宣窯印花白甌,式樣得中,而瑩然如玉;次則嘉窯心內茶字小盞爲美。欲試茶色黃白,豈容青花亂之。注酒亦然,惟純白色器皿爲最上乘品,餘皆不取。[5]

試茶三要

一滌器

茶瓶、茶盞、茶匙生鉎音星,致損茶味,必須先時洗潔則美。

二熁盞

凡點茶,先須熁盞令熱,則茶面聚乳,冷則茶色不浮。

三擇果

茶有真香,有佳味,有正色,烹點之際,不宜以珍果香草雜之。奪其香者,松子、柑橙、蓮心、木瓜、梅花、茉莉、薔薇、木樨之類是也。奪其味者,牛乳、番桃、荔枝、圓眼、枇杷之類是也。奪其色者,柿餅、膠棗、火桃、楊梅、橙橘之類是也。凡飲佳茶,去果方覺清絕,雜之則無辯矣。若欲用之所宜,核桃、榛子、瓜仁、杏仁、欖仁、栗子、雞頭、銀杏之類,或可用也。

茶效

人飲真茶……然率用中下茶。出蘇文[6]

茶具十六器

茶具十六器,收貯於器局,供役苦節君者,故立名管之。蓋欲歸統於一,以其素有貞心雅操而自能守之也。

商象古石鼎也,用以煎茶。　　歸潔竹箲(掃)也,用以滌壺。

分盈杓也,用以量水斤兩。　　遞火銅火斗也,用以搬火。

降紅銅火筯也,用以簇火。　　執權準茶秤也,每杓水二升,用茶一兩。

團風素竹扇也,用以發火。　　漉塵茶洗也,用以洗茶。

靜沸竹架,即《茶經》支腹也。　　注春磁瓦壺也,用以注茶。

運鋒劖果刀也,用以切果。　　甘鈍木碪墩也。

啜香磁瓦甌也,用以啜茶。　　撩雲竹茶匙也,用以取果。

納敬竹茶囊也,用以放盞。　　受污拭抹布也,用以潔甌。

總貯茶器七具

苦節君煮茶作爐也③,用以煎茶,更有行者收藏。

建城以篛爲籠,封茶以貯高閣。

雲屯磁瓶,用以杓泉,以供煮也。

烏府以竹爲籃,用以盛炭,爲煎茶之資。

水曹即磁缸瓦缶,用以貯泉,以供火鼎。

器局竹編爲方箱,用以收茶具者。

外有品司竹編圓橦提合,用以收貯各品茶葉,以待烹品者也。

論泉水

田子藝曰……旱必易涸。⁷

石流

石……誰曰不宜。⁸

清寒

清……嫩惡不可不辨也。⁹

甘香

甘……味俗莫甚焉。[10]

靈水

靈……皆不可食。[11]

潮汐近地……甚不可解。[12]

井水

井……終非佳品。[13]

養水取白石子入瓮中,雖養其味,亦可澄水不淆。[14]

高子曰:井水美者,天下知鍾泠泉矣。然而焦山一泉,余曾味過數四,不減鍾泠。惠山之水,味淡而清,允爲上品。吾杭之水,山泉以虎跑爲最,老龍井、真珠寺二泉亦甘。

北山葛仙翁井水,食之味厚。城中之水,以吳山第一泉首稱,予品不若施公井、郭婆井二水清冽可茶。若湖南近二橋中水,清晨取之,烹茶妙甚,無俟他求。

注　釋

1　此處刪節,見明代顧元慶、錢椿年《茶譜·茶品》。

2　此處刪節,見明代田藝蘅《煮泉小品·宜茶》。後段文字亦照《煮泉小品·宜茶》改寫,存不刪。

3　此處刪節,見明代錢椿年、顧元慶《茶譜·製茶諸法》。

4　此處刪節,見明代錢椿年、顧元慶《茶譜·煎茶四要》首三條。

5　本條內容,由茶盞講及酒盞,與錢椿年、顧元慶《茶譜》有別,爲高濂據自他書所改。

6　此處刪節,見明代錢椿年、顧元慶《茶譜·茶效》。

7　此處刪節,見明代田藝蘅《煮泉小品·源泉》各條。

8　此處删節,見明代田藝蘅《煮泉小品·石流》各條。

9　此處删節,見明代田藝蘅《煮泉小品·清寒》各條。

10　此處删節,見明代田藝蘅《煮泉小品·甘香》各條及《宜茶》末條。

11　此處删節,見明代田藝蘅《煮泉小品·靈水》各條。

12　此處删節,見明代田藝蘅《煮泉小品·江水》。

13　此處删節,見明代田藝蘅《煮泉小品·井水》首條。

14　本條録自《煮泉小品·緒談》。"高子曰"以後,爲高濂自己所撰。

校　記

①　浙之六安:六安不屬浙,"浙"字誤。

②　磁砂爲上,銅錫次之:錢椿年、顧元慶《茶譜》爲"銀錫爲上,瓷石次之"。

③　煮茶作爐:作,疑爲"竹"。

茶考

◇明　陳師　撰

　　陳師，字思貞，錢塘(今浙江杭州)人。嘉靖三十一年(1552)舉人。康熙《杭州府志‧循吏傳》中有傳，說他中舉後，在擢雲南永昌府(治位今雲南保山)知府前，在杭屬府縣擔任過職務，而且是卓有成績的"循吏"。康熙《永昌府志‧名宦傳》對他的記載不詳，哪年到任、離任的資料也未提及，只稱其"嚴禁通彝，並治材官悍戾，以靖軍民，操守皭然不淄"，説明在其任上，沒有發生嚴重的官吏侵吞和民族糾紛事件，政治也比較安定。

　　陳師一生著作甚豐，衛承芳稱其"口誦耳聞，目睹足履，有會心慨志處，臚列手存，久而成卷，凡數十種"。現在我們能查見存目的，有《禪寄筆談》十卷、《續筆談》五卷和《復生子稿》三種，署名均作"錢塘陳師思貞撰"，這大概是其履任永昌前的著作。《覽古評語》五卷，署作"永昌知府錢塘陳師思貞撰"，這明顯是其任在永昌知府後的作品了。

　　《茶考》的寫作時間，據衛承芳跋署"萬曆癸巳玄月"，當在萬曆二十一年(1593)或稍前。喻政《茶書》列爲茶書一種，但可能因爲新義不多，此後再無別書引錄。本文以喻政《茶書》作底本，參校其他有關內容。

　　陸龜蒙自云嗜茶，作《品茶》一書，繼《茶經》《茶訣》之後。自註云：《茶經》陸季疵撰，即陸羽也。羽字鴻漸，季疵或其別字也。《茶訣》今不傳，及覽《事類賦》，多引《茶訣》。此書間有之，未廣也。

　　世以山東蒙陰縣山[1]所生石蘚，謂之蒙茶，士夫亦珍重之，味亦頗佳。殊不知形已非茶，不可煮，又乏香氣，《茶經》所不載也。蒙頂茶，出四川雅州，即古蒙山郡。其《圖經》云：蒙頂有茶，受陽氣之全，故茶芳香。《方輿》《一統志》[2]"土產"俱載之。《晁氏客話》[3]亦言"出自雅州"。李德裕丞相入蜀，得蒙餅沃於湯瓶之上，移時盡化，以驗其真。文彥博[4]《謝人惠蒙茶》云："舊譜最稱蒙頂味，露芽雲液勝醍醐。"蔡襄有歌曰[5]："露芽錯落一番新。"吳中復[6]亦有詩云："我聞蒙頂之巔多秀嶺，惡草不生生淑茗。"①今少有者，蓋地既遠，而蒙山有五峯，其最高曰上清，方產此茶。且時有瑞雲影見，虎豹龍蛇居之，人跡罕到，不易取。《茶經》品之於次者，蓋東蒙出，非此也。[7]

世傳烹茶有一橫一豎，而細嫩於湯中者，謂之旗槍茶。《塵史》[8]謂之始生而嫩者爲一槍，浸大而展爲一旗，過此則不堪矣。葉清臣著《茶述》[9]曰"粉槍末旗"，蓋以初生如針而有白毫，故曰粉槍，後大則如旗矣。此與世傳之說不同。亦如《塵史》之意，皆在取列也，不知歐陽公《新茶》詩[10]曰"鄙哉穀雨槍與旗"，王荆公又曰[11]"新茗齋中試一旗"，則似不取也。或者二公以雀舌爲旗槍耳，不知雀舌乃茶之下品，今人認作旗槍，非是。故沈存中詩云[12]："誰把嫩香名雀舌，定應北客未曾嘗。不知靈草天然異，一夜春風一寸長。"或二公又有別論。又觀東坡詩云："揀芽分雀舌，賜茗出龍團。"終未若前詩評品之當也。[13]

予性喜飲酒，而不能多，不過五七行，性終便嗜茶，隨地咀其味。且有知予而見貽者，大較天池爲上，性香軟而色青可愛，與龍井亦不相下。雅州蒙茶不可易致矣。若東甌之雁山[14]次之，赤城之大磐次之。毘陵②之羅岕③又次之，味雖可而葉粗，非萌芽倫也。宣城陽坡茶，杜牧稱爲佳品，恐不能出天池、龍井④之右。古睦茶[15]葉粗而味苦，閩茶香細而性硬。蓋茶隨處有之，擅名即魁也。

烹茶之法，唯蘇吳得之。以佳茗入磁瓶火煎，酌量火候，以數沸蟹眼爲節，如淡金黃色，香味清馥，過此而色赤，不佳矣。故前人詩云："採時須是雨前品，煎處當來肘後方。"古人重煎法如此。若貯茶之法，收時用淨布鋪薰籠內，置茗於布上，覆籠蓋，以微火焙之，火烈則燥。俟極乾，晾冷，以新磁罐，又以新箬葉剪寸半許，雜茶葉實其中，封固。五月、八月濕潤時，仍如前法烘焙一次，則香色永不變。然此須清齋自料理，非不解事蒼頭婢子可塞責也。

杭俗，烹茶用細茗置茶甌，以沸湯點之，名爲"撮泡"。北客多哂之，予亦不滿。一則味不盡出,一則泡一次而不用,亦費而可惜,殊失古人蟹眼鷓鴣斑之意。況雜以他菓,亦有不相入者,味平淡者差可,如燻梅、鹹筍、醃桂、櫻桃之類,尤不相宜。蓋鹹能入腎,引茶入腎經,消腎,此本草所載,又豈獨失茶真味哉?予每至山寺,有解事僧烹茶如吳中,置磁壺二小甌於案,全不用菓奉客,隨意啜之,可謂知味而雅緻者矣。

　　永昌太守錢唐陳思貞,少有書淫,老而彌篤。跳脫郡組,市隱通都,門無雜賓,家無長物,時乎懸磬,亦復晏如。口誦耳聞,目睹足履,有會心嘅志處,臚列手存,久而成卷,凡數十種,率膾炙人間。晚有茲編,愈出愈奇,豈中郎帳中所能秘也。萬曆癸巳玄月[16],蜀衛承芳[17]題。

注　釋

1　蒙陰縣山:此指蒙山,一作東蒙山,在今山東蒙陰縣東南。山上產一種石蘚,土人用以作代用茶,也稱蒙頂茶,與雅州蒙頂茶混。明萬曆間士人還珍重之,但入清以後,如康熙二十四年《蒙陰縣志・物產》載:"茗之屬曰雲芝茶,產蒙山,性寒,能消積滯,今已絕無佳者。"名氣便漸漸衰落,以致消失了。

2　《方輿》《一統志》:此《方輿》疑是《方輿勝覽》的簡稱;《一統志》當指成書於天順五年(1461)的《大明一統志》。

3　《晁氏客話》:晁氏,指晁說之(1059—1129)。元豐五年(1082)進士,善畫工詩,其所撰《客話》,被稱為《晁氏客話》,與其所寫《儒言》,流傳較廣。

4　文彥博(1006—1097):字寬夫,宋汾州介休人。仁宗天聖五年(1027)進士,累遷殿中侍御史,後又拜同中書門下平章事。嘉祐三年(1058),出判河南等地,封潞國公,歷仕四朝,任將相五十年。

5　蔡襄有歌曰:歌,指《鬥茶歌》。

6　吳中復:字仲庶,永興人。景祐進士,累官殿中侍御史、右司諫,歷成德軍、成都府、永興軍,後知荆南、坐事免官。下引詩題作《謝惠蒙頂茶》。

7　此段除末句外與《七修類稿》有關文字幾近全同,按寫作年代算,《七修類稿》應爲原作,文字詳見清代黄履道《茶苑·山東茶品七》。《七修類稿》,五十一卷,明郎瑛著。郎瑛(1487—1566),字仁寶,號藻泉,世稱草橋先生,浙江仁和(今杭州餘杭)人。好藏書,博綜藝文,著有《七修類稿》《萃忠録》《青史衮鉞》。

8　《麈史》:北宋王得臣撰。得臣,字彦輔,自號鳳臺子,仁宗嘉祐進士。下引内容見於《麈史》卷中詩話:"閩人謂茶芽未展爲槍,展則爲旗。"

9　葉清臣著《茶述》:當指葉清臣著《述煮茶泉品》。

10　歐陽公《新茶》詩:《宋詩鈔》作《嘗新茶呈聖俞》。

11　王荆公又曰:詩名爲《送元厚之》詩。

12　詩云:此詩名《嘗茶》。

13　此段除末句外與《七修類稿》有關文字幾近全同,按寫作年代算,《七修類稿》應爲原作,文字詳見清代佚名《茶史》。

14　東甌之雁山:甌,甌江。東甌,舊時浙南温州的代稱。雁山,即雁蕩山。《雁山志》載:浙東多茶品,而雁山者稱最,每春清明日采摘茶芽進貢。

15　古睦茶:即古代睦州茶。睦州,隋仁壽三年(603)置,治位今浙江淳安縣西南,宋宣和三年(1121)改爲嚴州。陸羽《茶經》浙西以湖州上,常州次,宣州、杭州、睦州、歙州下。睦州生桐廬縣山谷,與衡州同。潤州、蘇州又下。萬曆《嚴州府志》載:《唐志》"睦州貢鳩坑茶,屬今淳安縣,宋朝罷貢"。

16　萬曆癸巳玄月:即萬曆二十一年(1593)九月。玄月爲"九"。

17　衛承芳:字君大,明代四川達州人,隆慶二年(1568)進士。萬曆中,累官温州知府,善撫民。官至南京户部尚書,以清廉稱,卒謚清敏。有《曼衍集》。

校　記

①　我聞蒙頂之巔多秀嶺,惡草不生生淑茗:字、句和有些版本均有舛錯。如《錦繡萬花谷》此句作"我聞蒙山之巔多秀嶺,煙巖抱合五烁頂。岷峨氣象壓西垂,惡草不生生茶茗"。

②　毘陵:底本作"陵毘",徑改。

③　羅岕:底本作"楷",徑改,見《羅岕茶記》。

④　龍井:底本作"舌",徑改。

茶録

◇明　張源　撰[①]

　　張源,字伯淵,號樵海山人,蘇州吴縣包山(位於西洞庭山,今屬蘇州吴中)人。事迹無考,由顧大典作《茶録引》,説他"志甘恬淡,性合幽棲,號稱隱君子"來看,當是長期隱居吴中西山的一名白丁布衣。

　　《茶録》,僅見於喻政《茶書》,題作《張伯淵茶録》。《茶書》本同時刊有顧大典作引。據顧"引",《茶録》可能是它的本名,"張伯淵"是喻政和徐燉編刻《茶書》時所加。由此也可知,在《茶書》之前,本文當有别本傳世。因在喻政《茶書》作録之前,《茶録》的内容,也已見於屠本畯的《茗笈》。

　　萬國鼎《茶書總目提要》考訂《茶録》一卷,"成於萬曆中,大約在1595年前後"。其後,布目潮渢《中國茶書全集·解説》提出疑義,最早引用《茶録》的屠本畯《茗笈》既刊行於萬曆三十九年(1611),那麼,只能説"本書必爲此時以前之作品"。不過,萬國鼎的説法還是有所依據的,這就是顧大典在"引"中所説,他見到張源的《茶録》,是他"乞歸十載"之際。據《列朝詩集小傳》介紹,顧大典隆慶二年(1568)舉進士後,"授會稽教諭,遷處州推官。後以副使提學福建,因力拒請託,爲忌者所中,謫知禹州,自免歸"。即他是由福建提學副使被貶知禹州時,憤而弃官回鄉的。不難想見,顧大典提學福建最多兩三年,時間不會很長,關鍵是隆慶二年(1568)由會稽教諭升到提學副使,經歷了多少年?萬國鼎定爲十五六年,即在萬曆十三年(1585)左右,加上弃官十年,距他隆慶二年(1568)考中進士,已經二十五六年,約五十多歲。而如果按布目之説推測,顧大典要四十多歲才考取進士,由會稽教諭升到福建提學,經歷有三十年,至其爲《茶録》寫前引時,已差不多八十歲高齡。這不但與一般正常科舉和升遷情况不合,且其如此高壽時,也不可能在引中一點不反映。因此,關於本文的成書年代，我們認爲萬國鼎的推測更貼近事實。

　　另外，我們也同意萬國鼎對本書的評價，在所言"二十三則"的茶事内容中，"頗爲簡要"，也"反映出作者對於此道頗有心得和體會"，在明代茶書多半只輯不撰和相抄互襲的風氣下，本書"不是抄襲而成"，應該稱其還不失是一本難得的較有價值的好書。

　　本文以萬曆喻政《茶書》本作録，參照有關資料作校。布目潮渢《中國茶書全集・張伯淵茶録》，還附有歐陽修《茶録後序》一篇。這明顯是編者之誤。歐陽修豈能爲明代張源《茶録》寫後序？自然是爲蔡襄《茶録》所寫的後序。對於喻政原書的疏誤，於此予以更正説明，并删其後序不録。

引②

洞庭張樵海山人，志甘恬澹，性合幽棲，號稱隱君子。其隱於山谷間，無所事事，日習誦諸子百家言。每博覽之暇，汲泉煮茗，以自愉快。無間寒暑，歷三十年，疲精殫思，不究茶之指歸不已，故所著《茶録》，得茶中三昧。余乞歸十載，夙有茶癖，得君百千言，可謂纖悉具備。其知者以爲茶，不知者亦以爲茶。山人盍付之剞劂氏，即王濛、盧仝復起不能易也。

吴江顧大典¹題

採茶

採茶之候，貴及其時。太早則味不全，遲則神散，以穀雨前五日爲上，後五日次之，再五日又次之。茶芽紫者爲上，面皺者次之，團葉又次之，光面如篠葉者最下。徹③夜無雲，浥露採者爲上，日中採者次之，陰雨中不宜採。産谷中者爲上，竹下者次之，爛石中者又次之，黄砂中者又次之。

造茶

新採，揀去老葉及枝梗碎屑。鍋廣二尺四寸，將茶一斤半焙之，候鍋極熱始下茶。急炒，火不可緩。待熟方退火，徹入篩中，輕團那數遍，復下鍋中，漸漸減火，焙乾爲度。中有玄微，難以言顯。火候均停，色香全美，玄微未究，神味俱疲。

辨茶

茶之妙，在乎始造之精，藏之得法，泡之得宜。優劣定乎始鍋，清濁係乎末火。火烈香清，鍋寒神倦。火猛生焦，柴疏失翠。久延則過熟，早起^④卻還生。熟則犯黃，生則著黑。順那則甘，逆那則澀。帶白點²者無妨，絕焦點者最勝。

藏茶

造茶始乾，先盛舊盒中，外以紙封口。過三日，俟其性復，復以微火焙極乾，待冷，貯壜中。輕輕築實，以箬襯緊。將花筍箬及紙數重紮壜口，上以火煨磚冷定壓之，置茶育中。切勿臨風近火，臨風易冷，近火先黃。

火候

烹茶旨要，火候爲先。爐火通紅，茶瓢始上。扇起要輕疾，待有聲，稍稍重疾，斯文武之候也。過於文，則水性柔；柔則水爲茶降；過於武，則火性烈，烈則茶爲水制。皆不足於中和，非茶家要旨也。

湯辨

湯有三大辨、十五小辨：一曰形辨，二曰聲辨，三曰氣辨。形爲內辨，聲爲外辨，氣爲捷辨^⑤。如蝦眼、蟹眼、魚眼連珠，皆爲萌湯，直至湧沸如騰波鼓浪，水氣全消，方是純熟。如初聲、轉聲、振聲、驟聲^⑥，皆爲萌湯，直至無聲，方是純熟。如氣浮一縷、二縷、三四縷及縷亂不分，氤氳亂繞^⑦，皆爲萌湯，直至氣直沖貫，方是純熟。

湯用老嫩

蔡君謨湯用嫩而不用老，蓋因古人製茶，造則必碾，碾則必磨，磨則必羅，則茶爲飄塵飛粉矣。於是和劑，印作龍鳳團，則見湯而茶神便浮，此用嫩而不用老也。今時製茶，不假羅磨，全具元體，此湯須純熟，元神始發也。故曰湯須五沸，茶奏三奇。

泡法

探湯純熟便取起,先注少許壺中,祛蕩冷氣,傾出,然後投茶。茶多寡宜酌,不可過中失正。茶重則味苦香沉,水勝則色清氣寡。兩壺後,又用冷水蕩滌,使壺涼潔。不則減茶香矣。碻熟,則茶神不健,壺清,則水性常靈。稍俟茶水沖和,然後分釃布飲。釃不宜早,飲不宜遲。早則茶神未發,遲則妙馥先消。

投茶

投茶有序,毋失其宜。先茶後湯,曰下投;湯半下茶,復以湯滿,曰中投;先湯後茶,曰上投。春、秋中投,夏上投,冬下投。

飲茶

飲茶以客少爲貴,客衆則喧,喧則雅趣乏矣。獨啜曰神⑧,二客曰勝,三四曰趣,五六曰泛,七八曰施。

香

茶有真香,有蘭香,有清香,有純香。表裏如一曰純香,不生不熟曰清香,火候均停曰蘭香,雨前神具曰真香。更有含香、漏香、浮香、問香,此皆不正之氣。

色

茶以青翠爲勝,濤以藍白爲佳,黃黑紅昏俱不入品。雪濤爲上,翠濤爲中,黃濤爲下。新泉活火,煮茗玄工,玉茗冰濤,當杯絕技。

味

味以甘潤爲上,苦澀爲下。

點染失真

茶自有真香,有真色,有真味。一經點染,便失其真。如水中著鹹,茶中著料，碗中著果，皆失真也。

茶變不可用

茶始造則青翠，收藏不法，一變至綠，再變至黃，三變至黑，四變至白。食之則寒胃，甚至瘠氣成積。

品泉

茶者水之神，水者茶之體。非真水莫顯其神，非精茶曷窺其體。山頂泉清而輕，山下泉清而重，石中泉清而甘，砂中泉清而洌，土中泉淡⑨而白。流於黃石爲佳，瀉出青石無用。流動者愈於安靜，負陰者勝於向陽。真源無味，真水無香。

井水不宜茶

《茶經》云：山水上，江水次，井水最下矣。第一方不近江，山卒無泉水。惟當多積梅雨，其味甘和，乃長養萬物之水。雪水雖清，性感重陰，寒人脾胃，不宜多積。

貯水

貯水甕，須置陰庭中，覆以紗帛，使承星露之氣，則英靈不散，神氣常存。假令壓以木石，封以紙箬，曝於日下，則外耗其神，內閉其氣，水神敝矣。飲茶，惟貴乎茶鮮水靈。茶失其鮮，水失其靈，則與溝渠水何異。

茶具

桑苧翁煮茶用銀瓢，謂過於奢侈。後用磁器，又不能持久，卒歸於銀。愚意銀者宜貯朱樓華屋，若山齋茅舍，惟用錫瓢，亦無損於香、色、味也。但銅鐵忌之。

茶盞

盞以雪白者爲上，藍白者不損茶色，次之⑩。

拭盞布

飲茶前後,俱用細麻布拭盞,其他易穢,不宜用。

分茶盒

以錫爲之。從大罈中分用,用盡再取。

茶道

造時精,藏時燥,泡時潔;精、燥、潔,茶道盡矣。

注　釋

1　顧大典:字道行,號衡寓,蘇州吳江人。隆慶二年(1568)進士,授會稽教諭,遷處州推官,後升福建提學副使。因力拒請托,爲忌者所中,謫知禹州,辭歸。家有諧賞園、清音閣等亭池佳勝。工書畫,知音律,好爲傳奇。書法清真,畫山水可入逸品。有《清音閣集》《海岱吟》《閩游草》《園居稿》《青衫記傳奇》等。

2　白點:《中國古代茶葉全書》于良子注稱,茶葉煞青時,"因高溫灼燙而產生的白色痕跡,如過度則成焦斑"。

校　記

① 明張源撰:喻政《茶書》本作"明包山張源伯淵著"。

② 引:喻政《茶書》本作"茶録引"。

③ 徹:喻政《茶書》本作"撤",本文從現在用字改。

④ 早起:早,以及上面的鍋、猛,《茗笈·揆制章》及陸廷燦《續茶經》引文作"速""鐺""烈"。

⑤ 氣爲捷辨:《續茶經·茶之煮》作"捷爲氣辨"。

⑥ 驟聲:《續茶經·茶之煮》作"駭聲"。

⑦　亂繞:《續茶經・茶之煮》作"繚繞"。

⑧　神:《茗笈・防濫章》《續茶經・茶之飲》作"幽"。

⑨　淡:《茗笈・品泉章》《續茶經》作"清"。

⑩　盞以雪白者爲上,藍白者不損茶色,次之:《茗笈・辨器章》《續茶經・茶之器》作"茶甌以白瓷爲上,藍者次之"。

茶集

◇明 胡文焕 輯

胡文焕,字德甫,號全菴或全菴道人,一號抱琴居士,錢塘人。他是萬曆年間知名的文士兼書賈,以嗜茶、善琴、愛書聞名於時。他編撰出版的書籍很多,專門構築了文會堂來藏書、刻書,還開設書肆,經營圖書生意。他校梓過《百家名書》《格致叢書》《專養叢書》和《胡氏叢編》等叢書,還刊刻了自己編撰的《文會堂琴譜》《古器總論》《名物潔言》等數十種書刊。

胡文焕《茶集》,可能是面向市場的射利之作,原收入《百家名書》之中,但目前國內所存《百家名書》已散佚此帙。北京大學圖書館善本藏書,却有單本列目,極可能是《百家名書》中散佚的卷帙。胡文焕在序中指出:"余既梓《茶經》《茶譜》《茶具圖贊》諸書,兹復於啜茶之餘,凡古今名士之記、賦、歌、詩有涉於茶者,拔其尤而集之,印命曰《茶集》。"表明他先已輯印部分茶書,此爲續輯。此輯所收,多自明嘉靖、萬曆前期《茶經水辨》《茶經外集》《茶譜外集》轉抄,并非精審的輯本。

本集抄錄成稿的時間,據胡文焕自序,爲"萬曆癸巳(二十一年,1593)初伏日(夏至後第三個庚日)"。本書據北京大學圖書館藏本錄校,其重複於前收茶書者,僅列其目。

《茶集》序

茶,至清至美物也,世不皆味之,而食煙火者,又不足以語此。此茶視爲泛常,不幸固矣。若玉川其人,能幾何哉?余愧未能絶煙火,且愧非玉川倫,然而味茶成癖,殆有過於七碗焉。以故,虎丘、龍井、天池、羅岕、六安、武夷,靡不採而收之,以供焚香揮塵時用也。醫家論茶性寒,能傷人脾,獨予有諸疾,則必藉茶爲藥石,每深得其功效。噫!非緣之有自,而何契之若是耶。

　余既梓《茶經》《茶譜》《茶具圖贊》諸書,兹復於啜茶之餘,凡古今名士之記、賦、歌、詩有涉於茶者,拔其尤而集之,印命名曰《茶集》。固將表茶之清美,而酬其功效於萬一,亦將裨清高之士,置一册於案頭,聊足爲解渴祛塵之一助云耳。倘必欲以是書化之食煙火者,是蓋鼓瑟於齊王之門,奚取哉? 付之覆瓿障牖可也。

萬曆癸巳初伏日錢唐全菴道人胡文焕序

新刻《茶集》目録

茶中雜詠序　皮日休[2]

煎茶水記　張又新[3]

大明水記　歐陽修[4]

浮槎山水記[5]

六安州茶居士傳　徐巖泉

居士茶姓,族氏衆多,枝葉繁衍遍天下。其在六安一枝最著,爲大宗,陽羨、羅岕、武夷、匡廬之類，皆小宗。若蒙山，又其別枝也。巖泉徐子爌者，味古今士也。嘉靖中，以使事至六安，欲過居士訪之。偶讀書，宵分倦隱几，夢神人告曰："先生含英咀華，余侍有年矣。昔者陸先生不鄙世族，爲作譜及雜引爲經。每枉士大夫，余輒出其文章表見之。陸先生名愈長，余亦與有揚之之力焉。先生其肯傳我乎？余當以揚陸先生者揚先生。"徐子忽寤，睜目視之，無所見。適童子盥雙手，捧茶至，乃知所夢者，即茶居士之先也，遂作傳。

按：茶氏苗裔最遠。洪濛初，上帝憫庶類非所，開形、性二局，各有司存焉。茶氏列木品，凡木材，大者千尋，其最小，須十尺。又與之性，爲清、爲香、爲甘。茶氏喜曰：庶矣，庶矣！未也，吾性叩當益我。乃伏闕訴曰："臣荷恩重，願世授首報，然爲子若孫計，請乞藩封。"上帝怒曰："小臣多欲，罪當誅。"時帝方好生，不即誅，下二局議。司形者曰："罪當貶其處深巖幽谷，其材二尺許。"性者曰："與之苦。"疏請上裁，詔可之。茶氏伏罪而出，於是其處、其材，世守之，歷數百年，皆山澤叟也，無顯者。

三代以下，國制漸備，間有識者，然遇山人，輒仇仇不適，類戕賊焉。其少者最苦之，長者曰："吾以旗鎗衛若。"山人聞之怒，深春率女士噪呼菁莽中，大擄之，俘斬無筭，並旗鎗騫奪焉。有死者相枕籍者，偃者，仆者，有子立者，有傾且倚者，有髡者，茶氏愈出首愈敗。然偵之，則間諜挑釁多吳中人，乃謀諸老者曰："吾聞吳，強國也。昔齊景公泣涕女女矣。吾如景公何？春秋求成之義盍修？"諸衆皆曰："然。"於是長者自啣縛，就山人俯伏曰："吾不敵矣，君特爲吳人獻我耳。勿信，君衛吾，吾當令吳人歲歲貢金幣。"山人曰："有是哉，有是哉。"於是徒其衆，咸就山人，山人始爲通好。然亦無甚顯者。

嗣後，有楚狂裔孫陸羽先生者，博物洽聞。聞茶氏名，就山中訪之。登其堂，直入其室，寂無纖塵，躊躇四顧，北窗間僅石榻一，設山水畫一幅，蒲團數枚，香一爐，棋一枰，古琴一張。案上有《周易》、《羲皇》、《墳典》、古詩書若干卷。茶氏不出，戒諸子曰："先生識者，若等次第往見之，以月日爲序，少者最尾。"先生擊筑而歌乃出迎。披蒙茸裘，衣朴古之衣，或蒼蘚跡尚存。蓋茶氏山中習云。乃延先生坐，先生問弟子，弟子以次第見之。獨少女，誕穀雨前，故名雨前，最嬌不出。先生不知，每一見者，咸嘖嘖歎賞爲品題，深有味乎其言也。時茶氏以獨居不成味，無以款先生，出而呼其相狎友數十輩，共聚一室焉，願各獻其能，共成大美悦先生。有第一泉氏、第二泉氏、第三泉氏，有筐氏、籠氏、瓦壺氏、爐氏、火氏、盂氏、箾氏、其果氏、匙氏，列階下，聽先生召始往，不召，不敢往。於時，先生張口舌，傾腸腹，締交茶氏，咸慶知己。即命雨前出行酒。先生一見，大異之，謂曰："此子標格氣味不凡，仙品也，他日當近王者，大貴，第寶藏之，勿輕以許人。然造物忌盈，汝子姓當世世顯榮，發在少年，汝長老宜讓之。當澹泊隨時，高下不問類，可保長貴。若雨前，勿輕許人。"茶氏曰："諾。"命雨前入，遂入。乃呼端溪氏、玄圭氏、楮氏、中山氏咸就見。中山氏免冠，曰："願乞先生言，用旌主人。"先生命盂氏來，連啜之，一揮而就，《譜》成《經》亦成。茶氏再拜曰："吾得此，後世當有顯者，先生賜遠矣。"遂別去。今茶氏之《譜》與其《經》，大散見文章家，茶氏名益重。

　　茶氏世好修潔，與文人騷客、高僧隱逸輩最親昵。有毒侮於酒正者，輒入底裏勸之，酒正盡退舍，不敢角立。又能破人悶，好吟詠。吟詠者援之共席，神氣灑灑，腸不枯，驚人句迭出焉。故茶氏風韻絶俗，不與凡品等，特頗遠市井。或召之，老者亦往，士人由此益重茶氏，凡延上賓，修婚禮，必邀茶氏與焉。山人者流，知士人重咸重。由是益廣其資生，爲之去濕就燥，護侵伐，防觸抵，千百爲計，雖烈日積雪，大風雨，山人視之益篤。然所居率無垣牆之制，上帝不賜藩封也。吴中人知之，更爲餌山人，山人不從，果貢金帛，歲歲如初言。山人遂德之，與茶氏通，世世好不絶。

　　一日，有乘高軒者過其門，詠老杜炙背採芹之句，茶氏聞之驚曰："得無知我雨前哉？"不數日，果有疏雨前名上者。上走中使，持璽書，命有司齎黄金色幣聘往。金色幣者，上御赭袍，示親寵也。有司如命捧帛聘。茶氏不得已，命雨前拜賜。有司促上馬，雨前上馬，盛陳仙樂，設旗幟，擇良使從之，計偕以上。雨前馬上歌曰："妾本山中質、山中身，毋辭毋分多苦辛。黄金爲幣兮色鱗鱗；今日清林，明朝紫宸⑤，何以報君王恩。"又歌曰："金幣纏頭兮百花帶，鼓耽耽，旐旗旗，苦居中，香在外。紅塵百騎荔枝來，太真太真兮今安在。"一時聞者，皆泣下。至京師，直排帝閣，入時上御便殿。雨前叩首曰："臣所謂苦盡甘來者，蒙恩及草茅，願赴湯火。"上憐之，以手援之至就口焉。上厚賞賜使者。遂封爲龍團夫人,命納諸後宮。宮中一后、三嬪、六妃、九貴人、十二夫人,一時見者,皆大悦,即延上座,寵冠掖庭。雨前性恬淡不驕,雖羣娥,亦狎且就之。自后妃以下,無少長,少頃不見輒索。其隆眷若此,然雨前不能自行,往必藉相託,乞恩於上。上命玉容貴人與之俱。玉容者,其量有容,故以容名。玉容謝曰:“臣今得所矣!昔上命黄封力士入宫禁,力士性傲而氣雄,且粗豪,慣恃上恩,至有擠臣傾仆。時者臣嘗苦之不自禁,懼無以完晚節。臣今得所矣。”雨前亦以玉容同出身山家,甚宜之。上謂雨前曰:“吾欲汝世世受國恩,汝有家法否?”雨前曰:“臣微賤,無家法。臣侍奉中國,不通外夷,然族有善醫者,西番人多重賂之,君王幸爲保全,使世守清苦之節,以免赤族。當關須鐵面。”上曰:“然。”以雨前請,著爲令,至今西羌之域,尚有巡茶憲使云。茶氏由此,世通藉王家,益顯且遠矣。

　　贊曰:草木之生,皆得天地之精之先也,五穀尚矣。然華者多不足於目,實者多不足於口,類皆可得於見聞,而下通於樵夫、牧豎,不爲貴。神仙家以松柏、芝苓,服之可長生,吾又未聞見其術,借有之,其功用亦弗廣,皆不足貴也。若茶氏者,樵夫、牧豎所共知,而知之者,鮮能達其精。其精通於神仙家,而功用之廣則過之,且世寵於王者,而器之不少衰焉。吁,最貴哉,最貴哉!

茶賦　吳淑　（夫其滌煩療渴）

煎茶賦　黄魯直　（洶洶乎如澗松之發清吹）

六羡歌　陸羽　（不羡白玉罍）

茶歌　盧仝　（日高丈五睡正濃）

茶歌　胡文焕

醉翁朝起不成立,東風無情吹鬢急。小舟撐向錫山來,野鷺閒鷗相對集。呼童旋把二泉汲，瓦瓶津津雪氣濕。自從分得虎丘芽，到此燃松自煎喫。莫言七碗喫不得，長鯨猶將百川吸。我今安知非盧仝，祇恐盧仝未相及。豈但自解宿酒醒，要使蒼生盡蘇息。君莫學前丁後蔡相鬥貢，忘卻蒼生無米粒。

煎茶歌　蘇子瞻　（蟹眼已過魚眼生）

試茶歌　劉禹錫　（山僧後簷茶數叢）

鬥茶歌　范希文　（年年春自東南來）

送羽赴越　皇甫冉　（行隨新樹深）

茶壠　（造化曾無私）

採茶　（春衫逐紅旗）

造茶　蔡君謨　（屑玉寸陰間）

試茶　蔡君謨　（兔毫紫甌新）

送羽採茶　（千峯待逋客）

尋陸羽不遇　僧皎然　（移家雖帶郭）

西塔院　裴拾遺　（竟陵文學泉）

茶瓶湯候
砌蟲唧唧萬蟬催，忽有千車捆載來。聽得松風並澗水，急呼縹色綠瓷杯。

又　羅大經

松風檜雨到來初,急引銅瓶離竹爐。待得聲聞俱寂後,一甌春雪勝醍醐。

煎茶

分得春茶穀雨前。白雲裏裏且鮮妍。瓦瓶旋汲三泉水,紗帽籠頭手自煎。

觀陸羽茶井　王禹偁　（甃石封苔百尺深）

茶碾烹煎　黃魯直　（風爐小鼎不須催）

雜詠　徐巖泉

聞寂空堂坐此身,山家初獻滿筐春。爐邊細細吹煙火,莫使翩躚鶴避人。

採採新芽開細工,筐頭朝露尚蒙戎。問渠何處山泉活,花底殘枝日正中。

高枕殘書小石床,偶來新味競芬芳。盈盈七碗渾閒事,直入窮搜最苦腸。

梅花落盡野花攢,怪底春工儘放寬。嫩舌茸茸起香處,逼人風味又成團。

新爐活火謾烹煎,更是江心第一泉。鶴夢未醒香未爐,黃庭纔罷問先天。

茶經　徐巖泉

仙人已去遺言在,千古風流一卷收。靜凡有香誰是伴,人人爭說六安州。

惠山泉　黃魯直　（錫谷寒泉瀹石俱）

雙井茶　黄魯直

人間風日不到處……落磑紛紛雪〔不如。爲公喚起黄州夢，獨載扁舟向五湖〕⁶

<del>□□□</del>　黄魯直⑥

唐毋景茶飲序

葉清臣述煮茶泉品

注　釋

1　毋景：或作“毋炯”“毋煚”，《大唐新語》作“綦毋旻”。
2　此處删節，見唐代陸羽《茶經》。
3　此處删節，見唐代張又新《煎茶水記》。
4　此處删節，見宋代歐陽修《大明水記》。
5　此處删節，見宋代歐陽修《大明水記》。
6　此處删節，見明代孫大綬《茶譜外集·雙井茶》。此詩録至“落磑紛紛雪”即止，缺“不如。爲公喚起黄州夢，獨載扁舟向五湖”等文字。後面“唐毋景茶飲序”及“葉清臣述煮茶泉品”，底本未完有缺，目次依目録補。

校　記

①　雙井茶：底本作“雙茶井”，徑改。下同，不出校。
②　本文本版本不到尾。本目以下，不僅目録不全，文亦全闕，本文實際僅殘存至上詩黄庭堅《雙井茶》止。
③　此僅署作者名，闕詩文題。因爲本目以下至“唐毋景茶飲序”“葉清臣

述煮茶泉”最後兩目録間,另有三行空行。此三行所缺題目,據《中國
古籍善本書目》(叢書)胡文焕《百家名書》所載《茶集》介紹,胡文焕
《茶集》除正文一卷外,還有“附説四篇一卷”;所空三行,正是“附記”
和“唐毋景茶飲序”之前另兩篇所失茶記的題名。我們上説該條黄庭
堅失名之詩,亦爲本文正文最後一則内容,即這樣推定。

④   述煮茶泉品：品,原稿無,據葉清臣原文補。

⑤   今日清林,明朝紫宸：喻政《茶集》等作“今日清明兮朝紫宸”。

⑥   此黄魯直佚名詩,係底本正文最後一首詩,但缺内文,無從校正。

茶經

◇明　張謙德　撰

　　張謙德(1577—1643)，字叔益，後改名"丑"，字青甫，一作青父，號米庵，又號籧覺生，明蘇州府嘉定(一説昆山)人，隨家徙居蘇州長洲縣。少習舉子業，不第，遂潜心古文，二十年杜門不出，博覽子史，考訂《史記》諸家之注。謙德一生，不僅愛讀書，也好收藏古籍書法名畫，是當時一位頗有名聲的藏書家、收藏家，自號"米庵"，就是收藏有米芾墨迹的緣故。作《清河書畫舫》十二卷表一卷、《名山藏》二百卷、《真跡日録》、《山房四友譜》、《書法名畫聞見録》等。

　　本書是明代的一部重要茶書，雖以輯集前人著述爲主，但如張謙德在前言所説，因他感到古今茶書，其中有些内容如烹試方法，與近世已不能盡合，所以"乃於暇日，折衷諸書，附益新意，勒成三篇"。所謂"折衷諸書"，就是對過去的各種茶書，作一次全面系統的梳理，斷取其内核，然後"附益新意"，也即闡述自己的體會和看法。

　　本文撰刊時間，張謙德前言題作"萬曆丙申"，也即萬曆三十四年(1596)。至其作者，有版本作"張謙德"，也有作"張丑"。《四庫全書總目提要》雜家類存目十一有《張氏藏書》四卷，説是"明張應文撰，凡十種：曰《簞瓢樂》、曰《老圃一得》……曰《茶經》、曰《瓶花譜》"。以爲《茶經》也是張謙德的父親張應文撰。萬國鼎《茶書總目提要》根據自序所題名及諸書目所署，認爲《茶經》的作者"應當是張謙德"。

　　經查南京和湖南現存兩部萬曆《張氏藏書》刻本，以及蘇州、吳縣、長洲、昆山和嘉定各方志，可以確定，本文爲張謙德撰著。其父張應文，字茂實，號彝甫，又號被褐先生。博綜古今，與王世貞友善，自嘉定遷居蘇州後，搜討古今法書名畫，晚年在張謙德的具體操作下，刻有《清秘藏張氏藏書》一部。其中的《茶經》，萬曆刻本署有"被褐先生授第三男張謙德述"的字樣，恐未爲《四庫提要》撰者所留意。而《張氏藏書》所收十餘種，張應文和張丑的著作差不多也是各占一半。以南京圖書館所藏的現存十一種的《張氏藏書》爲例，屬於張應文所撰的共《篿瓢樂》《老圃一得》《羅鐘齋蘭譜》《彝齋藝菊》和《清供品》五種，屬於張謙德所寫的，有《山房四友譜》《茶經》《瓶花譜》《硃砂魚譜》四種。此外兩種，《焚香略》爲張應文口授、張丑筆録，《清閟藏》爲張應文授、張丑述。

本文主要版本有明張丑編萬曆丙申刻本、清丁丙跋明鈔本，以及民國《美術叢書》本、國立北京大學中國民俗學會《民俗叢書・茶專號》本等。本書以明張丑編萬曆丙申刻本爲底本，以其他各本作校。

古今論茶事者，無慮數十家，要皆大閣小明，近鄶遠泥。若鴻漸之《經》，君謨之《録》，可謂盡善盡美矣。第其時，法用熟碾細羅，爲丸爲挺。今世不爾，故烹試之法，不能盡與時合。乃於暇日，折衷諸書，附益新意，勒成三篇，僭名《茶經》，授諸棐而就正博雅之士。

萬曆丙申春孟哉生魄日[1]，蘧覺生張謙德言

上篇論茶

茶産

茶之産於天下多矣，若姑胥之虎丘、天池，常之陽羨，湖州之顧渚紫筍，峽州之碧澗明月，南劍之蒙頂石花①，建州之北苑②先春龍焙，洪州之西山白露、鶴嶺，穆州之鳩坑，東川之獸目，綿州之松嶺，福州之柏巖，雅州之露芽，南康之雲居，婺州之舉巖碧乳，宣城之陽坡横紋，饒池之仙芝、福合、禄合、蓮合③、慶合，壽州之霍山黄芽，邛州之火井④思安，安渠江之薄片，巴東之真香，蜀州之雀舌、鳥嘴、片甲、蟬翼，潭州之獨行靈草⑤，彭州之仙崖石倉⑥，臨江之玉津，袁州之金片、緑英，龍安之騎火，涪州之賓化，黔陽之都濡高枝，瀘州之納溪梅嶺，建安之青鳳髓、石巖白⑦，岳州之黄翎毛、金膏冷之數者，其名皆著。品第之，則虎丘最上，陽羨真岕、蒙頂石花次之，又其次，則姑胥天池、顧渚紫筍、碧澗明月之類是也。餘惜不可考耳。

採茶

凡茶，須在穀雨前採者爲佳。其日有雨不採，晴有雲不採，晴採矣。又必晨起承日未出時摘之。若日高露晞，爲陽所薄，則芽之膏腴立耗於內，後日受水亦不鮮明，故以早爲貴。又採芽，必以甲不以指，以甲則速斷不柔，以指則多溫易損。須擇之必精，濯之必潔，蒸之必香，火之必皂，方氣味俱佳。一失其度，便爲茶病。茶貴早，尤貴味全。故品茶者，有一槍二旗之號，言一芽二葉也。採摘者，亦須識得。

造茶

唐宋時，茶皆碾羅爲丸爲錠。南唐有研膏，有蠟面，又其佳者曰京鋌。宋初有龍鳳模，號石乳、的乳、白乳，而蠟面始下矣。丁晉公進龍鳳團，蔡君謨進小龍團，而石乳等下矣。神宗時復造密雲龍，哲宗改爲瑞雲翔龍，則益精，而小龍團下矣。徽宗品茶以白茶第一，又製三色細芽，而瑞雲翔龍下矣。已上茶雖碾羅愈精巧，其天趣皆不全。至宣和庚子，漕臣鄭可聞[8]，始創爲銀絲冰芽，蓋將已熟茶芽再剔去，祇取心壹縷，用清泉漬之，光瑩如銀絲，方寸新胯，小龍腕蜓其上，號龍團勝雪。去龍腦諸香，極稱簡便，而天趣悉備，永爲不更之法矣。

茶色

茶色貴白，青白爲上，黃白次之。青白者，受水鮮明；黃白者，受水昏重故耳。徐眠[2]其面色鮮白，著盞無水痕者爲嘉絶。緣鬥試家以水痕先者爲負，耐久者爲勝。故較勝負之説，曰相去壹水兩水。

茶香

茶有真香，好事者入以龍腦諸香，欲助其香，反奪其真，正當不用。

茶味

茶味主於甘滑，然欲發其味，必資乎水。蓋水泉不甘，損茶真味，前世之論水品者，以此。甘滑，謂輕而不滯也。

別茶

善別茶者,正如相工之視人氣色,隱然察之於內焉。若嚼味嗅香,非別也。

茶效

人飲真茶,能止渴消食,除痰少睡,利水道,明目益思,除煩去膩。夫人不可一日無者,所以收焙烹點之法,詳載於後。

中篇論烹

擇水

烹茶擇水,最爲切要。唐陸鴻漸品水云:山水上,江水中,井水下。山水乳泉石池慢流者上,瀑湧湍漱勿食之,久食令人有頸疾。江水取去人遠者,井水取汲多者[3]。其言雖簡,而於論水盡矣。吾家又新著《煎茶水記》,專一品水,其論比鴻漸精,而加詳第。余不得一一試之,以驗其說。據已嘗者言之,定以惠山寺石泉爲第一,梅天雨水次之。南零水難真者,真者可與惠山等。吳淞江水、虎丘寺石泉,凡水耳,雖然,或可用。不可用者,井水也。

候湯

蔡君謨云:烹試之法,候湯最難,故茶須緩火炙,活火煎,活火謂炭火之有燄者。當使湯無妄沸,庶可養茶。始則魚目散佈,微微有聲;既則四邊泉湧,纍纍連珠;終則騰波鼓浪,水氣全消,謂之老湯。三沸之法,非活火不能成也。

點茶

茶少湯多則雲腳散;湯少茶多則乳面聚。

用炭

茶宜炭火,茶寮中當別貯净炭聽用。其曾經燔炙爲膻膩所及者,不用之。唐陸羽《茶經》曰：膏薪庖炭，非火也。

洗茶

凡烹蒸熟茶，先以熱湯洗一兩次，去其塵垢冷氣，而烹之則美。

熁盞

凡欲點茶，先須熁盞令熱，則雲腳方聚。冷則茶色不浮。

滌器

一切茶器，每日必時時洗滌始善，若膻鼎腥甌，非器也。

藏茶

茶宜箬葉而畏香藥，喜溫燥而忌濕冷，故收藏之家，以箬葉封裹入焙中，兩三日壹次用火，常如人體溫，溫則禦濕潤。若火多，則茶焦不可食。

炙茶

茶或經年，則香、味、色俱陳，宜以武火炙一次，須時時看之，勿令其焦，以透爲度。又當年新茶，過霉天陰雨，亦可用此法。

茶助

茶之真而粗者，價廉易辦，只乏甘香耳。每壺加甘菊花三五朵，便甘香悉備。更能以缸器蓄天雨水，則惠山即在目前矣。

茶忌

茶有真香，有佳味，有正色。烹點之際，不宜以珍果、香草雜之。

下篇論器

茶焙

茶焙，編竹爲之，裹以箬葉。蓋其上，以收火也；隔其中，以有容也；納火其下,去茶尺許,常温温然,所以養茶色、香、味也。

茶籠

茶不入焙者,宜密封裹以箬籠盛之,置高處,不近溼氣。

湯瓶

瓶要小者,易候湯,又點茶注湯有準。瓷器爲上,好事家以金銀爲之。銅錫生鉎,不入用。

茶壺

茶性狹,壺過大,則香不聚,容一兩升足矣。官、哥、宣、定爲上,黃金、白銀次,銅錫者,鬥試家自不用。

茶盞

蔡君謨《茶録》云：茶色白[9],宜建安所造者,紺黑紋如兔毫,其坯微厚,熁之久熱難冷,最爲要用。出他處者,或薄,或色紫,皆不及也。其青白盞,鬥試家自不用。此語就彼時言耳,今烹點之法,與君謨不同。取色莫如宣定,取久熱難冷,莫如官哥,向之建安黑盞,收一兩枚以備一種略可。

紙囊

紙囊,用剡溪藤紙白厚者夾縫之,以貯所炙茶,使不洩其香也。

茶洗

茶洗,以銀爲之,製如碗式,而底穿數孔,用洗茶葉,凡沙垢皆從孔中流出,亦烹試家不可缺者。

茶瓶

瓶或杭州或宜興所出,寬大而厚實者,貯芽茶,乃久久如新而不減香氣。

茶爐

茶爐用銅鑄,如古鼎形,四周飾以獸面饕餮紋,置茶寮中,乃不俗。

注　釋

1　哉生魄日：哉生魄,指陰曆每月十六日,所謂"月魄始生"。《書經·康誥》："惟三月,哉生魄。"孔安國："月十六日,明消而魄生。"

2　眂：視。

3　此説陸羽"品水",録自《茶經·五之煮》。

校　記

① 南劍之蒙頂石花：南劍,當爲"劍南"之誤。蒙頂舊屬劍南道。

② 北苑：苑,各本均作"院",逕改。

③ 蓮合：《民俗叢書·茶專號》(簡稱民俗叢書本)、民國《美術叢書》(簡稱美術叢書本)作"連"。

④ 火井：火,民俗叢書本、美術叢書本作"大"。

⑤ 靈草：草,底本、清丁丙跋明鈔本作"䒷",疑"草"之訛,民俗叢書本、美術叢書本作"草",據改。

⑥ 石倉：倉,底本作"蒼",從清丁丙跋明鈔本和民國諸本作"倉"。

⑦ 石岩白：白,底本、清丁丙跋明鈔本作"曰",逕改。

⑧ 漕臣鄭可聞：聞,底本、清丁丙跋明鈔本、民俗叢書本作"聳",《敦煌俗字譜》："同聞。"鄭可聞,有的書如《福建通志》作"簡",但有的書如《潛確類書》作"聞",《説郛》作"問",未及進一步細考確定。

⑨ 茶色白：蔡襄《茶録》於文還有"宜黑盞"三字。

茶疏

◇明　許次紓　撰

　　許次紓（約 1549—1604），字然明，號南華，浙江錢塘（今杭州）人。屬鶚《東城雜記》説次紓"跛而能文，好蓄奇石，好品泉，又好客，性不善飲"，唯獨没有提到次紓嗜茶。對於茶，恰如吴興姚紹憲在《茶疏序》中所説，許次紓嗜之成癖。姚氏在長興顧渚明月峽闢一小茶園，每年茶期，他都要從杭州前去"探討品騭"。杭州和吴興相隔數百里，由此可知他對茶的愛好之深。其著作除《茶疏》外，據説還有《小品室》《蕩櫛齋》二集。

　　許次紓"存日著述甚富"，但如《東城雜記》記載，至屬鶚時（康熙後期至乾隆初年），大部分"失傳"，唯"得其所著《茶疏》一卷"。這一點，很像歐陽修在《集古録跋尾》談到陸羽的情况："考其傳，著書頗多……豈止《茶經》而已哉，然其他書皆不傳。"後人有説陸羽他書所以不傳，"蓋爲茶所掩耳"。放在許次紓身上，或也不無道理。在明代後期輯集類茶書風行的時候，許次紓弃易就難，以總結整理茶事實踐經驗、茶理和秘訣爲要旨，自然受到社會的更加重視和關愛，何况《茶疏》反映的實踐經驗，還吸收了當時江浙一帶特别是姚紹憲等一批精於茶事者的寶貴經驗在内。

　　《茶疏》又名《許然明茶疏》《然明茶疏》。本文的寫作年代，據許世奇引言，"丙甲（申）年，余與然明遊龍泓……嗣此經年，然明以所著《茶疏》視余"，萬國鼎定在萬曆二十五年（1597，丙申年是萬曆二十五年）。現在流傳的版本較多，除萬曆丁未許世奇刻本外，還有明刻陳繼儒《亦政堂普秘笈》一集[1]、喻政《茶書》本、徐中行重訂《欣賞編》本、屠本畯《山林經濟籍》本、王道焜《雪堂韻史》竹嶼本、馮可賓《廣百川學海》本、《錦囊小史》本以及《説郛續》本等明本，清以後的版本更多，不再列舉。此次整理，以喻政《茶書》本爲底本，以明《錦囊小史》本、王道焜《雪堂韻史》竹嶼本、馮可賓《廣百川學海》本、《説郭續》[2]本等作校。

序

陸羽品茶,以吾鄉顧渚所産爲冠,而明月峽尤其所最佳者也。余闢小園其中,歲取茶租自判,童而白首,始得臻其玄詣。武林許然明,余石交也,亦有嗜茶之癖,每茶期,必命駕造余齋頭,汲金沙、玉寶二泉,細啜而探討品騭之。余罄生平習試自秘之訣,悉以相授,故然明得茶理最精,歸而著《茶疏》一帙,余未之知也。然明化三年所矣,余每持茗碗,不能無期牙之感[3]。丁未春,許才甫攜然明《茶疏》見示,且徵於夢。然明存日著述甚富,獨以清事託之故人,豈其神情所注,亦欲自附於《茶經》不朽與? 昔鞏民陶瓷肖鴻漸像,沽茗者必祀而沃之,余亦欲貌然明於篇端,俾讀其書者,並挹其丰神可也。

萬曆丁未春日吳興友弟姚紹憲識於明月峽中

〔小引〕①

吾邑許然明,擅聲詞場舊矣。丙申之歲②,余與然明遊龍泓,假宿僧舍者浹旬。日品茶嘗水,抵掌道古。僧人以春茗相佐,竹爐沸聲,時與空山松濤響答,致足樂也。然明喟然曰,阮嗣宗[4]以步兵廚貯酒三百斛,求爲步兵校尉,余當削髮爲龍泓僧人矣。嗣此經年,然明以所著《茶疏》視余,余讀一過,香生齒頰,宛然龍泓品茶嘗水之致也。余謂然明曰:"鴻漸《茶經》,寥寥千古,此流堪爲鴻漸益友。吾文詞則在漢魏間,鴻漸當北面矣。"然明曰:"聊以志吾嗜痂之癖,寧欲爲鴻漸功匠也。"越十年,而然明修文地下,余慨其著述零落,不勝人琴亡俱[5]之感。一夕夢然明謂余曰:"欲以《茶疏》災木[6],業以累子。"余遂然覺而思龍泓品茶嘗水時,遂絶千古,山陽在念,淚淫淫濕枕席也。夫然明著述富矣,《茶疏》其九鼎一臠耳,何獨以此見夢,豈然明生平所癖,精爽成厲,又以余爲臭味也,遂從九京相託耶? 因授剞劂以謝然明。其所撰有《小品室》《蕩櫛齋》集,友人若貞父諸君方謀鋟之。

丁未夏日社弟許世奇才甫撰

目録

産茶

天下名山,必産靈草。江南地暖,故獨宜茶,大江以北,則稱六安。然六安乃其郡名,其實産霍山縣之大蜀山也。茶生最多,名品亦振,河南、山、陝人皆用之。南方謂其能消垢膩、去積滯,亦共寶愛。顧彼山中不善製造,就於食鐺[7]大薪炒焙,未及出釜,業已焦枯,詎堪用哉?兼以竹造巨筍,乘熱便貯,雖有綠枝紫筍,輒就萎黃,僅供下食,奚堪品鬭。

江南之茶,唐人首稱陽羨,宋人最重建州,於今貢茶,兩地獨多。陽羨僅有其名,建茶亦非最上,惟有武夷雨前最勝。近日所尚者,爲長興之羅岕,疑即古人顧渚紫筍也。介於山中,謂之岕,羅氏隱焉,故名羅。然岕故有數處,今惟洞山最佳。姚伯道云:明月之峽[8],厥有佳茗,是名上乘。要之,採之以時,製之盡法,無不佳者。其韻致清遠,滋味甘香,清肺除煩,足稱仙品,此自一種也。若在顧渚,亦有佳者,人但以水口[9]茶名之,全與岕別矣。若歙之松蘿、吳之虎丘、錢塘之龍井,香氣穠郁,並可雁行,與岕顡頏④。往郭次甫[10]亟稱黃山,黃山亦在歙中,然去松蘿遠甚。往時士人皆貴天池,天池産者,飲之略多,令人脹滿,自余始下其品,向多非之,近來賞音者始信余言矣。浙之産，又曰天台之雁宕⑤，括蒼⑥之大盤、東陽之金華、紹興之日鑄，皆與武夷相爲伯仲。然雖有名茶，當曉藏製。製造不精，收藏無法，一行出山，香味色俱減。錢塘諸山，産茶甚多，南山盡佳，北山稍劣。北山勤於用糞，茶雖易茁，氣韻反薄。往時頗稱睦之鳩坑、四明之朱溪，今皆不得入品。武夷之外，有泉州之清源，倘以好手製之，亦是武夷亞匹，惜多焦枯，令人意盡。楚之産曰寶慶，滇之産曰五華，此皆表表有名猶在雁茶之上。其他名山所産，當不止此，或余未知，或名未著，故不及論。

今古製法

古人製茶，尚龍團鳳餅，雜以香藥。蔡君謨諸公，皆精於茶理，居恆鬥茶，亦僅取上方珍品碾之，未聞新制。若漕司所進第一綱名北苑試新者，乃雀舌、冰芽。所造一夸之直至四十萬錢，僅供數盂之啜，何其貴也。然冰芽先以水浸，已失真味，又和以名香，益奪其氣，不知何以能佳。不若近時製法，旋摘旋焙，香色俱全，尤蘊真味。

採摘

清明、穀雨，摘茶之候也。清明太早，立夏太遲，穀雨前後，其時適中。若肯再遲一二日，期待其氣力完足，香烈尤倍，易於收藏。梅時不蒸，雖稍長大，故是嫩枝柔葉也。杭俗喜於盂中百點，故貴極細；理煩散鬱，未可遽非。吳淞人極貴吾鄉龍井，肯以重價購雨前細者，狃於故常，未解妙理。岕中之人，非夏前不摘。初試摘者，謂之開園，採自正夏，謂之春茶。其地稍寒，故須待夏，此又不當以太遲病之。往日無有於秋日摘茶者，近乃有之，秋七八月重摘一番，謂之早春。其品甚佳，不嫌少薄。他山射利，多摘梅茶。梅茶[11]澀苦，止堪作下食，且傷秋摘，佳産戒之。

炒茶

生茶[12]初摘，香氣未透，必借火力，以發其香。然性不耐勞，炒不宜久。多取入鐺，則手力不勻，久於鐺中，過熟而香散矣。甚且枯焦，尚堪烹點⑦。炒茶之器，最嫌新鐵，鐵腥一入，不復有香。尤忌脂膩，害甚於鐵，須豫取一鐺，專用炊飯，無得別作他用。炒茶之薪，僅可樹枝，不用幹葉，幹則火力猛熾，葉則易燄易滅。鐺必磨瑩，旋摘旋炒。一鐺之內，僅容四兩，先用文火焙軟，次加武火催之，手加木指[13]，急急鈔轉，以半熟爲度。微俟香發，是其候矣，急用小扇鈔置被籠，純綿大紙襯底，燥焙積多，候冷入瓶收藏。人力若多，數鐺數籠，人力即少，僅一鐺二鐺，亦須四五竹籠。蓋炒速而焙遲，燥濕不可相混。混則大減香力，一葉稍焦，全鐺無用。然火雖忌猛，尤嫌鐺冷，則枝葉不柔，以意消息，最難最難。

岕中製法

岕之茶不炒，甑中蒸熟，然後烘焙。緣其摘遲，枝葉微老，炒亦不能使軟，徒枯碎耳。亦有一種極細炒岕，乃採之他山，炒焙以欺好奇者。彼中甚愛惜茶，決不忍乘嫩摘採，以傷樹本。余意他山所産，亦稍遲採之，待其長大，如岕中之法蒸之，似無不可，但未試嘗，不敢漫作。

收藏

收藏宜用瓷瓮，大容一二十斤，四圍厚箬，中則貯茶。須極燥極新，專供此事。久乃愈佳，不必歲易。茶須築實，仍用厚箬填緊，瓮口再加以箬，以真皮紙包之，以苧麻緊扎，壓以大新磚，勿令微風得入，可以接新。

置頓

茶惡濕而喜燥，畏寒而喜温，忌蒸鬱而喜清涼，置頓之所，須在時時坐臥之處，逼近人氣，則常温不寒。必在板房，不宜土室，板房則燥，土室則蒸。又要透風，勿置幽隱，幽隱之處，尤易蒸濕，兼恐有失點檢。其閣庋之方，宜磚底數層，四圍磚砌，形若火爐，愈大愈善，勿近土牆；頓瓮其上，隨時取竈下火灰，候冷，簇於瓮傍半尺以外；仍隨時取灰火簇之，令裏灰常燥。一以避風，一以避濕；卻忌火氣，入瓮則能黃茶。世人多用竹器貯茶，雖復多用箬護，然箬性峭勁，不甚伏帖，最難緊實，能無滲鏬？風濕易侵，多，故無益也。且不堪地爐中頓，萬萬不可。人有以竹器盛茶，置被籠中，用火即黃，除火即潤，忌之，忌之。

取用

茶之所忌,上條備矣。然則陰雨之日,豈宜擅開⑧。如欲取用,必候天氣晴明、融和高朗,然後開缶,庶無風侵。先用熱水濯手,麻帨拭燥。缶口內箬,別置燥處。另取小罌貯所取茶,量日幾何,以十日爲限。去茶盈寸,則以寸箬補之。仍須碎剪。茶日漸少,箬日漸多,此其節也。焙燥築實,包扎如前。

包裹

茶性畏紙,紙於水中成,受水氣多也。紙裹一夕,隨紙作氣盡矣。雖火中焙出,少頃即潤。雁宕諸山,首坐此病。每以紙帖寄遠,安得復佳。

日用頓置

日用所需,貯小罌中,箬包苧扎,亦勿見風。宜即置之案頭,勿頓巾箱書簏,尤忌與食器同處;並香藥則染香藥,並海味則染海味,其他以類而推。不過一夕,黃矣變矣。

擇水

精茗蘊香,借水而發,無水不可與論茶也。古人品水,以金山中泠爲第一泉第二⑨,或曰廬山康王谷第一。廬山余未之到,金山頂上井亦恐非中泠古泉。陵谷變遷,已當湮没,不然,何其漓薄不堪酌也?今時品水,必首惠泉,甘鮮膏腴,致足貴也⑩。往三渡黃河⑪,始憂其濁,舟人以法澄過,飲而甘之,尤宜煮茶,不下惠泉。黃河之水,來自天上,濁者,土色也。澄之既净,香味自發。余嘗言有名山則有佳茶,兹又言有名山必有佳泉,相提而論,恐非臆説。余所經行,吾兩浙兩都、齊魯楚粤、豫章滇黔,皆嘗稍涉其山川,味其水泉,發源長遠,而潭沚澄澈者,水必甘美。即江河溪澗之水,遇澄潭大澤,味咸甘冽。唯波濤湍急,瀑布飛泉,或舟楫多處,則若濁不堪。蓋云傷勞,豈其恆性。凡春夏水長則減⑫,秋冬水落則美。

貯水

甘泉旋汲用之斯良,丙舍在城,夫豈易得,理宜多汲,貯大甕中。但忌新器,爲其火氣未退,易於敗水,亦易生蟲。久用則善,最嫌他用。水性忌木,松杉爲甚。木桶貯水,其害滋甚,挈瓶爲佳耳。貯水,甕口厚箬泥固,用時旋開。泉水不易,以梅雨水代之。

舀水

舀水必用瓷甌,輕輕出甕,緩傾銚中,勿令淋漓甕内,致敗水味,切須記之。

煮水器

金乃水母,錫備柔剛,味不鹹澀,作銚最良。銚中必穿其心,令透火氣。沸速則鮮嫩風逸,沸遲則老熟昏鈍,兼有湯氣,慎之慎之。茶滋於水,水藉乎器;湯成於火,四者相須,缺一則廢。

火候

火必以堅木炭爲上,然木性未盡,尚有餘煙,煙氣入湯,湯必無用。故先燒令紅,去其煙焰,兼取性力猛熾,水乃易沸。既紅之後,乃授水器,仍急扇之,愈速愈妙,毋令停手。停過之湯,寧棄而再烹。

烹點

未曾汲水,先備茶具,必潔必燥,開口以待。蓋或仰放,或置瓷盂,勿竟覆之。案上漆氣、食氣,皆能敗茶。先握茶手中,俟湯既入壺,隨手投茶湯,以蓋覆定。三呼吸時,次滿傾盂内,重投壺内,用以動盪香韻,兼色不沉滯。更三呼吸,頃以定其浮薄,然後瀉以供客,則乳嫩清滑,馥郁鼻端。病可令起,疲可令爽,吟壇發其逸思,談席滌其玄襟。

秤量

茶注,宜小不宜甚大。小則香氣氤氳,大則易於散漫。大約及半升,是爲適可。獨自斟酌,愈小愈佳。容水半升者,量茶五分,其餘以是增減。

湯候

水一入銚,便須急煮。候有松聲,即去蓋,以消息其老嫩。蟹眼之後,水有微濤,是爲當時。大濤鼎沸,旋至無聲,是爲過時。過則湯老而香散,決不堪用。

甌注

茶甌,古取建窯兔毛花者[14],亦鬥碾茶用之宜耳。其在今日,純白爲佳,葉貴於小。定窯最貴,不易得矣。宣、成、嘉靖[15],俱有名窯。近日做造,間亦可用。次用真正回青[16],必揀圓整,勿用呰窳[17]。茶注以不受他氣者爲良,故首銀次錫。上品真錫,力大不減,慎勿雜以黑鉛。雖可清水,卻能奪味。其次內外有油瓷壺亦可,必如柴、汝、宣、成[18]之類,然後爲佳。然滾水驟澆,舊瓷易裂,可惜也。近日饒州所造,極不堪用。往時龔春茶壺,近日時彬所製,大爲時人寶惜。蓋皆以粗砂製之,正取砂無土氣耳。隨手造作,頗極精工,顧燒時必須火力極足,方可出窯。然火候少過,壺又多碎壞者,以是益加貴重。火力不到者,如以生砂注水,土氣滿鼻,不中用也。較之錫器,尚減三分。砂性微滲,又不用油,香不竄發,易冷易餿,僅堪供玩耳。其餘細砂及造自他匠手者,質惡製劣,尤有土氣,絕能敗味,勿用勿用。

蕩滌

湯銚甌注,最宜燥潔。每日晨興,必以沸湯蕩滌,用極熟黃麻巾帨[13]向內拭乾,以竹編架覆而求之燥處,烹時隨意取用。修事既畢,湯銚拭去餘瀝,仍覆原處。每注茶甫盡,隨以竹筋盡去殘葉,以需次用。甌中殘瀋,必傾去之,以俟再斟。如或存之,奪香敗味。人必一盃,毋勞傳遞,再巡之後,清水滌之爲佳。

飲啜

一壺之茶,只堪再巡。初巡鮮美,再則甘醇,三巡意欲盡矣。余嘗與馮開之[19]戲論茶候,以初巡爲停停嬝嬝十三餘,再巡爲碧玉破瓜年,三巡以來緑葉成陰矣。開之大以爲然。所以茶注欲小,小則再巡已終。寧使餘芬剩馥尚留葉中,猶堪飯後供啜嗽之用,未遂葉之可也。若巨器屢巡,滿中瀉飲,待停少温,或求濃苦,何異農匠作勞,但需涓滴,何論品賞,何知風味乎。

論客

賓朋雜沓,止堪交錯觥籌,乍會泛交,僅須常品酬酢,惟素心同調,彼此暢適,清言雄辯,脱略形骸,始可呼童篝火[14],酌水點湯[15],量客多少爲役之煩簡。三人以下,止蓺一爐;如五六人,便當兩鼎爐用一童[16],湯方調適。若還兼作,恐有參差。客若衆多[17],姑且罷火,不妨中茶投果,出自内局。

茶所

小齋之外,別置茶寮。高燥明爽,勿令閉塞。壁邊列置兩爐[18],爐以小雪洞覆之,止開一面,用省灰塵騰散。寮前置一几,以頓茶注、茶盂,爲臨時供具,別置一几,以頓他器。傍列一架,巾帨懸之,見用之時,即置房中。斟酌之後,旋加以蓋,毋受塵汙,使損水力。炭宜遠置,勿令近爐,尤宜多辦宿乾易熾。爐少去壁,灰宜頻掃。總之,以慎火防蓺,此爲最急。

洗茶

岕茶摘自山麓,山多浮沙,隨雨輒下,即著於葉中。烹時不洗去沙土,最能敗茶。必先盥手令潔,次用半沸水扇揚稍和洗之。水不沸,則水氣不盡,反能敗茶,毋得過勞以損其力。沙土既去,急於手中擠令極乾,另以深口瓷合貯之[19],抖散待用。洗必躬親,非可攝代。凡湯之冷熱,茶之燥濕,緩急之節,頓置之宜,以意消息,他人未必解事。

童子

煎茶燒香,總是清事,不妨躬自執勞。然對客談諧,豈能親蒞,宜教兩童司之。器必晨滌,手令時盥,爪可净剔,火宜常宿,量宜飲之時,爲舉火之候。又當先白主人，然後修事。酌過數行，亦宜少輟。果餌間供，別進濃瀋，不妨中品充之。蓋食飲相須，不可偏廢。甘醲雜陳，又誰能鑑賞也。舉酒命觴，理宜停罷，或鼻中出火，耳後生風，亦宜以甘露澆之，各取大盂，撮點雨前細玉，正自不俗。

飲時

心手閒適	披詠疲倦	意緒棼亂
聽歌聞曲[20]	歌罷曲終	杜門避事
鼓琴看畫	夜深共語	明窗净几
洞房阿閣	賓主款狎	佳客小姬
訪友初歸	風日晴和	輕陰微雨
小橋畫舫	茂林修竹	課花責鳥
荷亭避暑	小院焚香	酒闌人散
兒輩齋舘	清幽寺觀	名泉怪石

宜輟

作字[21]	觀劇	發書柬
大雨雪	長筵大席	繙閱卷帙
人事忙迫	及與上宜飲時相反事	

不宜用

惡水	敝器	銅匙
銅銚	木桶	柴薪
麩炭	粗童	惡婢
不潔巾帨	各色果實香藥	

不宜近

陰室	廚房	市喧
小兒啼	野性人	童奴相鬨

酷熱齋舍

良友

清風明月　　　　紙帳楮衾　　　竹宝石枕

名花琪樹

出遊

士人登山臨水,必命壺觴。乃茗碗薰爐,置而不問,是徒遊於豪舉,未

託素交也。余欲特製遊裝,備諸器具,精茗名香,同行異室。茶罌一,注

二,銚一,小甌四,洗一,瓷合一,銅爐一,小面洗一,巾副之,附以香奩、小

爐、香囊、匕筯,此爲半肩[22]。薄瓮貯水三十斤,爲半肩足矣。

權宜

出遊遠地,茶不可少,恐地産不佳,而人鮮好事,不得不隨身自將。瓦

器重難,又不得不寄貯竹箸。茶甫出瓮,焙之。竹器曬乾,以箬厚貼,實茶

其中。所到之處,即先焙新好瓦瓶,出茶焙燥,貯之瓶中。雖風味不無少

減,而氣力味尚存[23]。若舟航出入,及非車馬修途,仍用瓦缶,毋得但利輕

齎,致損靈質。

虎林水

杭兩山之水,以虎跑泉爲上。芳洌甘腴,極可貴重。佳者乃在香積廚

中上泉,故有土氣[24],人不能辨其次。若龍井、珍珠、錫杖、韜光、幽淙、靈

峯,皆有佳泉,堪供汲煮。及諸山溪澗澄流,併可斟酌,獨水樂一洞,跌蕩

過勞,味遂漓薄。玉泉往時頗佳,近以紙局壞之矣。

宜節

茶宜常飲,不宜多飲。常飲則心肺清涼,煩鬱頓釋;多飲則微傷脾腎,

或泄或寒。蓋脾土原潤,腎又水鄉,宜燥宜温,多或非利也。古人飲水飲

湯,後人始易以茶,即飲湯之意。但令色香味備,意已獨至,何必過多,反

失清洌乎。且茶葉過多,亦損脾腎,與過飲同病。俗人知戒多飲,而不知慎多費,余故備論之。

辯訛

古今論茶,必首蒙頂。蒙頂山,蜀雅州山也,往常產,今不復有,即有之,彼中夷人專之^㉕,不復出山。蜀中尚不得,何能至中原、江南也。今人囊盛如石耳,來自山東者,乃蒙陰山石苔,全無茶氣,但微甜耳,妄謂蒙山茶。茶必木生,石衣得為茶乎?

考本

茶不移本,植必子生。古人結婚,必以茶為禮,取其不移植子之意^㉖也。今人猶名其禮曰下茶。南中夷人定親,必不可無,但有多寡。禮失而求諸野,今求之夷矣。

余齋居無事,頗有鴻漸之癖^㉗。又桑苧翁所至,必以筆床、茶竈自隨,而友人有同好者,數謂余宜有論著,以備一家,貽之好事,故次而論之。倘有同心,尚箴余之闕,葺而補之,用告成書,甚所望也。次紓再識。

注　釋

1　近代論著中有關《茶疏》版本的介紹,每每相從提及陳繼儒《寶顏堂秘笈》本,但我們查閱了幾部尚白齋、寶顏堂正續秘笈本,都無收《茶疏》。可是在大家未提及的陳繼儒《亦政堂普秘笈》本中,却發現收有《茶疏》。前稱《寶顏堂秘笈》,是否是"亦政堂"之誤?

2　《説郛續》本所收《茶疏》,僅只録前十部分,不全。

3　期牙之感:期,指鍾子期;牙,指俞伯牙。指許次紓死後,姚紹憲再捧起茶碗,有不思再飲的感覺。

4　阮嗣宗:即阮籍,嗣宗是其字。

5　人琴亡俱:也作"人琴俱逝""人琴俱絕"等。晉王羲之子徽之(字子猷)、獻之(字子敬),都患重病。獻之先卒,徽之久不聞獻之消息,諒已死,即驅車奔喪,直入靈堂,取獻之生前琴彈,但屢調不好,於是擲琴於地說:"子敬、子敬,人琴俱亡。"慟哭良久,歸家月餘亦卒。見《世說新語・傷逝》。

6　災木:猶災梨,通常用作刻印的謙辭。謂刻印無用的書,災及作版的梨木。

7　食鐺:鐺,指鐵鍋,食鐺,指日常燒飯炒菜用的鍋子。

8　明月之峽:即"明月峽",《天中記》稱,在顧渚附近,"二山相對,石壁峭立大澗中流,茶生其間尤爲絕品"。唐張文規詩句"明月峽中茶始生"即此。

9　水口:即今浙江湖州長興水口鎮,位於長興東北太湖濱,是顧渚等山溪會注太湖之口,故名。早在唐代,即因顧渚貢焙和紫笋茶等社會經濟因素,水口擅舟楫之便,即發展成顧渚一帶的一個重要草市。

10　郭次甫:元末明初道士,金陵(今南京)人,居大勞山。郭次甫在山中拜趙寶山爲師。

11　梅茶:黃梅季節生長、采製的茶葉。這時生長的茶葉,確如前面所說,由於氣溫較適,長勢旺盛,芽葉"雖然長大",但仍"是嫩枝柔葉",較春茶甚至和後期秋茶相比,品質確實略遜,但也不是作者所說的只堪作"下食"。

12　生茶:指茶樹鮮葉。

13　木指:用竹木製作的指套。

14　兔毛花者:即建窑燒製的兔毫盞。色黑,釉下有放射狀的細紋,形似兔毛。

15　宣、成、嘉靖:明年號名。宣,指明宣宗宣德(1426—1435)年間;成,指明憲宗成化(1465—1487)年間。

16　回青:一稱"回回青"。青,指青色顏料,回回,原指西域,一般舊時所說的回回青,主要來自印尼、南洋,這裏泛指爲"進口鈷青料"。

17　齨窳(yǔ):齨同"呰""訾",通"疵"。窳,指粗劣器物。齨窳,辭書一般作懶惰、精神不振釋,此指粗劣或有毛病的甌注。

18 柴、汝、宣、成：古代著名瓷窑。柴窑，傳稱爲周世宗柴榮時的瓷窑，窑址大概在今河南鄭州一帶，據説其所製瓷器，“青如天，明如鏡，薄如紙，聲如磬”。汝窑，即汝州（今河南臨汝）之窑。宋元祐初年，繼定窑後被指爲專造官廷瓷器。宣窑，爲明代宣德年間在江西景德鎮所設的官窑。成窑，指明成化年間的官窑。

19 馮開之：即馮夢禎（1546—1605），浙江秀水（今嘉興）人，開之是其字。萬曆五年（1577）進士，官編修，忤張居正，免官。後復官南京國子監祭酒，又被劾歸。家藏有《快雪時晴帖》，因名其堂爲“快雪堂”。有《歷代貢舉志》《快集堂集》和《快雪堂漫録》。

校 記

① 小引：底本無，此據叢書集成本補。
② 丙申之歲：申，原文作甲，徑改。
③ 包裹：底本目録原排在“日用置頓”之後，與文中內容排列倒錯，現按文中實際序次，提置“日用置頓”之前。
④ 頡頏：頏，底本作“頑”，叢書集成本作“頏”，據改。
⑤ 雁宕：宕，明版各本作“宕”，叢書集成本等從近代俗寫，改作“蕩”。下同。
⑥ 括蒼：括，底本作“栝”。括蒼，指“括蒼縣”，隋置，叢書集成本校改作“括”，據改。
⑦ 尚堪烹點：尚，明刊各本作“尚”，叢書集成本校改作“不”。
⑧ 豈宜擅開：宜，叢書集成本作“能”。
⑨ 中泠爲第一泉第二：此處明顯有錯衍。疑應是“中泠泉爲第一”，“第二”兩字衍。
⑩ 致足貴也：致，小史本、《雪堂韻史》竹嶼本（簡稱雪堂本）、廣百川本等同底本作“致”，叢書集成本作“至”。
⑪ 往三渡黃河：三，小史本、雪堂本、廣百川本等同底本作“三”；叢書集成本校改作“日”。

⑫　春夏水長則減：長，叢書集成本作“漲”。

⑬　用極熟黄麻巾帨：熟，雪堂本、廣百川本校改作“熱”，似較妥帖。

⑭　呼童籌火：呼，小史本、雪堂本、廣百川本等作“乎”。童，廣百川本作“重”。

⑮　酌水點湯：酌，小史本、雪堂本、廣百川本等無此字，叢書集成本作“汲”。

⑯　兩鼎爐用一童：用，廣百川學海本、叢書集成本無此字。

⑰　客若衆多：若衆，小史本、雪堂本、廣百川本等無此兩字。

⑱　列置兩爐：兩，有少數版本作“鼎”。

⑲　瓷合貯之：合，小史本、雪堂本、廣百川本均同底本。叢書集成本校改作“盒”。其實舊“合”通“盒”。如唐王建宮詞“黄金合裏盛紅雪”的合，即指“盒”。

⑳　聽歌聞曲：聞，小史本、廣百川本等作“品”，叢書集成本作“拍”。

㉑　作字：字，小史本、廣百川本等作“事”。

㉒　此爲半肩：此，小史本、雪堂本、廣百川本作“以”。

㉓　氣力味尚存：力，叢書集成本作“與”。

㉔　故有土氣：有，叢書集成本作“其”。

㉕　彼中夷人專之：“彼”字前，叢書集成本有一“亦”字。

㉖　植子之意：植，叢書集成本作“置”。

㉗　癖：小史本、雪堂本、廣百川本作“僻”。

茶話

◇明　陳繼儒　撰

　　陳繼儒(1558—1639)，字仲醇，號眉公，又號麋公，松江華亭(今上海松江)人。諸生。少與同郡董其昌、王衡齊名。二十九歲時，焚弃儒生衣冠，隱居小昆山，後又築室東佘山，杜門著述。《明史·隱逸傳》有其傳。工詩善文，短翰小詞，皆極風致。書法蘇、米，兼精繪事。董其昌久居詞館，推眉公不去口。陳繼儒著述宏富，也喜歡收藏和刻印書籍。家有寶顏堂、晚香堂等藏書處。其著作爲《四庫全書》收錄的，即有《讀書鏡》《眉公十集》《書蕉》《佘山詩話》等三十種。其編注、評校、刻印過的書籍有宋馬令《南唐書》三十卷，蔡正孫《精選詩林廣記》四卷，李攀龍輯《唐詩選》七卷，王衡《諸子類語》四卷，自撰《陳眉公先生全集》六十卷附《年譜》一卷；自輯《寶顏堂秘笈》二百二十九種四百六十九卷，陳邦俊《廣諧史》十卷等。屢屢奉詔徵用，但皆以疾辭，八十二歲卒於家。

　　《茶話》，本是輯集有關茶事經驗、習俗和茶葉風情韵事的七百多字短文，自喻政將其編入《茶書》，即成茶書一種。《茶書》署爲"雲間(松江古稱)陳繼儒著"，但萬國鼎在《茶書總目提要》中指出，此文"似乎不是他自己編寫，而是別人從他所撰的其他幾種書中摘出編成的"。萬國鼎并且查對出《茶話》全書十九條，十一條出自陳繼儒的《太平清話》，七條[1]見於《巖棲幽事》。有人據此提出本文爲喻政摘輯，但這不過是一種猜測。萬國鼎又據《太平清話》成書於萬曆二十三年(1595)的線索，提出《茶話》寫於"1595年前後"。但這未必可以代表《巖棲幽事》或陳繼儒其他著作的寫作時間。而《茶話》的摘編，更當在此之後。喻政《茶書》編刊於萬曆四十一年(1613)，我們認爲《茶話》編刊的時間，應該也只會是在1595年至1613年間。

　　本書以喻政《茶書》作底本，以《茶話》所輯資料原書和相同引文作校。

　　採茶欲精，藏茶欲燥，烹茶欲潔。[①]

　　茶見日而味奪，墨見日而色灰。[②]

　　品茶：一人得神，二人得趣，三人得味，七八人是名施茶[2]。[③]

　　山谷《煎茶賦》[④]云："洶洶乎如澗松之發清吹，浩浩乎如春空之行白雲。"可謂得煎茶三昧。[⑤]

　　山谷云：相茶瓢，與相邛竹[3]同法，不欲肥而欲瘦，但須飽風霜耳。[⑥]

　　箕踞斑竹林中[⑦]，徙倚青石几上[⑧]，所有道笈、梵書，或校讐四五字，或參諷一兩章。茶不甚精，壺亦不燥，香不甚良，灰亦不死。短琴無曲而有絃，長歌[⑨]無腔而有音。激氣發於林樾，好風送之水涯，若非羲皇以上，定亦嵇、阮[4]兄弟之間。[⑩]

　　三月茶筍初肥，梅風[5]未困[⑪]；九月蓴鱸正美，秫酒新香。勝客晴窗，出古人法書名畫，焚香評賞，無過此時。[⑫]

　　昔人以陸羽飲茶，比於后稷樹穀。及觀韓翃書云："吳王禮賢，方聞置茗，晉人愛客，纔有分茶。"則知開創之功，非關桑苧老翁也。[⑬]

　　太祖高皇帝[6]極喜顧渚茶，定額貢三十二斤，歲以爲常。[⑭]

　　洞庭中西盡處，有仙人茶，乃樹上之苔蘚也，四皓採以爲茶。[⑮]

　　吳人於十月採小春茶[7]，此時不獨[⑯]逗漏花枝[8]，而尤喜月光[⑰]晴暖，從此蹉過，霜淒雁凍，不復可堪[⑱]。宋徽宗有《大觀茶論》二十篇，皆爲碾餘烹點而設，不若陶穀《十六湯》，韻美之極。[⑲]

　　徐長谷[9]《品惠泉賦序》云：叔皮何子遠遊來歸，汲惠山泉一罌，遺予東皋之上。予方靜掩竹門，消詳鶴夢，奇事忽來，逸興橫發。乃乞新火煮而品之，使童子歸謝叔皮焉。[⑳]

　　瑯琊山出茶，類桑葉而小，山僧焙而藏之，其味甚清。[㉑]

　　杜鴻漸[10]與楊祭酒[11]書云：顧渚山中紫筍茶兩片，此茶但恨[㉒]帝未得嘗，寔所歎息。一片上太夫人，一片充昆弟同啜。余鄉佘山[12]茶，寔與虎丘伯仲。深山名品，合獻至尊，惜收置不能五十斤也。[㉓]

蔡君謨湯取嫩而不取老，蓋爲團茶㉔發耳。今旗芽槍甲，湯不足則茶神不透、茶色不明。故茗戰之捷，尤在五沸。㉕

琉球亦曉烹茶，設古鼎於几上，水將沸時，投茶末一匙，以湯沃之。少頃捧飲㉖，味甚清。㉗

山頂泉㉘輕而清；山下泉清而重；石中泉清而甘；沙中泉清而冽；土中泉清而厚。流動者良於安静；負陰者勝於向陽。山峭者泉寡，山秀者有神。真源無味，真水無香。㉙

陶學士[13]謂：“湯者，茶之司命。”此言最得三昧。馮祭酒[14]精於茶政，手自料滌，然後飲客。客有笑者。余戲解之云：此正如美人，又如古法書名畫，度可著俗漢手否？㉚

注　釋

1　經查證，《茶話》與《太平清話》相同的實爲十三則；與《巖棲幽事》相同的實爲九則。這兩書有五條内容相重，扣除重複，故有兩條未見出處。

2　施茶：煮茶以供衆飲。（一）寺院法事的内容和形式之一；（二）舊時民間在路邊成歇腳處置茶以惠行人的善舉。一些地方還成立專門的“施茶會”。此指不論茶趣茶味只爲解渴的衆人之飲。

3　相邛竹：邛，亦作“筇”，漢代西南少數民族名，也引作地名或山名，如邛山和西漢以前嚴道縣内邛來山（在今四川滎經西南），産竹，以邛竹杖爲著名特産。《漢書·張騫傳》等載：“臣在大夏時，見邛竹杖、蜀布。”此相邛竹即指“相邛竹杖”。

4　嵇、阮：即晉時所謂竹林七賢的嵇康、阮籍。

5　梅風：梅，一指臘梅，一指黄梅。故梅風亦一指早春的風，如唐杜審言《守歲侍宴應制》詩：“彈弦奏節梅風入”即是。也作黄梅季節的風，如王琦彙解《嶺南録》：“梅雨後風，曰梅風。”此指黄梅時風。

6　太祖高皇帝：即明太祖朱元璋。

7　十月採小春茶：中國采製秋茶的歷史甚早,如宋陸游《幽居》"園丁刈霜稻,村女賣秋茶"詩句所反映即一例。江南有些地方把十月,俗稱"小陽春";故將這時采製的茶,亦有稱"小春茶"之説。

8　逗漏花枝：逗漏,即"逗遛",停頓、持續之意。花枝,指開有花的樹枝。這裏指農曆十月,茶樹的盛花期雖過,但茶枝上還有很多茶花。

9　徐長谷：即徐獻忠,字長谷,參見《水品》題記。

10　杜鴻漸(709—769)：字之巽,濮州濮陽(治位今河南范縣西南舊濮縣)人。開元二十二年(734)進士,授朔方判官。肅宗立,累遷河西節度使,入爲尚書丞、太常卿。代宗廣德二年(764),任兵部侍郎同中書門下平章事。卒謚文憲。

11　楊祭酒：祭酒,學官名,即隋以後主管國子監所設的國子監祭酒。唐時姓楊的祭酒很多,如唐文宗時的楊敬之,即是著名的"楊祭酒"之一,但和杜鴻漸同時代的楊祭酒查未果。

12　佘山：位於今上海青浦東南,相傳因古有佘姓者隱此而得名。陳繼儒由小昆山後亦移隱於此。山產笋香如蘭,康熙賜名"蘭笋山";產茶,又因山名"蘭笋茶"。

13　陶學士：即指宋陶穀,參見《荈茗錄》題記。

14　馮祭酒：具體指誰,由於只有一個姓,且時間也不明,無法確定。但我們查考最後相比而言,認爲明萬曆五年(1577)進士,浙江秀水人馮夢楨的可能性很大。因其任過南京國子監祭酒,古籍中稱其"馮祭酒"的記載也多。

校　記

① 《太平清話》卷3、《巖棲幽事》均收。

② 《太平清話》卷3、《巖棲幽事》均收。

③ 見《巖棲幽事》。

④ 山谷《煎茶賦》：見陳繼儒《巖棲幽事》,原作："山谷賦苦笋云：苦而有味,可謂得擘笋三昧。洶洶乎如澗松之發清吹……可謂得煎茶

三昧。"

⑤　見《巖棲幽事》。

⑥　據《巖棲幽事》。

⑦　箕踞斑竹林中：《太平清話》和《巖棲幽事》原文在"踞"和"斑"字間，均多一"於"字。

⑧　徙倚青石几上：《太平清話》和《巖棲幽事》原文在"倚"和"青"字間，均多一"於"字。喻政《茶書》本刪或脱。

⑨　長歌：歌，《太平清話》《巖棲幽事》原作"謳"。

⑩　本條《太平清話》卷 3、《巖棲幽事》均存。

⑪　梅風未困：風，《太平清話》《巖棲幽事》作"花"。

⑫　《巖棲幽事》《太平清話》均存。

⑬　此條《太平清話》《巖棲幽事》未見。但極類《茗笈·第一溯源章》評。

⑭　載《太平清話》卷 1。

⑮　輯自《太平清話》卷 1。

⑯　不獨：獨，《太平清話》作"特"。

⑰　尤喜月光：喜，《太平清話》作"尚"。月，似"日"之誤。

⑱　不復可堪：《太平清話》作"不可復堪"。

⑲　《太平清話》卷 2、《巖棲幽事》皆存。

⑳　輯自《太平清話》卷 2。

㉑　輯自《太平清話》卷 3。

㉒　此茶但恨：茶，《太平清話》明萬曆繡水沈氏刻《寶顔堂秘笈》本作"恨"，作"此恨但恨"，今據喻政《茶書》本校正。

㉓　輯自《太平清話》卷 3。

㉔　團茶：《太平清話》原文在"團"和"茶"字間，均多一"餅"字。

㉕　輯自《太平清話》卷 3。

㉖　捧飲：捧，《太平清話》作"奉"。奉，《説文》"承也"，通"俸""捧"。

㉗　輯自《太平清話》卷 3。

㉘　山頂泉：《巖棲幽事》原文在這三字前還有"洞庭張山人云"一句。喻政《茶書》本輯時省或脱，似不妥。

㉙　輯自《巖棲幽事》。此條内容，與張源《茶録・品泉》基本相同，未辨兩書孰者爲先。

㉚　此條内容，不見《太平清話》和《巖棲幽事》，無查。

茶乘

◇明 高元濬 輯

　　高元濬,字君鼎,號黃如居士,福建龍溪(今漳州)人。與當地名士、著作刻書家黃以陞、陳正學和萬曆二十二年(1594)舉人張燮等相交游。餘不詳。有《茶乘》六卷、《拾遺》兩篇傳世。

　　《茶乘》是明代嘉靖、萬曆年間撰刊茶書熱的產物。明代的福建尤其建陽,是我國刻書業最爲發達的地區之一。以茶書爲例,閩縣人鄭熜早在嘉靖時,就首先刻印了陸羽《茶經》和《茶具圖贊》兩書。在這之後,喻政知福州,在徐𤊹的幫助下,滙編刻印了我國第一部茶書滙編旄《茶書》(或《茶書全集》)。喻政《茶書》第一編也即壬子本,收有十七種茶書,第二編也就是萬曆癸丑本,增加到了二十七種。所以,如果説鄭熜《茶經》是明代後期茶書撰刊熱的率先之作,那末喻政《茶書》則是其中最有價值的代表作。至於高元濬的《茶乘》,是被黃以陞稱爲“皋盧之大成,吾閩之赤幟”的《茶書》以後的又一巨作,其編輯和刊印可以説是鄭熜《茶經》、喻政《茶書》的承續和補充。它同《茶書》《茶經》都是明代後期的福建,也可以説是整個中國最值得推重的幾部茶書。

　　《茶乘》雖然如張燮所説,是“復合諸家刪纂”而成的輯集類茶書,但由於其輯集内容和卷數、字數都較一般同類茶書爲多,也包含有高元濬本人對茶事、茶史的某些獨到看法,因而不失較高的價值。

　　是書的撰刊年代,萬國鼎《茶書總目提要》推定爲崇禎三年(1630)左右,南京大學圖書館和《中國古籍善本書目》,根據高元濬自序殘存的落款日期“癸亥菊月”,定爲天啟三年(1623)。我們在編校時查考,發現本文在明代《徐氏家藏書目》《千頃堂書目》中都曾收録。《徐氏家藏書目》一稱《紅雨樓書目》,編刊於萬曆三十年(1602),這説明《茶乘》的成書,至遲不會晚於萬曆三十年(1602)。如是這樣,高元濬《茶乘・序》所署"癸亥菊月",就不應該是天啟三年(1623),而至少當是前一個癸亥,即嘉靖四十二年(1563)的癸亥年。但據文獻記載,高元濬生活的年代,大抵又在萬曆中期以後,嘉靖癸亥時,他可能還沒有出世或出道,所以,此癸亥,只能是天啟癸亥無疑。那末,我們怎樣解釋上述矛盾呢? 我們分析,如果現在所定《徐氏家藏書目》刊印的年代不錯,就只有一種可能,即《茶乘》編定在前,刻印較遲。換言之,本稿早在萬曆三十年(1602)之前即已編成并有少量鈔本傳世,而刻印則一直耽擱到高元濬作序也即天啟三年(1623)之時。

本書傳世僅有南京大學明天啟刻本,近出《續修四庫全書》亦據此影印。這次整理,因此就用這個本子。

圖按經庶竟陵之湯勳不泯,北苑之緒芬具在云爾。癸亥菊月[1]露中[2]高元濬君鼎撰①

茶乘品藻

品一　張燮[3]

嗜茶,非自茶博士始也,王仲祖[4]不先登乎? 彼日與賓朋窮吸啜之致,但無復撰述以行。故陸氏之甘草癖獨顯,當是以《經》得名耳。宋以茶著者,無如吾閩蔡君謨。今龍鳳團法且未廢,而《茶錄》尚播傳誦。信乎,文之行遠也。余向見友人屠田叔作《茗笈》而樂之,高君鼎復合諸家,删纂而作《茶乘》,古來茗寵間之點綴,可謂備嘗矣。每讀一過,使人滌盡塵土腸胃。後世有嗜茶者,尊《經》爲茶素王,《錄》爲素臣。君鼎是編,尚未甘向鄭康成車後也。

品二　王志道[5]

茗之初興,曾比於酪,邾莒之盟,猶有異議。其後乃隱然與醉鄉敵國。云:"精於唐,侈於宋",然其制莫不輾之、範之、膏之、蠟之。單焙之法,起自明時,可謂竟陵、建安後無作者哉! 君鼎見之矣。今之好事湯社、麴部,事事中分藝苑,抑有一焉。(敍)記之,可以伯倫無功作對者,近體之,可與葡萄美酒飲中八仙作對者,尚覺寥寥。

有明以來,鼓吹唐風,得無有頗可採者乎? 君鼎暇日將廣搜之。

品三　陳正學[6]

予園居,以茶爲諫友,君鼎道岸先登,其竟陵之法,胤茗溪之石交乎誌。公懼法乘銷毀,刻石而峪之,君鼎爲《乘》之意良然。

品四　章載道

余嘗謂:嗜茶而不窮其致,僅與玉川角,勝於碗杓間,此陸、蔡諸君所竊笑也。君鼎嗜茶,直肩隨陸、蔡,故所著《茶乘》,雖述倍於創,要於疏原引類,各極其致,不趨三昧入矣。因戲謂君鼎:“相與定交於茶臼間,如何?”君鼎笑曰:“子能出龍鳳團相餉不?”余曰:《乘》中唯不詳此,差勝耳。”君鼎曰:“味長興此言,嗜乃更進。”

品五　黄以陞[7]

春雨中烹新芽,讀君鼎《茶乘》,肺腑皆香,恍如惠山對啜時也。《茶經》《茶述》至矣,昔人猶病其略,建安迨蔡《録》始備。今得君鼎撰述,而嘉木名泉,點綴無憾,是亦皋盧之大成,吾閩之赤幟也。予好麴部,恐污湯神,然知己過從,頻馨驚雷之筴[8],以爲麈尾,藉其玄液鼠鬚乾焉。膏潤種種幽韻,惟可與君鼎道耳。若品與法迸事與詞;該尤《經》《録》所鮮。渴以當飲,不知世間有仙掌、醍醐也。

目次

卷之一

卷之二
志林　（凡八十則）

卷之三
文苑　（賦　五言古詩）

卷之四
文苑　（七言古詩）

卷之五
文苑　（五言律詩　七言律詩　五言排律　五言絕句　七言絕句　詞）

卷之六
文苑　（銘頌　贊論　書表　序記　傳述　說）

〔附：茶乘拾遺②上篇　下篇〕

卷一

茶原
茶者……不堪採掇。《茶經》⁹

茶產
茶之產於天下多矣……惜皆不可致耳。顧元慶《茶譜》¹⁰

　　近時所尚者，爲長興之羅岕，疑即古顧渚紫筍。然岕故有數處，今惟洞山最佳。若歙之松羅，吳之虎丘，杭之龍井，並可與岕頡頏。又有極稱黃山者，黃山亦在歙，去松羅遠甚。虎丘山窄，歲採不能十斤，極爲難得。龍井之山，不過十數畝，外此有茶，皆不及也；即杭人識龍井味者，亦少，以亂真多耳。往時士人皆重天池，然飲之略多，令人脹滿。浙之產曰雁宕、大盤、金華、日鑄，皆與武夷相伯仲。武夷之外，有泉州之清源，漳州之龍山,倘以好手製之,亦是武夷亞匹。蜀之産曰蒙山,楚之産曰寶慶,滇之産曰五華,廬之産曰六安[11],及靈山、高霞、泰寧[12③]、鳩坑、朱溪、青鸞、鶴嶺、石門、龍泉[13]之類,但有都佳。其他山靈所鍾,在處有之,直以未經品題,終不入品,遂使草木有炎涼之感,良可惜也[④]。

藝法

秋社後,摘茶子,水浮取沉者,略曬去濕潤,沙拌藏竹篹子,勿令凍損,俟春旺時種之。茶喜叢生,先治地平正,行間疏密,縱橫各二尺許,每一坑下子一掬,覆以焦土。次年分植,三年便可摘取。凡種茶,地宜高燥,沃土斜坡,得早陽者,産茶自佳;聚水向陰之處遂劣。故一山之中,美惡相懸。茶根土實,草木雜生則不茂。春時薙草,秋夏間鋤掘三四遍。茶地覺力薄,每根傍掘小坑,培焦土升許,用米泔澆之。次年別培,最忌與菜畦相逼,穢污滲漉,滓厥清真。

採法

歲多暖,則先驚蟄十日即芽;歲多寒,則後驚蟄始發。故《茶經》云:採茶在二月、三月、四月之間。今閩人以清明前後,吳越乃以穀雨前後,時以地異也。凡茶不必太細,細則芽初萌而味欠足;不必太青,青則葉已老而味欠嫩。須擇其中枝穎拔,葉微梗、色微綠而團且厚曰中芽,乃一芽帶一葉者,號一槍一旗。次曰紫芽,乃一芽帶兩葉者,號一槍二旗。其帶三葉、四葉者,不堪矣[14]。

凡採茶,以晨興不以日出。日出露晞,爲陽所薄,則使茶之膏腴泣耗於內,茶至受水而不鮮明,故以早爲最。若閩廣嶺南,多瘴癘之氣,必待日出,山霽霧散,嵐氣收净,採之可也[15]。

凌露無雲,採候之上;霽日融和,採候之次;積雨重陰,不知其可。邢士襄《茶説》

斷茶以甲不以指,以甲,則速斷不柔;以指,則多濕易損。宋子安[⑤]《東溪試茶錄》

往時無秋日摘者,近乃有之,七八月重摘一番,謂之早春,其品甚佳,

不嫌少薄。許次紓⑥《茶疏》

製法

茶新採時,膏液具足。初用武火急炒,以發其香,候鐺微炙手,置茶鐺中,札札有聲,急手炒勻。炒時須一人從旁扇之,以袪熱氣。凡炒只可一握,多取入鐺,則手力不勻。又以半熱爲度,微候香發,即出之,箕上薄攤,用扇搧冷,以手揉挼,入文火鐺焙乾,扇冷,收藏,色如翡翠。鐺最宜炊飯,無取他用者。薪僅可樹枝,不用幹葉[16]。

火烈香清,鐺寒神倦,火猛生焦,柴疏失翠。久延則過熟犯黃,速起卻還生著黑。帶白點者無妨,絕焦點者最勝。張源《茶錄》

欲全香、味與色,妙在扇之與炒,此不易之準繩⑦。惟羅岕宜焙,雖古有此法,未可概施他茗。田子藝以茶生曬不炒、不揉者爲佳,亦未之試耳。[17]

藏法

藏茶宜箬葉而畏香藥……或秋分後一焙。熊明遇《岕茶記》又法,以新瓶盛茶,不拘大小,燒稻草灰入於大桶,將茶瓶座桶中,以灰四面築實,用時撥灰取瓶,餘瓶再無蒸壞,次年換灰。[18]

藏茶莫美於沙瓶,若用饒器,恐易生潤。

凡貯茶之器,始終貯茶,不得移爲他用。羅廩《茶解》

茶性淫,易於染著,無論腥穢及有氣息之物,不宜近。即名香亦不宜近。《茶解》

煮法

茶有三美:色欲其白,種愈佳則愈皙;香欲其烈,製愈工則愈致[19];味欲其雋,水愈高則愈發,而摠其成於煮。煮須活火,最忌煙薰,非炭不可。凡經燔炙,爲膻膩所及,及膏水敗器,俱不用之。火績已成,水性乃定。始則魚目散佈,微微有聲,爲一沸;中則四邊泉湧,纍纍連珠,爲二沸;終則騰波鼓浪,水氣全消,爲三沸。然後引瓶啟蓋,離火投茶。如水石相搏、喧豗震掉者,以所出水止之,而育其華也。少則如空潭度溜、竹篠鳴風者,葉以舒而湯猶旋也。又頃如澄潭之下,水波不驚,行藻交橫、色香味俱足,而茶成矣。若薪火方交,水釜纔熾,急取旋傾,水氣未盡,謂之嫩湯,品中謂之嬰湯。若人過百息,水踰十沸,或以話阻事廢,始取用之,湯已失性,謂之老湯,品中謂之百壽湯。老與嫩皆非也[20]。

茶少湯多,則雲腳散,湯少茶多,則乳面聚。蔡《錄》釃不宜早,早則茶神未發;飲不宜遲,遲則妙馥先消。張《錄》

投茶有序,無失其宜,先茶後湯,曰下投;湯半下茶,伏以湯滿,曰中投;先湯後茶,曰上投。春秋中投,夏上投,冬下投。《茶錄》[⑧]

凡酌茶置諸碗,令沫餑均。沫餑,湯之華也。華之薄者曰沫;厚者曰餑;輕細者曰花。《茶經》

凡烹茶,先以熱湯洗茶葉,去其塵垢冷氣,烹之則美。《茶譜》[21]

品水

雨者,陰陽之和,天地之施。水從雲下,輔時生養者也。秋水爲上,梅水次之。秋水白而洌,梅水白而甘。甘則茶味稍奪,洌則茶味獨全,故秋水較勝春、冬二水。春勝於冬,皆以和風明雲,得天地之正施者爲妙。惟夏月暴雨,或因風雷所致,實天之流怒也,食之令人霍亂。其龍行之水,暴而霆者,旱而凍者,腥而墨者,及簷溜者,皆不可食[22]。

山下出泉爲蒙,穉也。物穉則天全,水穉則味全,故鴻漸曰“山水上”。其曰:乳泉,石池慢流者,蒙之謂也。一取清寒,泉不難於清而難於寒。石少土多,沙膩泥凝者,必不清寒。或瀨峻流駛而清,巖奧陰積而寒者,亦非佳品。一取香甘:味美者曰甘泉;氣芳者曰香泉。泉惟甘香,故能養人。然甘易而香難,未有香而不甘者也。一取石流:石,山骨也;流,水行也。《博物志》曰:“石者,金之精甲。石流精,以生水。”又曰:“山泉者,引地氣也。”泉非石出者,必不佳。一取山脈透迤,山不停處,水必不停;若停,則無源者矣,旱必易涸。大率山頂泉,清而輕;山下泉,清而重;石中泉,清而甘;沙中泉,清而洌;土中泉,清而厚。有下生硫黃,發爲溫泉者;有同出一壑,半溫半冷者,皆非食品。有流遠者,遠則味薄;取深潭停蓄,其味乃復。

有不流者，食之有害。《博物志》曰：“山居之民多癭腫，由於飲泉之不流者。”若泉上有惡木，則葉滋根潤，能損甘香，甚者能釀毒液，尤宜去之[23]。

江，公也，眾水共入其中也。水共則味雜，故曰“江水次之”。其取去人遠者，蓋去人遠，則澄深而無蕩漾之漓耳。田藝蘅《煮泉小品》

谿水，春夏泛漫不宜用，秋最上，冬次之，必須汲貯俟其澄徹，可食。

井水，脈暗而性滯，味鹹而色濁，有妨茗氣，故鴻漸曰：“井水下。”其曰：“汲多者，可食。”蓋汲多，則氣通而流活耳。終非佳品。或平地偶穿一井，適通泉穴，味甘而澹，大旱不涸，與山泉無異，非可以井水例觀也。若海濱之井，必無佳泉；蓋潮汐近，地斥鹵故耳[24]。

貯水甕，須置陰庭，覆以紗帛，使承星露，則英華不散，靈氣常存。假令壓以木石，封以紙箬，暴於日中，則外耗其神，內閉其氣，水神敝矣。張源《茶錄》⑨

劉伯芻品揚子江南零水第一……淮水最下。[25]

陸鴻漸品廬山康王谷水第一……雪水二十。[26]

擇器

烹煮之瓶宜小，入火水氣易盡，投茶香味不散。若瓶大，啜存停久味過，則不佳矣。茶瓶，金銀爲上，瓷瓶次之。瓷不奪茶氣，幽人逸士，品色尤宜。近義興茶罐，制雅料佳，大爲人所重。蓋是粗砂，正取砂無土氣耳。茶甌，亦取料精式雅、質厚、難冷、瑩白如玉者，可試茶色。越州爲上；杜毓《荈賦》所謂“器擇陶揀，出自東甌”是也。蔡君謨取建盞，其色紺黑，似不宜用[27]。

金乃水母，錫備剛柔，味不鹹澀，作銚最良。製必穿心，令火氣易透。《茶疏》⑩

滌器

湯瓶茶甌，每日晨興，必須洗潔，以竹編架覆而庋之燥處，俟烹時取用。兩壺後，又用冷水蕩滌，使壺涼潔。飲畢，湯瓶盡去其餘瀝殘葉，以需次用。甌中殘瀋，必傾去之，以俟再斟。如或存之，奪香敗味[28]。

茶具滌畢,覆於竹架,俟其自乾爲佳。其拭巾只宜拭外,切忌拭内。蓋布巾雖潔,一經人手,極易作氣。縱器不乾,亦無大害。閩龍《茶箋》

茶宜

茶候宜涼臺静室,明窗曲几,僧寮道院,松風竹月,花時雪夜,晏坐行吟,清譚把卷。茶侣宜翰卿墨客,緇流羽士,逸老散人,或軒冕之徒;超軼世味,俱有雲霞泉石、磊塊胸次間者。飲茶宜客少爲貴,客衆則喧,喧則雅趣乏矣。獨啜曰幽,二客曰勝,三四曰趣,五六曰汎,七八曰施[29]。

茶飲防濫,厥戒惟嚴,其或客乍傾蓋,朋偶消煩,賓待解酲,則玄賞之外,别有攸施矣。屠本畯《茗笈》

茶禁

茶有九難……非飲也。《茶經》[30]

茶有真香,有佳味,有正色,烹點之際,不宜以珍果香草雜之。《茶譜》[31]

夫茶中著料,碗中著果,譬如玉貌加脂,蛾眉著黛,翻累本色。《茶説》[⑪]

茶效

人飲真茶……然率用中下茶。《蘇文》[32]

茶具

審安老人載十二先生姓名字號……潔齋居士。[33]

顧元慶茶譜分封七具:[34]

苦節君煮茶竹爐也。用以煎茶,更有行省收藏。

建城以箬爲籠,封茶以貯高閣。

雲屯瓷瓶,用以杓泉,以供煮水。

烏府以竹爲籃,用以盛炭,爲煎茶之資。

水曹即瓷缸瓦缶,用以貯泉,以供大鼎。

器局竹編爲方箱,用以收茶具者[⑫]。

品司竹編圓撞提合,用以收貯各品茶葉,以待烹品者也。

又十六具：收貯於器局，以供役苦節君

商象古石鼎也，用以煎茶。

歸潔竹筅(掃)也，用以滌壺。

分盈杓也，用以量水斤兩。

遞火銅火斗也，用以搬火。

降紅銅火箸也，用以簇火。

執權準：茶秤也，每杓水二斤，用茶一兩。

團風素竹扇也，用以發火。

漉塵茶洗也，用以洗茶。

静沸竹架，即《茶經》支腹也⑬。

注春瓷瓦壺也，用以注茶。

運鋒劖果刀也，用以切果。

甘鈍木碪墩也。

啜香瓷瓦甌也，用以啜茶。

撩雲竹茶匙也，用以取果。

納敬竹茶囊也，用以放盞。

受污拭抹布也，用以潔甌。

卷二

志林(凡八十則)

《神農食經》："茶茗久服，人有力、悦志⑭。"

周公《爾雅》："檟，苦茶。"《廣雅》云："荆巴間採葉作餅⑮，葉老者，餅成以米膏出之。欲煮茗飲，先炙令赤色⑯，搗末置瓷器中，以湯澆覆之，用蒽、薑、橘子芼之。其飲醒酒，令人不眠。"

《晏子春秋》："嬰相齊景公時，食脱粟之飯，炙三戈、五卵、茗菜而已。"

洞庭中西盡處，有仙人茶，乃樹上之苔蘚也，四皓採以爲茶。

有客過茅君[35]，時當大暑。茅君於手巾内解茶，人與一葉，客食之，五内清涼。詰所從來？茅君曰：此蓬萊山穆陀樹葉，衆仙食之以當飲。

揚雄《方言》："蜀西南人謂茶曰葭。"

華佗《食論》："苦茶久食,益意思。"

孫皓每饗宴,坐席無能否,每率以七升爲限。雖不悉入口,皆澆灌取盡。韋曜飲酒不過二升,初見禮異時,常爲裁減,或密賜茶茗以當酒。《吳志》

劉曄,字子儀。嘗與劉筠飲茶,問左右："湯滾也未?"衆曰："已滾。"筠曰："僉曰鯀哉。"曄應聲曰："吾與點也。"

晉武帝時,宣城人秦精,常入武昌山採茗。遇一毛人,長丈餘,引精至山下,示以叢茗而去。俄而復還,乃探懷中橘以遺精。精怖,負茗而歸。《續搜神記》

惠帝蒙塵還洛陽,黃門以瓦盆盛茶上至尊。《晉四王起事》

晉元帝時,有老姥每旦擎一器茗入市鬻之。市人競買,自旦至夕,其器不減。所得錢,散給路旁孤寡乞人。人或異之,州法曹縶之獄中。夜,執所鬻茗器,從獄牖中飛出。《廣陵耆老傳》

傅巽《七誨》:蒲桃、宛奈,齊柿、燕栗,峘陽黃梨,巫山朱橘,南中茶子,西極石密。

弘君舉《食檄》："寒溫既畢,應下霜華之茗。三爵而終,應下諸蔗、木瓜、元李、楊梅、五味、橄欖、懸豹、葵羹各一杯。"

郭璞《爾雅注》云:茶,樹小似梔子,冬生葉,可煮羹飲。今呼早取爲茶,晚取爲茗,或一曰荈,蜀人名之苦茶。

任瞻,字育長。少時有令名,自過江失志。既下飲,問人云："此爲荈爲茗?"覺人有怪色,乃自申明云："向問飲爲熱爲冷耳。"《世説》[36]

溫嶠表遣取供御之調,條列真上茶千片,茗三百大薄。《晉書》

桓溫爲揚州牧,性儉。每讌飲,唯下七奠,拌茶果而已。《晉書》

桓宣武[37]有一督將,喜飲茶至一斛二斗。一日過量,吐如牛肺一物,以茗澆之,容一斛二斗。客云："此名斛二瘕。"《續搜神記》

陸納爲吳興太守時,謝安欲詣納。納兄子俶,怪納無所備,不敢請,乃私爲具。既至,納所設惟茶果而已,俶遂陳盛饌,珍羞畢具。安去,納杖俶四十。云："汝不能光益叔父,奈何穢吾素業。"《晉中興書》

夏侯愷因疾死,宗人字苟奴,察見鬼神,見愷來牧馬,並病其妻。著平

上幘單衣入，坐生時西壁大牀，就人覓茶飲。《搜神記》

　　餘姚人虞洪，入山採茗。遇一道士，牽三青牛，引洪至瀑布山。曰：“予丹丘子也，聞子善具飲，常思見惠。山中有大茗，可以相給，祈子他日有甌犧之餘，乞相遺也。”因立奠祀。後常令家人入山，獲大茗焉。《神異記》

　　剡縣陳務妻，少與二子寡居。好飲茶茗，以宅中有古塚，每飲，輒先祀之。二子患之，曰：“古塚何知？徒以勞意。”欲掘去，母苦禁而止。其夜夢一人云：“吾止此塚三百餘年，卿二子恆欲見毀，賴相保護，又享吾佳茗，雖潛壤朽骨，豈忘翳桑之報。”及曉，於庭中獲錢十萬，似久埋者，但貫新耳。母告二子，慚之。從是，禱饋愈甚。《異苑》

　　燉煌人單道開，不畏寒暑，常服小石子。所服藥有松、蜜、薑、松、桂、茯苓之氣[17]，所餘茶蘇而已。《藝術傳》

　　晉司徒長史王濛，好飲茶，客至輒飲之。士大夫甚以為苦，每欲候濛，必云：今日有水厄。《世說》

　　王肅初入魏，不食羊肉、酪漿，嘗飯鯽魚羹，渴飲茗汁。京師士子見肅一飯一斗，號為漏卮。後與孝文會，食羊肉酪粥。文帝怪問之，對曰：“羊是陸産之最，魚是水族之長，所好不同，並各稱珍。羊比齊魯大邦，魚比邾莒小國，惟茗不中與酪作奴。”彭城王勰顧謂曰：明日為卿設邾莒之會，亦有酪奴。《後魏録》

　　劉縞慕王肅之風，專習茗飲。彭城王謂縞曰：“卿不慕王侯八珍，好蒼頭水厄。海上有逐臭之夫，里内有學顰之婦，卿即是也。”《伽藍記》[38]

　　宋新安王子鸞，豫章王子尚，詣曇濟道人於八公山。道人設茗，子尚味之曰：“此甘露也，何言茶茗。”《宋録》

　　蕭衍子西豐侯蕭正德，歸降時，元義欲為設茗。先問：“卿於水厄多少？”正德不曉義意，答曰：“下官生於水鄉，立身以來，未遭陽侯之難。”坐客大笑。《伽藍記》

　　陶弘景《雜録》：苦茶輕身換骨，昔丹丘子黃山君嘗服之。

　　山謙之《吳興記》：烏程縣西二十里有温山，出御荈。

　　隋文帝微時，夢神人易其腦骨。自爾腦痛。忽遇一僧云：“山中有茗草，服之當愈。”

　　蕭宗嘗賜張志和奴、婢各一人,志和配爲夫婦,名曰漁童、樵青。人問其故,答曰:“漁童使捧釣收綸,蘆中鼓枻;樵青使蘇蘭薪桂,竹裏煎茶。”

　　竟陵龍蓋寺僧於水濱得嬰兒,育爲弟子。稍長,自筮,遇蹇之漸。繇曰:“鴻漸於陸,其羽可用爲儀。”乃姓陸氏,字鴻漸,名羽。博學多能,性嗜茶,著《茶經》三篇,言茶之源、之法。造茶具二十四事,以都統籠貯之。遠近傾慕,好事者家藏一副,至今鬻茶之家,陶其像,置於煬器之間,祀爲茶神。《因話錄》

　　有積禪師者,嗜茶久,非羽供事不鄉口。會羽出遊江湖四五載,師絕於茶味。代宗召入内供奉,命宮人善茶者烹以餉師。師一啜而罷。上疑其詐,私訪羽召入。翌日,賜師齋,俾羽煎茗。師捧甌,喜動顔色,且啜且賞曰:“此茶有若漸兒所爲也。”帝由是歎師知茶,出羽見之。《紀異錄》

　　御史大夫李栖筠按義興,山僧有獻佳茗者。會客嘗之。陸羽以爲芬香甘辣,冠於他境,可薦於上。栖筠從之。[39]

　　李季卿宣慰江南,至臨淮,知常伯熊善茶,乃詣伯熊。伯熊著黄帔衫、烏紗幘,手執茶器,口通茶名,區分指點,左右刮目。茶熟,李爲啜兩杯。《語林》

　　錢起,字文仲,與趙莒茶宴。又嘗過長孫宅,與郎上人作茶會。

　　李約[40],雅度簡遠,有山林之致,一生不近粉黛,性嗜茶。謂人曰:“茶須緩火炙,活火煎。”客至,不限碗數,竟日執持茶具不倦。曾奉使至陝州硤石縣東,愛渠水清流,旬日忘發。《因話錄》

　　陸宣公贄,張鎰餉錢百萬,止受茶一串。曰:“敢不承公之賜。”[41]

　　金鑾故例,翰林當直學士,春晚困,則日賜成象殿茶果。《金鑾密記》[42]

　　元和時,館閣湯飲待學士者,煎麒麟草。《鳳翔退耕傳》

　　韓晉公滉,聞奉天之難,以夾練囊緘茶末,遣使健步以進。《國史補》

　　同昌公主,上每賜饌。其茶有“緑葉紫莖”之號。《杜陽雜編》

　　吳僧梵川,誓願然頂,供養雙林傅大士。自往蒙山頂結菴種茶,凡三年,味方全美,得絶佳者,名爲聖揚花、吉祥蕊,共不踰五斤,持歸供獻。

　　白樂天方齋,劉禹錫正病酒,乃餽菊苗虀、蘆菔鮓,換取樂天六班茶二囊以醒酒[43]。

有人授舒州牧,以茶數十斤獻李德裕,李悉不受。開年罷郡,用意精求天柱峯數角投李;李閲而受之。曰:"此茶可以消酒肉。"因命烹一甌沃於肉食内,以銀合閉之。詰旦視其肉,已化爲水矣。衆服其廣識。《中朝故事》

太和七年正月,吴蜀貢新茶,皆於冬中作法爲之上。務恭儉,不欲逆其物性,詔所貢新茶,宜於立春後作。《唐史》

湖州長洲縣啄木嶺金沙泉,每歲造茶之所也。湖、常二縣⑱,接界於此。厥土有境會亭,每茶時,二牧畢至。斯泉也,處沙之中,居常無水。將造茶,太守具儀注,拜敕祭泉,頃之發源,其夕清溢。供御者畢,水即微減;供堂者畢,水已半之;太守造畢,水即涸矣。太守或還旆稽留,則示風雷之變,或見鷙獸毒蛇木魅之類。商旅即以顧渚造之,無沾金沙者。《茶譜》

會昌初,監察御史鄭路[44],有兵察廳事茶。茶必市蜀之佳者,貯於陶器,以防暑濕。御史躬親監啟,謂之御史茶瓶。[45]

大中三年,東都進一僧,年一百三十歲。宣宗問服何藥致然? 對曰:"臣少也賤,不知藥,性本好茶,至處惟茶是求,或飲百碗不厭⑲。"因賜五十斤,令居保壽寺。《南部新書》

柳惲墳在吴興白蘋洲,有胡生以釘鉸爲業,所居與墳近,每飲必奠以茶。忽夢惲告之曰:"吾姓柳,生平善爲詩而嗜茗,感子茶茗之惠,無以爲報,願教子爲詩。"胡生辭以不能。柳強之曰:"但率子意言之,當有致矣。"生後遂工詩焉。《南部新書》

陸龜蒙嗜茶,置園顧渚山中,歲取租茶,自判品第;書繼《茶經》《茶訣》之後[46]。

皮光業,最耽茗飲,一日中表請嘗新柑,筵具甚豐,簪緩叢集。纔至,未顧尊罍而呼茶甚急。徑進一巨觥,題詩曰:"未見甘心氏,先迎苦口師。"衆嘩曰:"此師固清高,而難以療饑也。"

趙州禪師問新到:"曾到此間麼?"曰:"曾到。"師曰:"喫茶去。"又問僧,僧曰:"不曾到。"師曰:"喫茶去。"後院主問曰:"爲甚麼曾到也云喫茶去,不曾到也云喫茶去。"師召院主,主應諾。師曰:"喫茶去。"

蜀雅州蒙山中頂,有茶園。一僧病冷且久,嘗遇老父詢其病,僧具告之。父曰：“何不飲茶。”僧曰：“本以茶冷，豈能止此？”父曰：“仙家有雷鳴茶，亦聞乎？蒙之中頂，以春分先後，俟雷發聲，多攜人力採摘，三日乃止。若獲一兩，以本處水煎服，能袪宿疾；二兩眼前無疾；三兩換骨；四兩成地仙。”僧因之中頂築室以俟。及期，獲一兩，服未竟而病瘥。至八十餘時到城市，貌若年三十餘，眉髮紺綠。後入青城山，不知所終。《茶譜》[20]

義興南嶽寺，有真珠泉。稠錫禪師嘗飲之，清甘可口。曰：“得此泉，烹桐廬茶，不亦稱乎？”未幾，有白蛇啣茶子墮寺前，由此滋蔓，茶倍佳。《義興舊志》

唐黨魯使西番，烹茶帳中。魯曰：“滌煩療渴，所謂茶也。”番人曰：“我亦有之，”乃出數品，曰：“此壽春者，此顧渚者，此蘄門者。”《唐書》[47]

覺林院僧志崇，收茶爲三等：待客以驚雷莢，自奉以萱草帶[21]，供佛以紫茸香，蓋最工以供佛，而最下以自奉也。客赴茶者，皆以油囊盛餘瀝而歸[22]。

僧文了善烹茶，遊荆南，高保勉子季興[48]，延置紫雲菴，日試其藝，呼爲湯神[23]。奏授華亭水大師。目曰乳妖。

饌茶而幻出物象於湯面者，茶匠通神之藝也。沙門福全，長於茶法，能注湯幻茶成將詩一句[24]，並點四甌，共一絕句，泛乎湯表。檀越日造其門，求觀湯戲，全自詠詩曰：“生成盞裏水丹青，巧畫工夫學不成，卻笑當年陸鴻漸，煎茶贏得好名聲。”[49]

岳陽灉湖舊出茶，李肇所謂灉湖之含膏也。今惟白鶴僧園有千餘本，一歲不過一二十兩；土人謂之白鶴茶，味極甘香。《岳陽風土記》

西域僧金地藏所植，名金地茶，出煙霞雲霧之中，與地上產者，其味复絕。《九華山志》

五代時魯公和凝在朝，率同列遞日以茶相飲，味劣者有罰，號爲湯社。

陶穀買得黨太尉故妓，命取雪水烹團茶，謂妓曰：“黨家應不識此。”妓曰：“彼粗人安得有此？但能銷金帳中淺斟低唱，飲羊羔美酒耳。”陶愧其言。《類苑》

開寶初，竇儀以新茶餉客，盒面標曰：“龍陂山子茶。”[50]

建安能仁院，有茶生石縫間，僧採造得八餅，號石巖白，以四餅遺蔡襄,以四餅遺王内翰禹玉。歲餘,襄被召還闕,過禹玉。禹玉命子弟於茶筍中選精品碾餉蔡。蔡捧茶未嚐,即曰:"此極似能仁石巖白,公何以得之?"禹玉未信,索帖驗之,果然[51]。

盧廷璧見僧詎可庭茶具十事,具衣冠拜之。

蘇廙作《仙芽傳》,載作湯十六法:以老嫩言者,凡三品;以緩急言者,凡三品;以器標者,共五品;以薪論者,共五品。陶穀謂:湯者,茶之司命。此言最得三昧。[52]

宣城何子華[53],邀客於剖金堂,酒半,出嘉陽嚴峻畫陸羽像。子華因言:"前代惑駿逸者爲馬癖;泥貫索者爲錢癖;愛子者有譽兒癖;耽書者有《左傳》癖。若此叟溺於茗事,何以名其癖?"楊粹仲曰:"茶雖珍,未離草也,宜追目陸氏爲甘草癖。"一坐稱佳。[54]

宋大小龍團,始於丁晉公,成於蔡君謨。歐陽公聞而歎曰:"君謨士人也,何至作此事。"《苕溪詩話》

熙寧中,賈青[55]爲福建轉運使,取小龍團之精者爲密雲龍。自玉食外,戚里貴近丐賜尤繁。宣仁一日慨歎曰:"建州今後不得造密雲龍,受他人煎炒不得也。"此語頗傳播縉紳間。

蘇才翁嘗與蔡君謨鬥茶,蔡茶用惠山泉,蘇茶少劣,改用竹瀝水煎,遂能取勝。《江鄰幾雜志》[56]

杭州營籍周韶[57],常蓄奇茗與君謨鬥勝,題品風味君謨屈焉[58]。

蔡君謨老病不能啜,但烹而玩之。

黃實爲發運使[59],大暑泊清淮樓,見米元章[60]衣犢鼻自滌、研於淮口,索篋中無所有,獨得小龍團二餅,亟遣人送入。

司馬溫公偕范蜀公遊嵩山,各攜茶往。溫公以紙爲貼,蜀公盛以小黑合。溫公見之,驚曰:"景仁乃有茶器?"蜀公聞其言,遂留合與寺僧[61]。

蘇長公愛玉女河水烹茶,破竹爲券,使寺僧藏其一,以爲往來之信,謂之調水符[62]。

廖明略[63]晚登蘇門,子瞻大奇之。時黃、秦、晁、張[64],號蘇門四學士,子瞻待之厚;每來,必令朝雲取密雲龍。一日又命取,家人謂是四學士。窺之,乃明略也。

李易安[65]，趙明誠妻也。與趙每飯罷，坐歸來堂烹茶，指堆積書史，言某事在某書卷第幾葉第幾行，以中否勝負，飲茶先後。中則舉杯大笑，或至茶覆懷中不得飲而起[66]。

王休居太白山下，每至冬時，取溪冰，敲其晶瑩者，煮建茗待客。

卷三

文苑

賦

荈賦　杜育[67]

靈山惟嶽，奇產所鍾。厥生荈草，彌谷被岡。承豐壤之滋潤，受甘靈之霄降。月維初秋，農功少休。結偶同旅，是採是求。水則岷方之注，挹彼清流。器擇陶揀，出自東甌。酌之以匏，取式公劉。惟茲初成，沫沈華浮。焕如積雪，燁若春藪。

此賦載《藝文類聚》，僅作如是觀。存他書者，有調神和內，倦懈康除二句，惜不獲覿其全篇。然斷珪殘璧，猶堪賞玩；惟鮑令暉《香茗賦》[25]，有遺珠之恨云。

茶賦　顧況[68]

稽天地之不平兮，蘭何爲乎早秀，菊何爲乎遲榮？皇天既孕此靈物兮，厚地復糅之而萌。惜下國之偏多，嗟上林之不至。如羅玳筵[26]，展瑤席，凝藻思，開靈液，賜名臣，留上客，谷鶯囀，宮女嚬，汎濃華，漱芳津，出恆品，先衆珍。君門九重，聖壽萬春，此茶上達於天子也。滋飯蔬之精素，攻肉食之膻膩，發當暑之清吟，滌通宵之昏寐。杏樹桃花之深洞，竹林草堂之古寺。乘槎海上來，飛錫雲中至，此茶下被於幽人也。《雅》曰："不知我者，謂我何求。"可憐翠澗陰，中有泉流；舒鐵如金之鼎，越泥如玉之甌。輕煙細珠，靄然浮爽氣。淡煙風雨，秋夢裏還錢。懷中贈橘，雖神秘而焉求。

茶賦　吳淑[69]　（夫其滌煩療渴）

南有嘉茗賦　梅堯臣

南有山原兮不鑿不營，乃産嘉茗兮囂此衆岷。土膏脈動兮雷始發聲，萬木之氣未通兮，此已吐乎纖萌。一之曰雀舌露，掇而製之，以奉乎王庭；二之曰鳥喙長，擷而焙之以備乎公卿；三之曰槍旗聳，摹而炕之，將求乎利贏；四之曰嫩莖茂，團而範之，來充乎賦征。當此時也，女廢蠶織，男廢農耕，夜不得息，晝不得停。取之由一葉而至一掬，輸之若百谷之赴巨溟。華夷蠻貊，固日飲而無厭；富貴貧賤，匪時啜而不寧。所以小民冒險而競鬻，孰謂峻法之與嚴刑？嗚呼！古者聖人爲之絲枲絺紘，而民始衣；播之禾黍菽粟，而民不饑；畜之牛羊犬豕，而甘脆不遺；調之辛酸鹹苦，而五味適宜；造之酒醴而宴饗之，樹之果蔬而薦羞之，於茲可謂備矣。何彼茗無一勝焉，而競進於今之時，抑非近世之人體惰不勤，飽食粱肉，坐以生疾，藉以靈荈而消腑胃之宿陳？若然，則斯茗也，不得不謂之無益於爾身，無功於爾民也哉！

煎茶賦　黃庭堅　（洶洶乎如澗松之發清吹）

五言古詩

嬌女詩　左思　（吾家有嬌女）

登成都樓詩　張載

借問楊子舍，想見長卿廬。程卓累千金，驕侈擬五侯。門有連騎客，翠帶腰吳鈎。鼎食隨時進，百味和且殊。披林摘秋橘，臨江釣春魚。黑子過龍醢，果饌踰蟹蝑。芳茶冠六情，溢味播九區。人生苟安樂，茲土聊可娛。

雜詩　王微[70]

寂寂掩空閣，寥寥空廣廈。待君竟不歸，收領今就槚。

答族侄贈玉泉仙人掌茶　李白

常聞玉泉山,山洞多乳窟。仙鼠如白鴉,倒懸深谿月。茗生此中石,
玉泉流不歇。根柯灑芳津,採服潤肌骨。叢老卷綠葉,枝枝相接連。曝成
仙人掌,似拍洪崖肩。舉世未見之,其名定誰傳。宗英乃禪伯,投贈有佳
篇。清鏡燭無鹽,顧慚西子妍。朝坐有餘興,長吟播諸天。

洛陽尉劉晏與府掾諸公茶集天宮寺岸道上人房　王昌齡[71]

良友呼我宿,月明懸天宮。道安風塵外,灑掃青林中。削去府縣理,
豁然神機空。自從三湘還,始得今夕同。舊居太行北,遠宦滄溟東。各有
四方事,白雲處處通。

六羨歌　陸羽　（不羨黃金罍）

喫茗粥作　儲光羲

當晝暑氣盛,鳥雀靜不飛。念君高梧陰,復解山中衣。數片遠雲度,
曾不蔽炎暉。淹留膳茶粥,共我飯蕨薇。敝廬既不遠,日暮徐徐歸。

茶山　袁高

禹貢通遠俗,所圖在安人。後王失其本,職吏不敢陳。亦有奸佞者,
因兹欲求伸。動生千金費,日使萬姓貧。我來顧渚源,得與茶事親。氓輟
農桑業,採採實苦辛。一夫但當役,盡室皆同臻。捫葛上欹壁,蓬頭入荒
榛。終朝不盈掬,手足皆鱗皴。悲嗟遍空山,草木爲不春。陰嶺芽未吐,
使者牒已頻。心爭造化力,先走銀臺均。選納無晝夜,搗聲昏繼晨。眾工
何枯槁,俯視彌傷神。皇帝尚巡狩,東郊路多堙。周迴繞天涯,所獻愈艱
勤。未知供御餘[27],誰合分此珍[28]。

澄秀上座院　韋應物

繚繞西南隅,鳥聲轉幽靜。秀公今不在,獨禮高僧影。林下器未收,
何人適煮茗。

酬巽上人竹間新茶詩　柳宗元

芳叢翳湘竹,零露凝清華。復此雪山客,晨朝掇靈芽。蒸煙俯石瀨,咫尺凌丹崖。圓芳麗奇色,圭璧無纖瑕。呼童爨金鼎,餘馥延幽遐。滌慮發真照,還源蕩昏邪。猶同甘露飲,佛事薰毗耶。咄此蓬瀛客,無爲貴流霞。㉙

與孟郊洛北野泉上煎茶　劉言史[72]

粉細越筍芽,野煎寒溪濱。恐乖靈草性,觸事皆手親。敲石取鮮火,撇泉避腥鱗。熒熒爨風鐺,拾得墮巢薪。潔色既爽別,浮氣亦殷勤。以兹委曲静,求得正味真。宛如摘山時,自啜指下春。湘瓷泛輕花,滌盡昏渴神。此遊愜醒趣,可以話高人。

北苑　蔡襄

蒼山走千里,斗落分兩臂。靈泉出池清,嘉卉得天味。入門脱世氛,官曹真傲吏。

茶壠　（造化曾無私）

採茶　（春衫逐紅旗）

造茶　（磨玉寸陰間）

試茶　（兔毫紫甌新）

種茶　蘇軾

松間旅生茶,已與松俱瘦。茨棘尚未容,蒙翳爭交構。天公所遺棄,百歲仍稚幼。紫筍雖不長,孤根乃獨壽。移栽白鶴嶺,土軟春雨後。彌旬得連陰,似許晚遂茂。能忘流轉苦,戢戢出鳥咮。未任供春磨㉚,且可資摘嗅。千團輸大官㉛,百餅銜私鬥。何如此一啜,有味出吾圃。

問大冶長老乞桃花茶栽東坡

周詩記苦荼,茗飲出近世。初緣厭粱肉,假此雪昏滯。嗟我五畝園,桑麥苦蒙翳。不令寸地閒,更乞茶子蓺。饑寒未知免,已作大飽計。庶將通有無,農末不相戾。春來凍地裂,紫筍森已銳。牛羊煩訶叱,筐筥未敢睨。江南老道人,齒髮日夜逝。他年雪堂品,尚記桃花裔。

寄周安孺茶

大哉天宇内,植物知幾族。靈品獨標奇,迥超凡草木。名從姬旦始,漸播桐君録。賦詠誰最先,厥傳惟杜育。唐人未知好,論著始於陸。常李亦清流[73],當年慕高躅。遂使天下士,嗜此偶於俗。豈但中土珍,兼之異邦鬻。鹿門有佳士,博覽無不矚。邂逅天隨翁[74],篇章互賡續。開園頤山下,屏跡松江曲。有興即揮毫,燦然存簡牘。伊予素寡愛,嗜好本不篤。粤自少年時,低回客京轂。雖非曳裾者,庇蔭或華屋。頗見綺紈中,齒牙厭粱肉。小龍得屢試,糞土視珠玉。團鳳與葵花,硌砆雜魚目。貴人自矜惜,捧玩且緘櫝。未數日注卑,定知雙井辱。於兹自研討,至味識五六。自爾入江湖,尋僧訪幽獨。高人固多暇,探究亦頗熟。聞道早春時,攜籝赴初旭。驚雷未破蕾,採採不盈掬。旋洗玉泉蒸,芳馨豈停宿。須臾布輕縷,火候謹盈縮。不憚頃間勞,經時廢藏蓄。糆筒淨無染,筈籠勻且複。苦畏梅潤侵,暖須人氣燠。有如剛耿性,不受纖芥觸。又若廉夫心,難將微穢瀆。晴天敞虛府,石碾破輕綠。永日遇閒賓,乳泉發新馥。香濃奪蘭露,色嫩欺秋菊。閩俗競傳誇,豐腴面如粥。自云葉家白,頗勝中山醁。好是一杯深,午窗春睡足。清風擊兩腋,去欲凌鴻鵠。嗟我樂何深,水經亦屢讀。子詫中泠泉,次乃康王谷。螺培頃曾嘗,瓶罌走僮僕。如今老且懶,細事百不欲。美惡兩俱忘,誰能強追逐。薑鹽拌白土,稍稍從吾蜀。尚欲外形體,安能徇心腹。由來薄滋味,日飯止脱粟。外慕既已矣,胡爲此羈束。昨日散幽步,偶上天峯麓。山圃正春風,蒙茸萬旗簇。呼兒爲佳客,採製聊亦復。地僻誰我從,包藏置廚簏。何嘗較優劣,但喜破睡速。況此夏日長,人間正炎毒。

求惠山泉[75]

故人憐我病,箬籠寄新馥。欠伸北窗下,晝睡美方熟。精品厭凡泉,願子致一斛。

和尚和卿嘗茶　陳淵[76]

俗子醉紅裙,羶葷敗人意。花瓷烹月團,此樂天不畀。諸公各英姿,淡薄得真味。聊爲下季隱,不替江湖思。輕雲落杯醆,飛雪灑腸胃。笑談出冰玉,毫末視鼎貴。我作月旦評,全勝家置喙。傳聞茶後詩,便得古人配。誰能三百餅,一洗玉川睡。御風歸蓬萊,高論驚兒輩。

茗飲　謝薖[77]

汲澗供煮茗,浣我雞黍腸。蕭然綠陰下,復此甘露嘗。憪彼俗中士,噂沓聲利場。高情屬吾黨,茗飲安可忘。

春夜汲同樂泉烹黃蘗新茶　謝薖[32]

尋山擬三餐,放箸欣一飽。汲泉泣銅瓶,落磑碎鷹爪。長爲山中遊,頗與世路拗。矧此好古胸,茗碗得搜攪。風生覺冷冷,祛滯亦稍稍[33]。夜深可無睡,澄潭數參昴。

卷四

文苑

七言古詩

飲茶歌誚崔石使君[34]　僧皎然

越人遺我剡溪茗,採得金芽爨金鼎。素瓷雪色飄沫香,何似諸仙瓊蕊漿。一飲滌昏寐,情思爽朗滿天地。再飲清我神,忽如飛雨灑輕塵。三飲便得道,何須苦心破煩惱。此物清高世莫知,世人飲酒徒自欺。好看畢卓甕間夜,笑向陶潛籬下時。崔侯啜之意不已,狂歌一曲驚人耳。孰知茶道全爾真[35],惟有丹丘得如此。

飲茶歌送鄭容㊱

丹丘羽人輕玉食,採茶飲之生羽翼。名藏仙府世莫知,骨化雲宮人不識。雪山童子調金鐺,楚人《茶經》虛得名。霜天半夜芳草折,爛熳緗花啜又生。常説此茶祛我疾,使人胸中蕩憂慄。日上香爐情未畢,亂踏虎溪雲,高歌送君出。

西山蘭若試茶歌　劉禹錫　（山僧後簷茶數叢）

謝孟諫議寄新茶歌　盧仝　（日高丈五睡正濃）

謝僧寄茶　李咸用[78]

空門少年初行堅,摘芳爲藥除睡眠。匡山茗樹朝陽偏,暖萌如爪拏飛鳶。枝枝膏露凝滴圓,參差失向兜羅綿。傾筐短甑蒸新鮮,白紵眼細勻於研。磚排古砌春苔乾,殷勤寄我清明前。金槽無聲飛碧煙,赤獸呵冰急鐵喧。林風夕和真珠泉,半匙青粉攪潺湲。緑雲輕縮湘娥鬟,嘗來縱使重支枕,蝴蝶寂寥空掩關。

採茶歌　秦韜玉[79]

天柱香芽露香發,爛研瑟瑟穿荻篾。太守憐才寄野人,山童碾破團圓月。倚雲便酌泉聲煮,獸炭潛然蚌珠吐。看著晴天早日明,鼎中颯颯篩風雨。老翠香塵下纔熟,攪時繞箸天雲緑㊲。躭書病酒兩多情,坐對閩甌睡先足。洗我胸中幽思清,鬼神應愁歌欲成。

美人嘗茶行　崔珏[80]

雲鬟枕落困泥春,玉郎爲碾瑟瑟塵。閒教鸚鵡啄窗響㊳,和嬌扶起濃睡人。銀瓶貯泉水一掬,松雨聲來乳花熟。朱脣啜破緑雲時,咽入香喉爽紅玉。明眸漸開横秋水,手撥絲篁醉心起。移時卻坐推金箏㊴,不語思量夢中事。

西嶺道士茶歌　温庭筠[81]

乳泉濺濺通石脈,緑塵秋草春江色。澗花入井水味香,山月當人松影直。仙翁白扇霜鳥翎[40],拂壇夜讀黄庭經。疏香皓齒有餘味,更覺鶴心通杳冥。

和章岷從事鬥茶歌　范仲淹　(年年春自東南來)

古靈山試茶歌　陳襄[82]

乳源淺淺交寒石,松花墮粉愁無色。明星玉女跨神雲,鬥剪輕羅縷殘碧。我聞巒山二月春方歸,苦霧迷天新雪飛。仙鼠潭邊蘭草齊,露牙吸盡香龍脂。轆轤繩細井花暖,香塵散碧琉璃碗。玉川冰骨照人寒,瑟瑟祥風滿眼前。紫屏冷落沉水煙,山月當軒金鴨眠。麻姑癡煮丹巒泉,不識人間有地仙。

送茶與許道人　歐陽修

潁陽道士青霞客,來似浮雲去無跡。夜朝北斗太清壇,不道姓名人不識。我有龍團古蒼璧,九龍泉深一百尺。憑君汲井試烹之,不是人間香味色。

嘗新茶歌呈聖俞

建安三千五百里[41],京師三月嘗新茶。人情好先務取勝,百物貴早相矜誇。年窮臘盡春欲動,蟄雷未起驚龍蛇。夜聞擊鼓滿山谷,千人助叫聲喊呀。萬木寒癡睡不醒,惟有此樹先萌芽。乃知此爲最靈物,宜其獨得天地之英華。終朝採摘不盈掬,通犀銙小圓復窊。鄙哉穀雨槍與旗,多不足貴如刈麻。建安太守急寄我,香箬包裹封題斜。泉甘器潔天色好[42],坐中揀擇客亦嘉。新香潤色如始造,不似來遠從天涯。停匙側盞試水路,拭目向空看乳花。可笑俗夫把金錠,猛火炙背如蝦蟆。由來真物有真賞,坐逢詩老頻咨嗟。須臾共起索酒飲,何異奏樂終淫哇。

龍鳳茶寄照覺禪師　黃裳[83]

有物吞食月輪盡,鳳鬐龍驤紫光隱。雨前已見纖雲從,雪意猶在渾淪中。忽帶天香墮吾篋,自有同幹欣相逢。寄向仙廬引飛瀑,一蔟蠅聲急須腹。禪翁初起宴坐間,接見陶公方解顏。頤指長鬚運金碾,未白眉毛且須轉,爲我對啜延高談。亦使色味超塵凡[43],破悶通靈此何取,兩腋風生豈須御。昔云木馬能嘶風,今看茶龍堪行雨[44]。

和蔣夔寄茶　蘇軾

我生百事常隨緣,四方水陸無不便。扁舟渡江適吳越,三年飲食窮芳鮮。金虀玉鱠飯炊雪,海螯江柱初脫泉。臨風飽食甘寢罷,一甌花乳浮輕圓。自從捨舟入東武,沃野便到桑麻川。蒭毛胡羊大如馬,誰記鹿角腥盤筵。廚中蒸粟堆飯甕[45],大杓更取酸生涎。拓羅銅碾棄不用,脂麻白土須盆研。故人猶作舊眼看,謂我好尚如當年。沙溪北苑強分別,水腳一線爭誰先。清詩兩幅寄千里,紫金百餅費萬錢。吟哦烹噍兩奇絕,只恐偷乞煩封纏。老妻稚子不知愛,一半已入薑鹽煎。人生所遇無不可,南北嗜好知誰賢。死生禍福久不擇,更論甘苦爭蚩妍。知君窮旅不自釋,因詩寄謝聊相鐫。

黃魯直以詩餽雙井茶次韻爲謝[84]

江夏無雙種奇茗,汝陰六一誇新書。磨成不敢付僮僕,自看雪湯生珠璣。例仙之儒癯不腴,只有病渴同相如。明年我欲東南去,畫舫何妨宿太湖[46]。

答錢顗[85]茶詩

我官於南今幾時,嘗盡溪茶與山茗。胸中似記古人面,口不能言心自省。雪花雨腳何足道[47],啜過始知真味永。縱復苦硬終可錄,汲黯少戇寬饒猛。草茶無賴空有名,高者妖邪次顛獷。體輕雖復強浮沉[48],性滯偏工嘔酸冷。其間絕品豈不佳,張禹縱賢非骨鯁。葵花玉銙不易致,道路幽險隔雲嶺。誰知使者來自西,開緘磊落收百餅。嗅香嚼味本非別,透紙自覺光烔烔⑭。粃糠團鳳及小龍,奴隸日注臣雙井。收藏愛惜待佳客,不敢包裹鑽權倖。此詩有味君勿傳,空使其人怒生瘦。

試院煎茶　(蟹眼已過魚眼生)

和子瞻煎茶　蘇轍
年來病懶百不堪⑩,未廢飲食求芳甘。煎茶舊法出西蜀,水聲火候猶能諧。相傳煎茶只煎水,茶性仍存偏有味。君不見,閩中茶品天下高,傾身事茶不知勞。又不見,北方俚人茗飲無不有,鹽酪椒薑誇滿口。我今倦遊思故鄉,不學南方與北方。銅鐺得火蚯蚓叫,匙腳旋轉秋螢光。何時茅簷歸去炙背讀文字,遣兒折取枯竹女煎湯。

龍涎半挺贈無咎　黃庭堅
我持玄圭與蒼璧,以暗投人渠不識。城南窮巷有佳人,不索賓郎常晏食。赤銅茗碗雨斑斑,銀粟翻花解破顏。上有龍文下棋局,探囊贈君諾已宿。此物已是元豐春,先皇聖功調玉燭。晁子胸中開典禮⑪,平生自期莘與渭。故用澆君磊塊胸,莫令鬢毛雪相似。曲几蒲團聽煮湯,煎成車聲繞羊腸。雞蘇胡麻留渴羌,不應亂我官焙香。肥如瓠壺鼻雷吼⑫,幸君飲此莫飲酒。

雙井茶寄東坡　(人間風日不到處)

詠茶[86]
春深養芽鍼鋒芒,沆瀣養膏冰雪香。玉斧運風寶月滿,密雲候再蒼龍翔。惠山寒泉第二品,武定烏瓷紅錦囊。浮花元屬三昧手,竹齋自試魚眼湯。

乞錢穆父[87]新賜龍團　張耒[88]
閩侯貢璧琢蒼玉,中有掉尾寒潭龍。驚雷作春山不覺,走馬獻入明光宫。瑶池侍臣最先賜,惠山乳香新破封。可得作詩酬孟簡,不須載酒過揚雄。

謝道原[89]惠茗　鄧肅[90]

太丘官清百物無,青衫半作蕉葉枯。尚念故人家四壁,郝原春雪隨雙魚。榴火雨餘烘滿院,宿酒攻人劇刀箭。李白起觀仙人掌,盧仝欣覩諫議面。瓶笙已作魚眼從,楊花傍碾輕隨風。擊拂共看三昧手,白雲洞中騰玉龍。堆胸磊塊一澆散[53],乘風便欲款天漢。卻憐世士不偕來,爲借千將誅趙贊。

謝木舍人輈之送講筵茶　楊萬里

吳綾縫囊染菊水,蠻砂塗印題進字。淳熙錫貢新水芽,天珍誤落黃茅地。故人鷺渚紫薇郎,金華講徹花草香。御前啜罷三危露,滿袖香煙懷璧去。北苑龍芽内樣新,銅圍銀範鑄瓊塵。老夫平生愛煮茗,十年燒穿新腳鼎。何曾夢到龍游窠,何曾夢喫龍芽茶。鍜圭炙璧調冰水,烹龍炮鳳搜肝髓。故人氣味茶樣清[54],故人風骨茶樣明。開緘不但似見面,叩之咳唾金玉聲。麴生勸人墜巾幘[55],睡魔遣我抛書册。老夫七碗病未能,一啜猶堪坐秋夕。

宣賜龍焙第一綱,殿上走趨明月璫。歸來拈出兩蜿蜒,雷霆晦冥驚破柱。九天寶月霏五雲,玉龍雙舞黃金鱗。下山汲泉得甘冷,上山摘芽得苦梗。故人分送玉川子,春風來自玉皇家。石花紫筍可衙官,赤印白泥走牛耳。

茶歌　白玉蟾[91]

柳眼偷看梅花飛,百花頭上春風吹。枝頭未敢展槍旗,吐玉綴金先獻奇。帶露和煙摘歸去,蒸來細搗幾千杵。碾邊飛絮捲玉塵,磨下細珠散金縷。蟹眼已沒魚眼浮,颼颼松聲送風雨。綠雲入口生香風,滿口蘭芷香無窮。君不見,孟諫議送茶驚起盧仝睡,

壑源春到不知時,霹靂一聲驚曉枝。雀舌含春不解語,只有曉露晨煙知。捏作月團三百片,火候調匀文與武。首山紅銅鑄小鐺,活火新泉自烹煮。定州紅石琢花瓷,瑞雪滿甌浮白乳。兩腋颼颼毛竅通,洗盡枯腸萬事空。又不見,白居易餒茶喚醒禹錫醉。

陸羽作《茶經》,曹暉作《茶銘》。文正范公對客笑,紗帽籠頭煎石銚。素虛
見雨如丹砂,點作滿盞菖蒲花。東坡深得煎水法,酒闌往往覓一呷。趙州
夢裏見南泉,愛結焚香瀹茶緣。吾儕烹茶有滋味,華池神水先調試。丹田
一畝自栽培,金翁姹女採歸來。天爐地鼎依時節,煉作黃芽烹白雪。味如
甘露勝醍醐,服之頓覺沉疴甦。身輕便欲登天衢^⑩,不知天上有茶無。

夏日陪楊邦基⁹²彭思禹訪德莊烹茶分韻得嘉字　釋德洪⁹³

炎炎三伏過中伏,秋光先到幽人家。閉門積雨蘇封徑,寒塘白藕晴開
花。吾儕酷愛真樂妙,笑譚相對興無涯。山童解烹蟹眼湯,先生自試鷹爪
芽。清香玉乳沃詩脾,抨紙落筆驚龍蛇。源長浩與春漲謝,力健清將秋㤞
嘉。須臾踏幅亂書几,環觀朗誦交驚誇。一聲漁笛意不盡,夕陽歸去還
西斜。

卷五

文苑

五言律詩

送陸鴻漸棲霞寺採茶　皇甫冉

採茶非採綠,遠遠上層崖。布葉春風暖,盈筐白日斜。舊知山寺路,
時宿野人家。借問王孫草,何時泛碗花。

送陸鴻漸採茶相過　皇甫曾　（千峯待逋客）

莫秋會嚴京兆後廳竹齋　岑參⁹⁴

京尹小齋寬,公庭半藥欄。甌香茶色嫩,窗冷竹聲乾。盛德中朝貴,
清風畫省寒。能將吏部鏡,照取寸心看。

晦夜李侍御萼宅集招潘述湯衡海上人飲茶賦　僧皎然

晦夜不生月,琴軒猶爲開。牆東隱者在,淇上逸僧來。茗愛傳花飲,

詩看卷素裁。風流高此會,曉景屢徘徊。

喜園中茶生　韋應物

性潔不可污,爲飲滌塵煩。此物信靈味,本自出山原。聊因理郡餘,率爾植荒園。喜隨衆草長,得與幽人言。

過長孫宅與郎上人茶會　錢起

偶與息心侶,忘歸才子家。玄談兼藻思,綠茗代榴花。岸幘看雲卷,含毫任景斜。松喬若逢此,不復醉流霞。

茶塢　皮日休

閒尋堯氏山,遂入深深塢。種莽已成園,栽葭寧記畝。石窪泉似掬,巖罅雲如縷。好是夏初時,白花滿煙雨。

茶人

生於顧渚山,老在漫石塢。語氣爲茶荈,衣香是煙霧。庭從橶子遮,果任獼師虜。日晚相笑歸,腰間佩輕簍。

茶筍

褱⁵⁷然三五寸,生必依巖洞。寒恐結紅鉛,暖疑銷紫汞。圓如玉軸光,脆似瓊英凍。每爲遇之疏,南山掛幽夢。

茶籝

筐筹曉攜去,蓊箇山桑塢。開時送紫茗,負處沾清露。歇把傍雲泉,歸將掛煙樹。滿此是生涯,黃金何足數。

茶舍

陽崖枕白屋,幾口嬉嬉活。棚上汲紅泉,焙前蒸紫蕨。乃翁研茗後,中婦拍茶歌。相向掩柴扉,清香滿山月。

茶竈

南山茶事動,竈起傍巖根。水煮石髮氣,薪然松脂香。青璃蒸後凝,
綠髓炊來光。如何重辛苦,一一輸膏粱^⑤。

茶焙

鑿彼碧巖下,卻應深二尺。泥易帶雲根,燒難礙石脈。初能燥金餅,
漸見乾瓊液。九里共杉林,相望在山側。

茶鼎

龍舒有良匠,鑄此佳樣成。立見菌蠢勢,煎爲潺湲聲。草堂暮雲陰,
松窗殘雪明。此時勺複茗,野語知逾清。

茶甌

邢客與越人,皆能造瓷器。圓似月魂墮,輕如雲魄起。棗花勢旋眼,
蘋沫香沾齒。松下時一看,支公亦如此。

煮茶

香泉一合乳,煎作連珠沸。時看蟹目濺,乍見魚鱗起。聲疑帶松雨,
餑恐生煙翠。倘把瀝中山,必無千日醉。

茶塢　　陸龜蒙

茗地曲隈回,野行多繚繞。向陽就中密,背澗差還少。遙盤雲髻漫,
亂簇香篝小。何處好幽期,滿巖春露曉。

茶人

天賦識靈草,自然鍾野姿。閒來北窗下,似與東風期。雨後探芳去,
雲間幽路危。唯應報春鳥,得共斯人知。

茶筍

所孕和氣深,時抽玉茗短。輕煙漸結華,嫩蕊初成管。尋來青靄曙,欲去紅雲暖。秀色自難逢,傾筐不曾滿。

茶籯

金刀劈翠筠,織似羅文斜。製作自野老,攜持伴山娃。昨日鬥煙粒,今朝貯綠華。爭歌調笑曲,日暮方還家。

茶舍

旋取山上材,架爲山下屋。門因水勢斜,壁任巖限曲。朝隨鳥俱散,暮與雲同宿。不憚採掇勞,只憂官未足。

茶竈

無突抱輕嵐,有煙應初旭。盈鍋玉泉沸,滿甌雲芽熟。奇香襲春桂[59],嫩色凌秋菊。煬者若吾徒,年年看不足。

茶焙

左右擣凝膏,朝昏布煙縷。方圓隨樣拍,次第依層取。山謠縱高下,火候還文武。見說焙前人,時時炙花晡[95]。

茶鼎

新泉氣味良,古鐵形狀醜。那堪風雪夜,更值煙霞友。曾過頴石下,又住清谿口。且供薦皋盧,何勞傾斗酒。

茶甌

昔人謝堀埏[96],徒爲妍詞飾。豈如圭璧姿,又有煙嵐色。光參筠席上,韻雅金罍側。直使于闐君,從來未嘗識。

煮茶

閒來松間坐,看煮松上雪。時於浪花裏,併下藍英末。傾餘精爽健,忽似氛埃滅。不合別觀書,但宜窺玉札。

茶詠　鄭愚[97]

嫩芽香且靈,吾謂草中英。夜臼和煙搗,寒鑪對雪烹。惟憂碧粉散,煎覺緑花生[60]。最是堪憐處,能令睡思清。

建溪嘗茶　丁謂

建水正寒清,茶民已夙興。萌芽先社雨[61],採掇帶春冰。碾細香塵起,烹鮮玉乳凝。煩襟時一啜,寧羨酒如澠。

答建州沈屯田寄新茶　梅堯臣

春芽研白膏,夜火焙紫餅。價與黃金齊,包開青箬整。碾爲玉色塵,遠汲蘆底井。一啜同醉翁,思君聊引領。

怡然以垂雲新茶見餉報以大龍團仍戲作小詩　蘇軾

妙供來香積,珍烹具大官。揀芽分雀舌,賜茗出龍團。曉日雲菴暖,春風浴殿寒。聊將試道眼,莫作兩般看。

茶竈　袁樞[98]

摘茗蛻仙巖,汲水潛蚪穴。旋然石上竈,輕泛甌中雪。清風已生腋,芳味猶在舌。何時掉孤舟,來此分餘啜。

七言律詩

峽中嘗茶　鄭谷

簇簇新英帶露光,小江園裏火前嘗。吳僧謾説雅山好,蜀叟休誇鳥嘴香。入座半甌輕泛緑,開緘數片淺含黃。鹿門病客不歸去,酒渴更知春味長。

許少卿寄臥龍山茶　趙抃⁹⁹

越芽遠寄入都時，酬倡珍誇互見詩。紫玉叢中觀雨腳，翠峯頂上摘雲旗。啜多思爽都忘寐，吟苦更長了不知⁶²。想到明年公進用，臥龍春色自遲遲。

嘗茶　梅堯臣

都籃攜具向都堂，碾破雲團北焙香。湯嫩水輕花不散，口甘神爽味偏長。莫誇李白仙人掌，且作盧仝走筆章。亦欲清風生兩腋，從教吹去月輪傍。

汲江煮茶　蘇軾

自臨釣石取深清，活水仍須活火烹。大瓢貯月歸春甕，小杓分江入夜瓶。雪乳已翻煎處腳，松風忽作瀉時聲。枯腸未易禁三碗，臥聽山城長短更。

謝曹子方惠新茶

陳植文華斗石高，景公詩句復稱豪。數奇不得封龍額，禄仕何妨有馬曹。囊簡久藏科斗字，劍鋒新瑩鸕鶒膏。南州山水能爲助，更有英辭勝廣騷。

建守送小春茶　王十朋

建安分送建溪春，驚起松堂午夢人。盧老書中才見面，范公碾畔忽飛塵。十篇北苑詩無敵，兩腋清風思有神。日鑄臥龍非不美，賢如張禹想非真。

謝吳帥惠乃弟所寄廬山茶　林希逸¹⁰⁰

五老峯前草自靈，若爲封裹入南閩。錦囊有句知難弟，玉帳多情寄野人。雲腳似浮廬瀑雪，水痕堪鬥建溪春。龍團拜賜前身夢，得此烹嘗勝食珍。

謝性之惠茶　釋德洪

午窗石碾哀怨語，活火銀瓶暗浪翻。射眼色隨雲腳亂，上眉甘作乳花繁。味香已覺臣雙井，聲價從來友墅源。卻憶高人不同試，暮山空翠共無言⁶³。

五言排律

對陸迅飲天目山茶因寄元居士晟　僧皎然

喜見幽人會，初開野客茶。日成東井葉，露採北山芽。文火香偏勝，寒泉味轉嘉。投鐺湧作沫，著碗聚生花。稍與禪經近，聊將睡網賒。知君在天目，此意日無涯。

睡後煎茶⁶⁴　白居易

婆娑綠陰樹，斑駁青苔地。此處置繩牀，旁邊洗茶器。白瓷甌甚潔，紅鑪炭方熾。末下麴塵香，花浮魚眼沸。盛來有佳色，嚥罷餘芳氣。不見楊慕巢，誰人知此味。

茶山　杜牧

山實東吳秀，茶稱瑞草魁。剖符雖俗吏，修貢亦仙才。溪盡停蠻棹，旗張卓翠苔。柳村穿窈窕，松徑度喧豗。等級雲峯峻，寬平洞府開。拂天聞笑語，特地見樓臺。泉嫩黃金湧，芽香紫璧栽。拜章期沃日，輕騎若奔雷。舞袖嵐侵澗，歌聲谷答迴。磬音藏葉鳥，雪豔照潭梅。好是全家到，兼爲奉詔來。樹陰香作帳，花徑落成堆。景物殘三月，登臨愴一杯。重遊難自剋，俛首入塵埃。

謝故人寄新茶¹⁰¹　曹鄴¹⁰²

劍外九華英，緘題上玉京。開時微月上，碾處亂泉聲。半夜招僧至，孤吟對月烹。碧沉雲腳碎，香泛乳花輕。六腑睡神去，數朝詩思清。月餘不敢費，留伴肘書行。

茶園　王禹偁[103]

勤王修歲貢,晚駕過郊原。蔽芾餘千本,青蔥共一園。芽新撐老葉,土軟迸深根。舌小侔黃雀,毛獰摘綠猿。出蒸香更別,入焙火微溫。採近桐華節,生無穀雨痕。緘縢防遠道,進獻趁頭番。待破華胥夢,先經閶闔門。汲泉鳴玉甃,開宴壓瑤罇。茂育知天意,甄收荷主恩。沃心同直諫,苦口類嘉言。未復金鑾召,年年奉至尊。

謝人寄蒙頂新茶　〔文同〕[66]

蜀土茶稱盛,蒙山味獨珍。靈根託高頂,勝地發先春。幾樹初驚暖,羣籃競摘新。蒼條尋暗粒,紫蕚落輕鱗。的皪香瓊碎,氳氲綠麈勻。慢烘防熾炭,重碾敵輕塵。無錫泉來蜀,乾崤盞自秦。十分調雪粉,一啜嚥雲津。沃睡迷無鬼,清吟健有神。冰霜疑入骨,羽翼要騰身。磊磊真賢宰,堂堂作主人。玉川喉吻澀,莫惜寄來頻。

五言絕句

九日與陸處士飲茶　僧皎然

九日山僧院,東籬菊也黃。俗人唯泛酒,誰解助茶香。

茶嶺　張籍[104]

紫芽連白蕊,初白嶺頭生。自看家人摘,尋常觸露行。

又　韋處厚[105]

顧渚吳商絕,蒙山蜀信稀。千叢因此始,含露紫茸肥。

山泉煎茶有感　白居易

坐酌泠泠水,看煎瑟瑟塵。無由持一碗,寄與愛茶人。

斫茶磨　梅堯臣

吐雪誇新茗,堆雲憶舊溪。北歸惟此急,藥臼不須齎。

茶詠　張舜民

玉尺鋒稜取,銀槽樣度宽。月中忘桂實,雲外得天葩。

山居　龍牙[106]和尚

覺倦燒爐火,安鐺便煮茶。就中無一事,唯有野僧家。

武夷茶　趙若槸[107]

石乳沾餘潤,雲根石髓流。玉甌浮動處,神入洞天遊。

茶竈　朱熹

仙翁遺石竈,宛在水中央。飲罷方舟去,茶煙裊細香。

雲谷茶坂

攜籯北嶺西,採擷供茗飲。一啜夜窗寒,跏趺謝衾枕。

七言絕句

與趙莒茶讌　錢起

竹下忘言對紫茶,全勝羽客對流霞。塵心洗盡興難盡,一樹蟬聲片影斜。

新茶詠　盧綸[108]

三獻蓬萊始一嘗,日調金鼎閱芳香[66]。貯之玉合纔半餅,寄與惠連題數行。

嘗茶　劉禹錫

生拍芳叢鷹嘴芽[67],老郎封寄謫仙家。今宵更有湘江月,照出霏霏滿碗花。

蕭員外寄蜀新茶　白居易

蜀茶寄到但驚新,渭水煎來始覺珍。滿甌似乳堪持玩,況是春深酒渴人。

寄茶

紅紙一封書後信[68],綠芽十片火前春。湯添勺水煎魚眼,末下刀圭攪麴塵[69]。

冬景迴文　薛濤[109]

天凍雨寒朝閉户,雪飛風冷夜關城。鮮紅炭火爐圍暖,淺碧茶甌注茗清。

蜀茗　施肩吾[110]

越碗初盛蜀茗新,薄煙輕處攪來勻。山僧問我將何比,欲道瓊漿卻畏嗔。

答友〔人〕寄新茶[70]　李羣玉

滿火芳香碾麴塵,吳甌湘水綠花新。愧君千里分滋味,寄與春風酒渴人。

謝朱常侍寄貺蜀茶[111]　崔道融[112]

瑟瑟香塵瑟瑟泉,驚風驟雨起爐煙。一甌解卻山中醉,便覺身輕欲上天。

煎茶　成文幹[113]

嶽寺春深睡起時,虎跑泉畔思遲遲。蜀茶倩箇雲僧碾,自拾枯松三四枝。

謝寄新茶　楊嗣復[114]

石上生芽二月中,蒙山顧渚莫爭雄。封題寄與楊司馬,應爲前銜是相公。

即事　陸龜蒙

泱泱春泉出洞霞,石壜封寄野人家。草堂盡日留僧坐,自向前溪摘茗芽。

過陸羽茶井　王禹偁　（甃石苔封百尺深）

對茶有懷　林逋[115]

石碾輕飛瑟瑟塵,乳花烹出建茶新。人間絕品應難識,閒對茶經憶故人。

寒夜　杜小山[116]

寒夜客來茶當酒,竹爐湯沸火初紅。尋常一樣窗前月,纔有梅花便不同。

即事

坐來石榻水雲清,何事空山有獨醒。滿地落花人跡少,閉門終日註茶經。[117]

錦屏山下　邵雍[118]

山似抹藍波似染,遊心一向難拘檢。仍攜二友所分茶,每到煙嵐深處點。

雙井茶寄景仁　司馬光

春睡無端巧逐人,驅訶不去苦相親。欲憑洪井真茶力,試遣刀圭報谷神。

嘗茶詩　沈括

誰把嫩香名雀舌，定來北客未曾嘗。不知靈草天然異，一夜風吹一寸長。

寄茶與王平甫　王安石

綵絳縫囊海上舟，月團蒼潤紫煙浮。集英殿裏春風晚，分到并門想麥秋。

送茶與東坡　僧了元[119]

穿雲摘盡社前春，一兩平分半與君[71]。遇客不須求異品，點茶還是喫茶人。

飲醞茶七碗　蘇軾

示病維摩元不病，在家靈運已忘家。何須魏帝一丸藥，且盡盧全七碗茶。

同六舅尚書詠茶碾烹煎　黃庭堅　（風爐小鼎不須催）

茶巖　羅願[120]

巖下纔經昨夜雷，風爐瓦鼎一時來。便將槐火煎巖溜，聽作松風萬壑迴。

禁直　周必大[121]

綠陰夾道集昏鴉，敕賜傳宣坐賜茶。歸到玉堂清不寐，月鈎初上紫薇花。

武夷六曲　白玉蟾

仙掌峯前仙子家，客來活水煮新茶。主人遙指青煙裏，瀑布懸崖剪雪花。

茶瓶候湯　李南金[122]　（砌蟲唧唧萬蟬催）

又　羅大經[123]　（松風檜雨到來初）

詞

問大冶長老乞桃花茶水調歌頭　**蘇軾**

已過幾番雨，前夜一聲雷。槍旗爭戰建溪，春色占先魁。採取枝頭雀舌，帶露和煙擣碎，結就紫雲堆。輕動黃金碾，飛起綠塵埃。　老龍團，真鳳髓，點將來。兔毫盞裏，霎時滋味舌頭回。喚醒青州從事，戰退睡魔百萬，夢不到陽臺。兩腋清風起，我欲上蓬萊。

詠茶阮郎歸　**黃庭堅**

歌停檀板舞停鸞，高陽飲興闌。獸煙噴盡玉壺乾，香分小鳳團。　雲浪淺，露珠圓，捧甌春筍寒。絳紗籠下躍金鞍，歸時人倚欄。

詠煎茶同前

烹茶留客駐金鞍，月斜窗外山。見郎容易別郎難，有人愁遠山。　歸去後，憶前歡，畫屏金轉山。一杯春露莫留殘，與郎扶玉山。

〔詞〕⑦

詠茶好事近　**蔡松年**[124]

天上賜金奩，不減壑源三月。午碗春風纖手，看一時如雪。　幽人只慣茂林前，松風聽清絕。無奈十年黃卷，向枯腸搜徹。

和蔡伯堅詠茶同前　**高士談**[125]

誰扣玉川門，白絹斜封團月。晴日小窗活火，響一壺春雪。　可憐桑苧一生顛，文字更清絕。真擬駕風歸去，把三山登徹。

詠茶青玉案　**党懷英**[126]

紅莎綠箬春風餅,趁梅驛,來雲嶺。紫柱崖空瓊寶冷。佳人卻恨,等閒分破,縹緲雙鸞影。　一甌月露心魂醒,更送清歌助幽興。痛飲休辭今夕永,與君洗盡、滿襟煩暑,別作高寒境。

卷六

〔文苑〕[73]

銘

茶夾銘　程宣子[127]

石筋山脈,鍾異於茶。馨含雪尺,秀啟雷車。採之擷之,收英歛華。蘇蘭薪桂,雲液露芽。清風兩腋,玄圃盈涯。

頌

森伯頌　湯説[128]

方飲而森然,粘乎齒牙,馥郁既久,四肢森然聳異。

贊

茗贊略　權紓[129]

窮春秋,演河圖,不如載茗一車。

論

茶論　謝宗

此丹丘之仙茶,勝烏程之御荈。不止味同露液,白比霜華,豈可爲酪蒼頭,便應代酒從事。

書

與兄子演書　劉琨

前得安豐乾薑一斤,桂一斤,黃芩一斤[74],皆所須也。吾體中憒悶,常仰真茶,汝可置之。

與楊祭酒書　杜鴻漸

顧渚山中紫筍茶兩片,一片上太夫人,一片充昆弟同歠,此物但恨帝未得嘗,實所歎息。

遺舒州牧書　李德裕

到郡日,天柱峯茶可惠三數角。

送茶與焦刑部書　孫樵[130]

晚甘侯十五人遣侍齋閣,此徒皆乘雷而摘,拜水而和,蓋建陽丹山碧水之鄉,月澗雲龕之品,慎勿賤用之。

餽茶書　蔡襄

襄啟:暑熱,不及通謁,所苦想已平復,日夕風日酷煩無處可避。人生覉鎖如此,可歎可歎! 精茶數片不一,襄上公謹左右。

與友人書　黃廷堅[131]

雙井雖品在建溪之亞,煮新湯嘗之,味極佳,乃草木之英也,當求名士同烹耳。

與客書　蘇軾

已取天慶觀乳泉,潑建茶之精者,念非君莫與共之。

謝傅尚書茶　楊萬里

遠餉新茗,當自攜大瓢[75],走汲谿泉,束澗底之散薪,然折足之石鼎,烹玉塵,啜香乳,以享天上。故人之意,愧無胸中之書傳,但一味攪破菜園耳。

表

代武中丞謝賜茶表　劉禹錫
伏以方隅入貢，採擷至珍，自遠貢來，以新爲貴，捧而觀妙，飲以滌煩。顧蘭露而慚芳，豈柘漿而齊味，既榮凡口，倍切丹心。

謝賜新茶表　柳宗元
臣以無能，謬司邦憲。大明首出，得親仰於雲霄。渥澤遂先，忽沾恩於草木。況茲靈味，成自遐方，照臨而甲折。惟新煦嫗而芬芳可襲，調六味而成美，扶萬壽以效珍，豈臣微賤膺此殊錫。啣恩敢同於嘗酒⑳，滌慮方切於飲冰。

進新茶表　丁謂
右件物，產異金沙，名非紫筍。江邊地暖，方呈彼茁之形。闕下春寒，已發其甘之味；有以少爲貴者，焉敢韞而藏諸，見謂新茶，蓋遵舊例。

序

茶中雜詠序　皮日休[132]

煮茶泉品序[133]　葉清臣

進茶錄序　蔡襄[134]

後序　歐陽修[135]

《品茶要錄》序　黃儒[136]

《大觀茶論》序　宋徽宗[137]

記

煎茶水記　張又新[138]

傳

葉嘉傳　蘇軾

葉嘉，閩人也。其先處上谷。曾祖茂先，養高不仕，好游名山；至武夷，悦之，遂家焉。嘗曰：吾植功種德，不爲時採，然遺香後世，吾子孫必盛於中土，當飲其惠矣。煙先葬郝源，子孫遂爲郝源民。至嘉，少植節操，或性之業武。曰："吾當爲天下英武之精，一槍一旗，豈吾事哉。"因而游見陸先生。先生奇之，爲著其行録，傳於時。

方漢帝嗜閱經史，時建安人爲謁者侍上。上讀其行録，而善之。曰："吾獨不得與此人同時哉！"曰："臣邑人葉嘉，風味恬淡，清白可愛，頗負其名性有濟世之才，雖羽知猶未詳也。"上驚，敕建安太守，召嘉給傳遣詣京師。郡守始令採訪嘉所在，命齎書示之。嘉未就。遣使臣督促，郡守曰："葉先生方閉門製作，研味經史，志圖挺立，必不屑進，未可促之。"親至山中，爲之勸駕，始行登車。遇相者揖之曰："先生容質異常，矯然有龍鳳之姿，後當大貴。"嘉以皂囊上封事。天子見之曰："吾久飫卿名，但未知其實爾，我其試哉。"因顧謂侍臣曰："視嘉容貌如鐵，資質剛勁，難以遽用，必槌提頓挫之乃可。"遂以言恐嘉曰："碪斧在前，鼎鑊在後，將以烹子，子視之如何？"嘉勃然吐氣曰："臣山藪猥士，幸爲陛下採擇至此，可以利生，雖粉身碎骨，臣不辭也。"上笑，命以名曹處之，又加樞要之務焉。因誡小黃門監之。有頃報曰："嘉之所爲，猶若粗疏然。"上曰："吾知其才，第以獨學，未經師耳。"嘉爲之屑屑就師，頃刻就事，已精熟矣。上乃敕御史歐陽高，金紫光禄大夫鄭當時，甘泉侯陳平三人與之同事。歐陽疾嘉初進有寵，曰："吾屬且爲之下矣。"計欲傾之。會天子御延英，促召四人。歐但熱中而已，當時以足擊嘉；而平亦以口侵陵之。嘉雖見侮，爲之起立，顏色不變。歐陽悔曰："陛下以葉嘉見託，吾輩亦不可忽之也。"因同見帝，陽稱嘉美，而陰以輕浮訾之。嘉亦訴於上，上爲責歐陽，憐嘉；視其顏色久之，曰：

"葉嘉真清白之士也,其氣飄然若浮雲矣。"遂引而宴之。少間,上鼓舌欣然曰:"始吾見嘉,未甚好也,久味其言,令人愛之,朕之精魄,不覺洒然而醒。"書曰:"啟乃心,沃朕心",嘉之謂也。於是封嘉鉅合侯,位尚書。曰:"尚書,朕喉舌之任也。"由是寵愛日加,朝廷賓客遇會宴,未始不推嘉於上。日引對至於再三。後因侍宴苑中,上飲踰度,嘉輒苦諫,上不悅。曰:"卿司朕喉舌,而以苦辭逆我,余豈堪哉。"遂唾之,命左右仆於地。嘉正色曰:"陛下必欲甘辭利口然後愛耶?臣雖言苦,久則有效,陛下亦嘗試之,豈不知乎。"上顧左右曰:"始吾言嘉剛勁難用,今果見矣。"因含容之,然亦以是疏嘉。

　　嘉既不得志,退去閩中。既而曰:吾未如之何也已矣。上以不見嘉月餘,勞於萬機,神藟思困,頗思嘉。因命召至,喜甚,以手撫嘉曰:"吾渴欲見卿久矣。"遂恩遇如故。上方欲南誅兩越,東擊朝鮮,北逐匈奴,西伐大宛,以兵革爲事,而大司農奏計國用不足,上深患之,以問嘉。嘉爲進三策:其一曰榷天下之利,山海之資,一切籍於縣官。行之一年,財用豐贍,上大悅。兵興有功而還。上利其財,故榷法不罷。管山海之利,自嘉始也。居一年,嘉告老,上曰:"鉅合侯其忠可謂盡矣。"遂得爵其子。又令郡守,擇其宗支之良者,每歲貢焉。嘉子二人,長曰搏,有父風,故以襲爵。次子挺,抱黃白之術,比於搏,其志尤淡泊也,嘗散其資,拯鄉閭之困,人皆德之。故鄉人以春伐鼓,大會山中,求之以爲常。

　　贊曰:今葉氏散居天下,皆不喜城邑,惟樂山居。氏於閩中者,蓋嘉之苗裔也。天下葉氏雖夥,然風味德馨,爲世所貴,皆不及閩。閩之居者又多,而郝源之族爲甲。嘉以布衣遇天子,爵徹侯位八座,可謂榮矣。然其正色苦諫,竭力許國,不爲身計,蓋有以取之。夫先王,用於國有節,取於民有制,至於山林川澤之利,一切與民。嘉爲策以榷之,雖救一時之急,非先王之舉也。君子譏之,或云管山海之利,始於鹽鐵丞孔僅、桑弘羊之謀也。嘉之策,未行於時;至唐,趙讚始舉而用之。

清苦先生傳　　楊維禎

　　先生名槮,字荈之,姓賈氏,別號茗仙。其先陽羨人也,世係綿遠,散處之中州者不一。先生幼而穎異,於諸眷族中,最其風致。卜居隱於姑蘇之虎丘，與陸羽、盧仝輩相友善，號勾吳三雋。每二人遊，必挾先生隨之，以故情誼日殷，衆咸目之爲死生交。然先生之爲人，芬馥而爽朗，磊落而疏豁，不媚於世，不阿於俗。凡有請求，則必攝緘縢固扃鐍，假人提攜而往。四方之士多親炙之，雖窮簷蔀屋，足跡未嘗少絶。偶乘月大江泛舟，取金山中泠之水而瀹之，因品爲第一泉，遂遨遊不輟。尤喜僧室道院，貪愛其花竹繁茂，水石清奇，徜徉容與，逌然不忍去。構小軒一所，扁曰："松風深處"，中設鼎彝尊好之物，墟燒榾柮，煨芋栗而啜之。因賦詩有"松風乍響匙翻雪，梅影初橫月到窗"之句。或琴弈之間，樽俎之上，先生無不价焉。又性惡旨酒，每對醉客，必攘袂而剖析之。客醉，亦因之而少解。少嗜詩書百家之學，誦至夜分，終不告倦。所至高其風味，樂其真率，而無詆評之者。而裹之枯吻者，仰之如甘露；昏瞑者，飲之若醍醐。或譽之以嘉名，而先生亦不以爲華；或咈之非義，而先生亦不與之較。其清苦狷介之操類如此，或者比倫之，以爲伯夷之亞。其標格，具於黃太史魯直之賦；其顚末，詳諸蔡司諫君謨之性，兹故弗及贅也。

太史公曰：賈氏有二出，其一，晉文公子犯之子狐射姑食采於賈，後世因以爲姓。至漢文時，洛陽少年誼，挾經濟之才，上治安之策。帝以其深達國體，欲位之以卿相。絳灌之徒扼之，遂疏出之爲梁王太傅，弗伸厥志，雖其子孫蕃衍，終亦不振。有僭擬龍鳳團爲號者，又其疏逖之屬，各以驕貴夸侈，日思競以旗鎗。宗人咸相戒曰：彼稔惡不悛，懼就烹於鼎鑊，盍逃之。或隱於蒙山，或遁於建溪，居無何而禍作，後竟泯泯無聞，惟先生以清風苦節高之。故没齒而無怨言，其亦庶幾乎篤志君子矣。

述

茶述　李白

余聞荆州玉泉寺，近清溪諸山，山洞往往有乳窟，窟中多玉泉交流，其水邊處處有茗草羅生，枝葉如碧玉，惟玉泉真公常採而飲之，年八十餘歲，顏色如桃花。而此茗清香滑熱，異於他所，所以能還童振枯，人人壽也。余游金陵，見宗僧中孚示余茶數十片，拳然重疊，其狀如手掌，號仙人掌茶。兼贈以詩，要余答之。後之高僧大隱，知仙人掌茶，發於中孚衲子及青蓮居士李白也。

説

鬥茶説⑰　唐庚

茶不問團銙，要之貴新；水不問江井，要之貴活。唐相李衛公，好飲惠山泉，置驛傳送，不遠數千里。近世歐陽少師得内賜小龍團，更閱三朝，賜茶尚在，此豈復有茶也哉？今吾提汲走龍塘，無數千步。此水宜茶，昔人以爲不減清遠峽，而海道趨建安，茶數日可至，故每歲新茶，不過三月，頗得其勝。

茶乘拾遺

龍溪高元濬君鼎輯

上篇

茶，初巡爲停停嬝嬝十三餘，再巡爲碧玉破瓜年，三巡以來緑陰成矣。[139]

或柴中之麩火，或焚餘之虚炭，本體盡而性且浮。浮則有終嫩之嫌。炭則不然，實湯之友。

北方多石炭，南方多木炭，而蜀又有竹炭，燒巨竹爲之，易燃、無煙、耐久，亦奇物。

探湯純熟，便取起，先注少許壺中，祛蕩冷氣傾出，然後投茶，亦烹法之一也。

空中懸架，將茶瓶口朝下⑱，以絶蒸氣。其説近是，但覺多事耳。

人但知箬葉可以藏茶，而不知多用能奪茶香氣，且箬性峭勁，不甚帖伏，能無滲罅？一經滲罅，便中風濕，從前諸事廢矣。

陸處士論煮茶法，初沸水合量，調之以鹽味，是又厄水也。

用水洗茶，以卻塵垢，亦爲藏久設耳。如新制則不然，人但知湯候，而不知火候。火然則水乾，是試火先於試水也。《吕氏春秋》：伊尹説湯五味、九沸、九變；火爲之紀。

烏蔕白合,茶之大病。不去烏蔕,則色黃黑;不去白合,則味苦澀。

茶始造則青翠,收藏不法,一變至緑,再變至黃,三變至黑,四變至白;食之則寒胃,甚至瘠氣成積。

多置器以藏梅水,投伏龍肝兩許,月餘取用至益人。龍肝,竈心乾土也,或云乘熱投之。

種茶易,採茶難;採茶易,焙茶難;焙茶易,藏茶難;藏茶易,烹茶難,稍失法律,便減茶勳。

蔡君謨謂范文正曰:公採茶歌云:“黃金碾畔緑塵飛,碧玉甌中翠濤起。”“今茶絶品,其色甚白,翠緑乃其下者耳。欲改玉塵飛、素濤起,如何?”希文曰善。

東坡云:茶欲其白,常患其黑;墨則反是。然墨磨隔宿,則色暗;茶碾過日,則香減,頗相似也。茶以新爲貴,墨以古爲佳,又相反也。茶可於口,墨可於目,蔡君謨老病不能飲,則烹而玩之。吕行甫好藏墨而不能書,則時磨而小啜之,此又可發來者一笑也。[140]

茶色貴白,古今同然。白而味覺甘鮮,香氣撲鼻,乃爲精品。蓋茶之精者,淡固白,濃亦白;初潑白,久貯亦白。味足而色白,其香自溢;三者得,則俱得也。

茶味以甘潤上,苦澀下。羅景綸《山靜日長》一篇,膾炙人口,至兩用烹苦茗,不能無累。

茶有真香,有蘭香,有清香,有純香。表裏如一曰純香;不生不熟曰清香;火候均停曰蘭香;雨前神具曰真香。

色味香俱全而飲非其人,猶汲泉以灌蒿萊,罪莫大焉。有其人而未識其趣,一吸而盡,不暇擇味,俗莫甚焉。

鴻漸有云:烹茶於所産處,無不佳,蓋水土之宜也。此誠妙論,況旋摘旋瀹,兩及其新耶。《茶譜》云:“蒙之中頂茶,若獲一兩以本處水烹服,即能祛宿疾”是耶。

北苑連屬諸山,茶最勝。北苑前枕溪流,北涉數里,茶皆氣弇,然色濁,味尤薄惡,況其遠者乎? 亦猶橘過淮爲枳也。

每歲六月興工,虛其本,焙去其滋蔓之草[79],遏鬱之木,令本樹暢茂,一以遵生長之氣，一以糝雨露之澤，名曰開畬。唯桐木留焉，桐木之性，與茶相宜。

松蘿山以松多得名，無種茶者。《休志》云：遠麓有地名榔源，産茶，山僧偶得製法，託松蘿之名，大噪，一時茶因湧貴。僧既還俗，客索茗於松蘿，司牧無以應，往往贋售。然世之所傳松蘿，豈皆榔源産歟？

世所稱蒙茶，是山東蒙陰縣山所生石蘚，亦爲世珍。但形非茶，不可烹。蒙頂茶，乃蜀雅州®即古蒙山郡。《圖經》云：蒙頂有茶，受陽氣之全，故茶芳香。《方輿》《一統志·土産》俱載之。

茶至今日稱精備哉。唐宋研膏蠟面，京挺龍團，把握纖微，直錢數萬，珍重極矣。而碾造愈工，茶性愈失，矧雜以香物乎？曾不如今人止精於炒焙，不損本真。故桑苧翁第可想其風致，奉爲開山。其春碾羅則諸法，存而不論可也。

讀《蠻甌志》，陸羽採越江茶，使小奴子看焙。奴失睡，茶燋燥不可食，怒以鐵索縛奴而投火中。蓋其專致於此道，故殘忍有不恤耳。

李德裕奢侈過求，在中書時，不飲京城水，悉用惠山泉，時謂之水遞。清致可嘉，有損盛德。

貢茶一事，當時頗以爲病，蘇長公有前丁後蔡之語。殊不知理欲同，行異情，蔡主敬君，丁主媚上，不可一概論也。[141]

下篇

小齋之外，別搆一寮，兩椽蕭疏，取明爽高燥而已。中置茶爐，傍列茶器。興到時，活火新泉，隨意烹啜，幽人首務，不可少廢。

品茶最是清事，若無好香在爐，遂乏一段幽趣；焚香雅有逸韻。若無名茶浮碗，終少一番勝緣。是故茶、香兩相爲用，缺一不可。

山堂夜坐，手烹香茗，至水火相戰，儼聽松濤，傾瀉入甌，雲光縹緲，一段幽趣，故難與俗人言。[142]

山谷云：相茶瓢與相邛竹同法，不欲肥而欲瘦，但須飽風霜耳。

箕踞斑竹林中，徙倚青石几上，所有道笈梵書，或校讎四五字，或參諷一兩章。茶不甚精，壺亦不燥；香不甚良，灰亦不死；短琴無曲而有絃；長歌無腔而有音。激氣發於林樾,好風送之水崖,若非羲皇以上,定亦嵇阮兄弟之間。

三月茶筍初肥,梅風未困;九月蓴鱸正美,秫酒新香;勝客晴窗,出古人法書名畫,焚香評賞,無過此時。吳人於十月採小春茶,此時不獨逗漏花枝,而尤喜月光,晴暖從此蹉過,霜淒雁凍,不復可堪。

茶如佳人,此論雖妙,但恐不宜山林間耳。昔蘇子瞻詩:"從來佳茗似佳人"。會茶山詩:"移人尤物衆談誇"是也。若欲稱之山林,當如毛女、麻姑,自然仙風道骨,不浼煙霞可也。必若桃臉柳腰,宜亟屏之銷金帳中,無俗我泉石。

搆一室,中祀桑苧翁,左右以盧玉川、蔡君謨配饗。春秋祭用奇茗。是日,約通茗事數人,爲鬥茗會,畏水厄者不與焉。

取諸花和茶藏之,奪味殊甚,或以茉莉之屬浸水瀹茶,雖一時香氣浮碗,然於茶理終舛。但斟酌時,移建蘭、素馨、薔薇、越橘諸花於几案前,茶香與花香相雜,差助清況。唐人以對花啜茶爲殺風致,未爲佳論。《茶記》言:養水置石子於瓮,不惟益水,而白石清泉,會心不遠。夫石子須取其水中表裏瑩徹者佳,白如截肪、赤如雞冠、藍如螺黛、黃如蒸栗、黑如玄漆,錦紋五色輝映瓮中,徙倚其側,應接不暇,非但益水,亦且娛神。[143]

陸處士品水,據其所嘗試者,二十水耳,非謂天下佳泉水盡於此也。

陸處士能辨近崖水非南零,非無旨也。南零洄洑淵停,清激重厚。臨崖故常流水耳,且混濁迥異。嘗以二器貯之自見。昔人能辨建業城下水,況臨崖?故清濁易辨,此非妄也。[144]

昔時之南零,即今之中泠[81],往時金山屬之南崖,江中惟二泠,蓋指石簰山南流、北流也。自金山瀹入江中,則有三流水。故昔之南泠,乃列爲中泠爾。中泠有石骨,能停水不流,澄凝而味厚。今山僧憚汲險,鑿西麓一井代之,輒指爲中泠水,非也。[145]

山厚者泉厚,山奇者泉奇,山清者泉清,山幽者泉幽,皆佳品也。不厚則薄,不奇則蠢,不清則濁,不幽則喧,必無佳泉。

八功德水,在鍾山靈谷寺。八功德者:一清、二冷、三香、四柔、五甘、六淨、七不噎、八除痾。昔山僧法喜,以所居乏泉,精心求西域阿耨池水。

七日掘地得之[146]。後有西僧至云：本域八池，已失其一。

國初遷寶誌塔，水自從之，而舊池遂涸。人以爲靈異。謂之靈谷者。自琵琶街鼓掌相應若彈絲聲，且志其徙水之靈也。陸處士足跡未至，此水尚遺品録。

鍾山故有靈氣。鍾陰有梅花水，手掬弄之，滴下皆成梅花。此石乳重厚之故，又一異景也。[147]

《括地圖》曰負丘之山，上有赤泉，飲之不老。神宮有英泉，飲之眠三百歲乃覺，不知死。

梁景泰禪師居惠州寶積寺，無水，師卓錫於地，泉湧數尺，名卓錫泉。東坡至羅浮，入寺飲之，品其味，出江水遠甚。

柳州融縣靈巖上有白石巍然如列仙，靈壽溪貫巖下，清響作環佩聲。

武夷御茶園中，有喊山泉。仲春，縣官詣茶場，致祭，水漸滿。造茶畢，水遂涸。此與金沙泉事相類。名泉有難殫述，上數條偶舉靈異耳。

山木固欲其秀，而蔭若叢惡則傷泉。今雖未能使瑤草瓊花披拂其上，而修竹幽蘭自不可少也。

山居接竹引水，承之以奇石，貯之以净缸，其聲尤琮琮可愛，真清課事也。駱賓王詩"刳木取泉遥"，亦接竹之意。

雪爲五穀之精，故宜茗飲。陶穀嘗取雪水烹團茶。又丁謂詩："痛惜藏書篋，堅留待雪天。"李虛己詩："試將梁苑雪，煎動建溪雲。"是古人煮茶多用雪也。但其色不甚白，故處士置諸末品。

泉中有蝦蟹、孑蟲，極能腥味，亟宜淘净之。僧家以羅濾水而飲，雖恐傷生，亦取其潔也。包幼嗣詩"濾水澆新長"，馬戴詩"濾泉侵月起"，僧簡長詩"花壺濾水添"，是也。[148]

山居之人，水不難致，但佳泉尤當愛惜，亦作福事。章孝標《松泉詩》："注瓶雲母滑，漱齒茯苓香。野客偷煎茗，山僧惜净牀。"夫言"偷"言"惜"，皆爲泉重也，安得斯客、斯僧而與之爲鄰耶。

徐獻忠《水品》一書，窮究天下源泉，載福州南臺山泉，清冷可愛，而不知東山聖水、鼓山喝水巖泉、北龍腰泉尤佳。龍腰泉，在北郊城隅，無沙石氣。端明爲郡日，試茶必汲此泉。側有苔泉二字，爲公手書。[149]

吾郡四陲,惟東南稍通朝汐,餘皆依山,無斥鹵之患。天寶以來,諸峯蒼蔚,林木與石溜交加,在處清越。郡內泉佳者,曰東井,其源深厚而紺洌,在紫芝峯麓,其下禪宇奠焉,出叢林,稍拆而西,又有泉曰巖壇,郡人多汲取。甘鮮溫美,似勝東井。余謂得此以佐龍山新茗,足稱雙絕。

夫達人朗士,其襟期恆寄諸詩酒。而時或闌入,焚香煮茗,場中詩近憤,酒近豪,香近幽,而總於茶事有合。余性懶,不能效蘇子美之豪,舉讀《漢書》以斗酒爲率。間置一小齋,粗足容香爐、茶鐺二事而□爲市煙奪去,惟是七碗成癖,在處足舒其逸□。《茶乘》以行,復搜其緒義,以完此一段公案。時在殘菊花際,霏霜雁候,夜靜閒吟,視鼎鑼中雪濤浪翻,乳花正熟,且覺香風馥馥起四座間矣。黃如居士高元濬識。

注　釋

1　癸亥菊月:癸亥,中國干支紀時,六十花甲子的最後一個組配。此癸亥年,指明天啟三年(1623)。菊月,指陰曆九月。

2　露中:指白露或寒露中,九月上半月爲寒露,此露中,約指九月上旬。

3　張燮:字紹和,別號海濱逸史,明福建龍溪人。萬曆二十二年(1594)舉人。性聰敏,博學多能。結社芝山之麓,與蔣孟育、高克正、林茂桂、王志遠、鄭懷魁、陳翼飛并稱爲七才子。著有《東西洋考》《霏雲居集》《羣玉樓集》《初唐四子集》。天啟間刻印過徐日久《五邊典則》二十四卷,自輯《七十二家集》三百四十六卷、《附錄》七十二卷。

4　王仲祖:即王濛。

5　王志道:福建漳浦人,志遠弟,癸丑進士。

6　陳正學:福建漳州府龍溪人,著有《灌園草木識》六卷。

7　黃以陞:字孝義,《千頃堂書目》作孝翼,福建龍溪人。著有《遊名山記》六卷、《蟫巢集》二十卷及《史説萱蘇》一卷。

8　驚雷之笑:南宋寺院采製茶名。《蠻甌志》:"收茶三等。覺林院志崇收茶三等:待客以驚雷笑,自奉以萱草帶,供佛以紫茸香。蓋最上以供佛,而最下以自奉也。"

9　此處刪節,見唐代陸羽《茶經·一之源》。

10　此處刪節,見明代顧元慶、錢椿年《茶譜·茶品》。

11　廬之產曰六安:廬,此指元時的廬州路和明初改路而置的廬州府,治所在今安徽合肥。

12　靈山、高霞、泰寧:此三茶名,俱録自《徐文長先生秘集》。

13　鳩坑、朱溪、青鸞、鶴嶺、石門、龍泉:鳩坑,產睦州(今浙江淳安);朱溪,產浙江餘姚四明;青鸞,疑即指"青鳳髓",產建安;鶴嶺,產江西洪州西山;石門,出自《徐文長先生秘集》;龍泉產今湖北崇陽縣龍泉山。

14　本段內容,摘自《東溪試茶録》《茶經》《宣和北苑貢茶録》及其他有關多種茶書。實際是高元濬將上述各書內容綜合而成,也可説是高元濬自己所重新組寫的內容。

15　本段采法,主要選摘張謙德《茶經》、屠隆《茶箋》兩書采茶內容組成。

16　本段製法,主要據《茶解》《茶疏》和聞龍《茶箋》等有關內容輯綴而成。

17　本段內容,摘自屠本畯《茗笈》"揆制章·評",熊明遇《羅岕茶記》和田藝蘅《煮泉小品》。

18　此處刪節,見明代熊明遇《羅岕茶記》。後兩句據屠隆《茶箋·藏茶》內容改寫。

19　歅(sǐ):香美。《廣羣芳譜》卷21:"其色縮也,其馨歅也。"

20　本段主要選摘《茗笈》"候火""定湯"和蘇廙的《十六湯品》等有關內容串聯而成。

21　《茶譜》:此指明錢椿年原撰,顧元慶刪校本。

22　本段品水,主要選摘田藝蘅《煮泉小品》"靈水"、屠隆《茶箋》"擇水"兩條內容組成。

23　本段內容,高元濬主要選摘《煮泉小品》"源泉""清寒""甘香""石流"等各節有關內容組成。

24　本段內容,摘抄《煮泉小品》和屠隆《茶箋》兩段"井水"記述連接而成。

25　此處刪節,見唐代張又新《煎茶水記》。

26　此處刪節,見唐代張又新《煎茶水記》。除個別字眼外基本相同。

27　本段内容,選摘屠隆《茶箋》、屠本畯《茗笈·辨器章》和陸羽《茶經·碗》等内容組成。

28　本段内容,除"兩壺後,又用冷水蕩滌,使壺凉潔"録自他書外,基本按許次紓《茶疏·盪滌》摘抄。

29　本段内容,基本上據屠本畯《茗笈》"相宜章""玄賞章"和"防濫章"這三部分輯録資料選抄而成。

30　此處刪節,見唐代陸羽《茶經·六之飲》。

31　《茶譜》:此指錢椿年撰,顧元慶刪校本。

32　此處刪節,見明代顧元慶、錢椿年《茶譜·茶效》。

33　此處刪節,見宋代審安老人《茶具圖贊》。

34　顧元慶《茶譜》:應作"錢椿年撰、顧元慶刪校《茶譜》"。本文所録"顧元慶《茶譜》分封七具",與上述錢撰顧校《茶譜》,僅封號相同。本文僅對七茶具實物和用途略作注釋,因此本文也特存而不删。

35　有客過茅君:"茅君",葛洪《神仙傳》稱其爲"幽州人,學道於齊,二十年道成歸家。茅君在帳中與人言語,其出入,或發人馬,或化爲白鶴"。後以茅君指仙人或隱士。

36　《世説》:即南朝宋劉義慶所撰《世説新語》,下同。

37　桓宣武:即桓温(312—373),字元子,東晉譙國龍亢人。明帝婿,拜駙馬都尉。穆帝永和初,任荆州刺史,都督荆、司等四州諸軍事。晚年更以大司馬鎮姑孰(今安徽當塗),專擅朝政;圖謀代晉未成疾卒。後其子桓玄,安帝元興初率兵攻入建康,次年稱帝建國號楚,但不久即爲劉裕、劉毅所敗,西逃時被部下所殺。宣武,即由桓玄稱帝時謚其父爲"竟武皇帝"而來。

38　《伽藍記》:即《洛陽伽藍記》,北魏楊衒之撰。

39　本段内容,無注出處,當是據《唐義興縣重修茶舍記》摘録。

40　李約:唐詩人。字存博,號蕭齋,隴西成紀(今甘肅秦安)人。汧國公李勉之子。貞元十五年(799)至元和二年(807)間爲浙西觀察從事,後官至兵部員外郎。雖爲貴公子,然不慕榮華,後弃官隱居。工詩文,善音樂,精楷隸,好黄老。其詩風格豪健疏野,原集已佚。《全唐詩》存其詩十首,《全唐文》有其文兩篇。

41　事見《新唐書·陸贄傳》。陸贄任鄭尉時罷歸。"壽州刺史張鎰有重名,贄往見語三日。奇之,請爲忘年交。既行,餉錢百萬,曰:'請爲母夫人一日費。'贄不納,止受茶一串。"

42　《金鑾密記》:晚唐韓偓撰,約撰於唐末天復(901—904)年間,其時韓偓爲翰林學士,從昭宗西幸,梁祖以兵圍鳳翔,偓每與謀議而密記所聞見事,後回京師遭貶。

43　此無注出處,經查對,與夏樹芳《茶董》內容全同,《茶董》也無出處,疑高元濬自《茶董》轉録。

44　鄭路:會昌(841—859)年間任監察御史、太常博士。唐制御史有三院,一曰臺院,其僚曰侍御史;二曰殿院,其僚爲殿中侍御史;三曰察院,其僚稱監察御史;察院廳居南,即監察御史鄭路所葺。

45　此無出處,查其内容,當爲摘自韓琬《御史臺記》。

46　本條內容,最早出自毛文錫《茶譜》,但是書早佚。經核對,本文所録,與《升庵文集》基本相同,疑轉録自《升庵文集》。

47　此記載,首出李肇《唐國史補》,但非據《唐國史補》和本文所注《唐史》。此内容更近轉抄自夏樹芳《茶董》。

48　荆南,中國五代時國名。高季興(858—928),荆南國的創建者,字貽孫,本名季昌,避後唐莊宗廟諱改。陝州(今河南陝縣)人。少爲汴州賈人李讓家僮,後歸朱温,曾改姓朱。朱温建後梁,任宋州刺史、荆南節度使,謀兵自固,割據一方,史稱荆南國。後唐莊宗時奉朝請,封南平王,故荆南又稱南平。明宗立,攻之不克,乃臣於吴,册爲秦王。在位五年,卒謚武信。

49　此無出處,夏樹芳《茶董》全同,疑録自《茶董》。

50　本條内容,與《茶董》文字全同。

51　此無出處,疑按《墨客揮犀》原文摘録。

52　本條内容,疑據《茶董》轉録。

53　何子華：明宣城人，洪武(1368—1398)年間任揚州知府。

54　本條內容，與夏樹芳《茶董》內容完全相同。

55　賈青：元豐(1078—1085)年間任福建路運使兼提舉監事。

56　《江鄰幾雜志》：爲北宋江休復所撰，共三卷。江爲歐陽修之執友，其所記精博，絕人遠甚，鄰幾爲其字也。此書又名《嘉祐雜志》。

57　杭州營籍周韶：即北宋杭州能詩名妓周韶。

58　本條記述，首見於《詩女史》。

59　黃寔：寔，亦寫作“寔”，字師是，一字公是，宋陳州人。舉進士，歷司農主簿，提舉京西、淮東常平。哲宗朝爲江淮發運副使。徽宗時，擢寶文閣待制，知瀛州、定州，卒於官。與蘇轍、蘇軾友，兩女皆嫁軾子。

60　米元章：即米芾，元章是其字，號襄陽漫士、海岳外史、鹿門居士等。世居太原，遷襄陽，人稱米襄陽，後定居潤州(今江蘇鎮江)。徽宗時召爲書畫學博士，歷太常博士、禮部員外郎等職，人稱米南宮。因舉止癲狂，時號“米癲”。能詩文，擅書畫，精鑒別。其行、草書得力於王獻之，與蔡襄、蘇軾、黃庭堅合稱“宋四家”。畫作以山水爲主，不爲傳統所拘，多用水墨點染，自言“信筆作之”“意似便已”，有“米家山”“米氏雲山”和“米派”之稱。今存書法作品有《苕溪詩》《向太后挽詞》等，畫作《溪山雨霽》《雲山》等。著有《書史》《畫史》《寶章待訪錄》《山林集》等。

61　本條內容，疑轉抄自夏樹芳《茶董》。

62　此無出處，疑摘抄自徐𤊻《茗譚》。

63　廖明略：即廖正一，明略是其字，安陸人。元豐己未年(1079)進士，元祐中召試館職，東坡大奇之，俄除正字。紹聖初貶信州。晚登蘇軾門，與黃庭堅爲友。有《竹林集》三卷。

64　黃、秦、晁、張：即黃庭堅、秦觀、晁補之和張耒四人。

65　李易安：即李清照(1084—約1151)，號易安居士。趙明誠妻。有《易安居士集》，已佚。今輯本有《李清照集》。

66　此無出處，查有關引文，與夏樹芳《茶董》所引內容全同。

67　杜育(？—約316)：字方叔，襄城鄧陵人。幼時號“神童”，及長，風姿才藻卓爾,時人號曰"杜聖"。惠帝時,附於賈謐,爲"二十四友"之一。官國子祭酒,汝南太守,洛陽將没時被殺。

68　顧況:唐蘇州人,字逋翁,蕭宗至德二載(757)進士。善詩歌,工畫山水,初爲江南判官。後曾任秘書郎、著作郎。因作《海鷗詠》,嘲誚權貴,被劾貶饒州司户,遂弃官隱居茅山,號稱華陽山人。有《華陽集》。

69　吴淑(947—1002):字正儀,潤州丹陽(今江蘇鎮江)人。南唐時曾作内史,入宋薦試學士院,授大理評事,累遷水部員外郎。太宗至道二年(996),兼掌起居舍人事,再遷職方員外郎。預修《太平御覽》《太平廣記》《文苑英華》。善書法,有集及《説文五義》《江淮義人録》《秘閣閒談》等。

70　王微(415—453):字景玄,一作景賢,琅邪臨沂(今屬山東)人。善屬文,能書畫,解音律,通醫術。吏部尚書江湛薦爲吏部郎,不受聘。曾與顔延之同朝爲太子舍人,殁贈秘書監。性好山水,著有《(敘)畫》一篇。

71　王昌齡(609? —756?):字少伯,京兆萬年(今陝西西安)人。開元十五年(727)進士,授秘書省校書郎,後改汜水尉,二十七年遷江寧丞。晚年貶龍標(今湖南洪江西)尉,因世亂還鄉,爲亳州刺史間丘曉所殺。開元、天寶間詩名甚盛,有"詩家夫子王江寧"之稱。後人輯有《王昌齡集》,另有《詩格》兩卷,今存於《吟窗雜録》。

72　劉言史(? —812):邯鄲(一説趙州)人。少尚氣節,不舉進士。與李賀、孟郊友善。初客鎮冀,王武俊奏爲棗强令;辭疾不受,人因稱爲劉棗强。後客漢南,李夷簡(漢南節度使)辟爲從事。尋卒於襄陽。有詩集。

73　常李亦清流:常,指常伯熊,《新唐書·陸羽傳》:"有常伯熊者,因羽論,復廣著茶之功。"李,指御史李季卿,宣慰江南時,每至一地,常召見精於茶事者,了解和一起探討茶藝。

74　天隨翁:即陸龜蒙,號江湖散人、天隨子。

75　《求惠山泉》:此詩也是蘇軾作。

76　陳淵(? —1145):字知默,世稱默堂先生。初名漸,字幾叟。宋南劍州（今福建南平）沙縣人。早年從學於二程，後師楊時。高宗紹興五年（1135），以廖剛等言，充樞密院編修官。七年（1137），以胡安國薦，賜進士出身。九年（1139），監察御史，尋遷右正言，入對論恩惠太濫。言秦檜親黨鄭億年有從賊之醜，爲檜所惡。主管台州崇道觀，有《墨堂集》。

77　謝薖（？—1116）：字幼槃，號竹友。宋撫州臨川人，謝逸弟。工詩文，兄弟齊名，時稱二謝。嘗爲漕司薦，報罷。以琴棋詩酒自娛，有《竹友集》傳世。

78　李咸用：唐代人，舉進士不第，嘗應辟爲推官。有《披沙集》傳世，《全唐詩》録其詩三卷。

79　秦韜玉：字中明，唐代湖南人。因與宦官交通，爲士大夫所惡，屢舉不第。黄巢攻長安，隨僖宗入蜀，歷任工部侍郎、判鹽鐵等職。詩以七律見稱，詩風則淺近通俗，有《秦韜玉詩集》，爲明人所輯。

80　崔珏：字夢之，大中時登進士第。咸通中佐崔鉉荆南幕，被薦入朝爲秘書郎。歷淇縣令，官終侍御。其詩傳於世者皆爲七言，歌行氣勢奔放，寫景生動；律詩委婉綺麗，富有情韵。《全唐詩》收其存詩十五首。

81　温庭筠（812？—870？）：一作廷筠，又作庭雲。本名岐，字飛卿，太原祁（今山西祁縣）人。生性放蕩不羈，好嘲諷權貴，爲執政者所惡，因之屢試不第。大中十三年（859）出爲隋縣尉，後爲方城縣尉，官終國子助教，故後人又稱"温助教"。有詩名，與李商隱合稱"温李"，又精通音律，善於填詞，被奉爲花間派詞人之鼻祖。今傳後人所輯《温庭筠詩集》《金荃詞》。

82　陳襄（1017—1080）：字述古，人稱古靈先生。福州侯官人。慶曆進士，任浦州（今重慶萬州區）主簿，神宗時任侍御史。後因反對新法出知陳州，終官樞密直學士兼侍讀。其詩自然平淡，爲文格調高古，有《古靈集》。

83　黄裳（1044—1130）：字冕仲，一作勉仲，自號紫玄翁。南劍州南平縣人。神宗元豐五年（1082）進士第一。徽宗時以龍圖閣學士知福州，累遷端明殿學士、禮部尚書。曾上書三舍法宜近不宜遠，宜少不宜老,宜富不宜貧,不如遵祖宗科舉之制,人以爲確論。喜道家玄秘之書。卒謚忠文。有《演山集》。

84 本詩及下面《答錢顗茶詩》和《試院煎茶》三詩,均爲蘇軾作。

85 錢顗:字安道,常州無錫人。仁宗慶曆六年(1046)進士。英宗治平末,爲殿中侍御史。兩年後被貶爲監衢州稅,臨行於衆中責同列孫昌齡媚事王安石。後徙秀州。蘇軾有詩云:"烏府先生鐵作肝",世因之目爲鐵肝御史。

86 《詠茶》和上面《雙井茶寄東坡》,黄庭堅作。

87 錢穆父(1034—1097):即錢勰,穆父是其字,一作穆甫。杭州臨安人,宋書法家,工行、草書,傳世有《跋先起居帖》。與蘇軾游。

88 張耒(1054—1114或稍前):字文潛,自號柯山,世稱宛丘先生。楚州淮陰人。熙寧六年(1073)進士,曾任太常少卿等職。工詩賦散文,爲"蘇門四學士"之一。有《宛丘集》《張右史文集》《柯山詞》《明道雜志》《詩説》等。

89 道原:宋代法眼宗僧。嗣天台德韶國師之法,爲南岳第十世,住蘇州承天永安院。撰《景德傳燈録》一書,宋真宗景德元年(1004)奉進,敕入藏。或謂該書本爲湖州鐵觀音院僧拱辰所撰,後被道原取去上進。

90 鄧肅(1091—1132):字志宏,宋南劍州沙縣人。徽宗時入太學,因曾賦詩諷貢花石綱事,被摒出學。欽宗立,授鴻臚主簿。金兵攻宋,受命詣金營,留五十日而還。後擢右正言,三月内連上二十疏,言皆切當,多被采納。後因觸怒執政,罷歸。有《栟櫚集》傳世。

91 白玉蟾(1194—?):即葛長庚,字白叟、以閲、衆甫,又字如晦,號海瓊子,又號海蟾、瓊山道人、武夷散人、神霄散人。宋閩清人,家瓊州,入道武夷山。初至雷州,繼爲白氏子,自名白玉蟾。博覽群書,善篆隸草書,工畫竹石。寧宗喜定中詔徵赴闕,對稱旨,命館太乙宫。據傳他常往來名山,神异莫測。詔封紫清道人,有《海瓊集》《道德寶章》《羅浮山志》《武夷集》《上清集》《玉隆集》等。

92 楊邦基(?—1181):字德懋,華陰(治所在陝西華陰)人。能文善畫。金熙宗天眷二年(1139)進士。爲太原交城令時,太原尹徒單恭貪污不法,托名鑄金佛,命屬縣輸金,邦基獨不與,廉潔自持,爲河東第一,官至永定軍節度使。

93　釋德洪(1071—1128):即慧洪,臨濟宗黄龍派僧。瑞州(今江西高安)人,俗姓喻(或謂彭、俞)。字覺範,號寂音尊者。著述極豐,有《林間録》《禪林僧寶傳》《高僧傳》《冷齋夜話》《石門文字禪》等。

94　岑參(715?—769或770):江陵(今湖北荆州)人。天寶三載(744)進士,授右内率府兵曹參軍。安史之亂後任右補闕,官至嘉州刺史,世稱岑嘉州。其詩與高適齊名,世稱"高岑",同爲唐代邊塞詩的代表者。從軍多年後,多寫戎馬生活和壯奇的塞外風光,有《岑嘉州詩集》,存詩三百九十多首。

95　炙花晡:《全唐詩》注:"焙人以花爲晡。"

96　謝堀埏:《全唐詩》注:"《劉孝威集》有《謝堀埏啟》。"

97　鄭愚(?—887):番禺(今廣東廣州)人。開成二年(837)登進士第,曾任監察御史、左補闕。歷西川節度判官、商州刺史、桂管觀察使、嶺南西道節度使、禮部侍郎知貢舉、嶺南東道節度使、尚書左僕射。鄭愚博聞强記,兼通内典,留心釋教,曾與僧惠明等論佛書而著成《棲賢法雋》一書,今佚。《全唐詩》《全唐文》均收其詩文。

98　袁樞(1131—1205):字機仲,建安(今福建建甌)人。隆興元年(1163)禮部試詞賦第一。乾道九年(1173)出任嚴州教授。後被召還臨安(今浙江杭州),歷任國史院編修、大理少卿、工部侍郎等。著《通鑒紀事本末》,以《資治通鑒》爲藍本,分事立目,創紀事本末體史書。

99　趙抃(1008—1084):字閲道,一作悦道,號知非子,衢州西安(今浙江衢州)人,仁宗景祐元年(1034)進士,爲武安軍節度推官。景祐初官殿中侍御史,彈劾不避權貴,人稱"鐵面御史"。歷知睦、虔等州。神宗即位,任參知政事。後因反對新法,罷知杭州等地。卒謚清獻。善詩文,其詩多酬贈之作,諧婉多姿,語言富艷;其文則論事痛切,條理分明。有《趙清獻集》,詩文各五卷。

100　林希逸:字肅翁,號鬳齋,宋福州福清人。理宗端平二年(1235)進士,工詩,善書畫。淳祐中,爲秘書省正字。景定中,遷司農少卿。

官終中書舍人。有《易講》《考工記解》《虙齋續集》《竹溪十一
藁》等。

101　《謝故人寄新茶》：《全唐詩》和有的版本，就簡作《故人寄茶》。本詩
　　　一作李德裕作。

102　曹鄴：字鄴之，一作業之，桂州陽朔（今廣西桂林）人，一説銅陵（今
　　　屬安徽）人。大中四年（850）進士，受辟爲天平節度使推官。後歷遷
　　　太常博士、祠部郎中、洋州刺史。爲人正直，不附權貴。詩風古樸，
　　　多諷時憤世之作，并多采民謡口語入詩，通俗易曉。有《曹祠部詩
　　　集》傳世。《全唐詩》録其詩兩卷一○八首。

103　王禹偁（954—1001）：字元之，濟州巨野（今山東巨野）人。太平興
　　　國八年（983）進士。曾任右拾遺、左司諫、翰林學士知制誥。遇事敢
　　　言直諫，後屢以事貶官；最後死於黄州（今湖北黄岡），世稱王黄州。
　　　有《小畜集》《小畜外集》《五代史闕文》等傳世。

104　張籍（約767—約830）：字文昌，吴郡人，寓居和州（今安徽和縣）烏
　　　江。德宗貞元十五年（799）進士，憲宗元和元年（806），補太常寺太
　　　祝，十年不得升遷，家貧，有眼疾，孟郊嘲爲“窮瞎張太祝”。後累遷
　　　水部員外郎，國子司業，也稱張司業和張水部。長於樂府詩，頗得白
　　　居易推崇，與王建齊名，稱“張王”。有《張司業集》傳世。

105　韋處厚（773—829）：字德載，京兆萬年（今陝西西安）人。本名淳，
　　　避憲宗諱改。元和元年（806）進士，初爲秘書郎，遷右拾遺。穆宗時
　　　召入翰林，爲中書舍人。敬宗立，拜兵部侍郎。文宗即位，以中書侍
　　　郎同中書門下平章事監修國史，封靈昌郡公。在相位時，以理財制
　　　用爲本，撰《大和國計》。性嗜文學，奉詔修《元和實録》，不久卒。

106　龍牙（835—923）：撫州南城人，世稱龍牙居遁禪師，俗姓郭。十四
　　　歲於吉州滿田寺出家。復於嵩岳受戒，後游歷諸方。初參謁翠微無
　　　學與臨濟義玄，復謁德山，後禮謁洞山良价，并嗣其法。其後受湖南
　　　馬氏之禮請，住持龍牙山妙濟禪苑。號“證空大師”。五代後梁龍德
　　　三年（923）圓寂，世壽八十九。

107　趙若槸：字自木，號霽山。宋建寧崇安（今福建武夷山）人。度宗咸

淳十年(1274)登第。善詩,尤工音律。入元不仕。生性倜儻,獨嗜
吟咏,流連山水間,有《澗邊集》。

108　盧綸(737?—799?):字允言,祖籍范陽(今河北涿州),後遷居蒲州
(今山西永濟西)。大曆中由王縉薦爲集賢學士、秘書省校書郎。後
任河中渾瑊元帥府判官,官至檢校户部郎中。爲"大曆十才子"之
一,詩多爲酬贈及邊塞之作,後者歌頌邊防將士之英勇,反映士卒之
痛苦。感情激昂慷慨,風格雄壯,五言、七絶、七古皆工,爲十才子之
首。今有明人輯《盧綸集》傳世。

109　薛濤(760—832):亦作薛陶,字洪度,長安人。幼隨父入蜀,父死淪
爲歌妓,貌美能詩,時稱女校書。晚年居成都浣女溪,好作女道士裝
束。創製深紅色小彩箋,世稱薛濤箋。與元稹、王建、張籍、白居易
等交游酬答。詩作情調悲涼傷感,構思新穎奇巧。原集已佚,明人
輯有《薛濤詩》一卷。

110　施肩吾:字希聖,號棲真子、華陽真人,睦州分水(今浙江桐廬)人。
曾居吳興(今浙江湖州)及常州武進,故亦稱吳興人或常州人。元和
十五年(820)登進士第,不待授官即東歸故里,後隱居洪州西山(今
江西新建西,一名南昌山),學神仙之道。其詩多寫隱逸之趣及山林
景色,也有不少是艷情之作。尤工七絶,少數樂府詩描寫戰争給人
民帶來的痛苦,抒發對現實的不滿,語言樸實,情感激烈。有《西山
集》(即《施肩吾集》)五卷,已佚。

111　《謝朱常侍寄賊蜀茶》:《全唐詩》原題爲《謝朱常侍寄賊蜀茶剡紙二
首》,因本文只録其寄蜀茶詩,故亦未提剡紙。

112　崔道融(?—907?):自號東甌散人,荆州(今湖北江陵)人,嶺南節
度使崔表子。昭宗時,出任永嘉縣令,後避亂入閩,召任右補闕,未
赴而卒。嘗遍游今陝西、湖北、河南、江西、浙江、福建等地。本性高
奇,富文才,與司空圖、方干等詩人交往唱酬。尤工五絶,作品多爲
咏史懷古、題咏寫景之作。《全唐詩》録其詩七十九首,編爲一卷。

113　成文幹:即成彦雄,文幹是其字,江南人。南唐進士,仕履無考。好
爲寫景咏物之詩,尤擅絶句。有《梅嶺集》(一作《梅頂集》)五卷,

佚。《全唐詩》録其詩二十七首爲一卷。

114　楊嗣復(783—848)：字繼之,小字慶門,行三,弘農(今河南靈寶北)人,生於揚州。貞元十八年(792)(一説貞元二十一年,805)進士。元和年間嘗任右拾遺、直史館、太常博士、刑部員外郎、禮部員外郎、吏部郎中、兵部郎中、中書舍人等。文宗即位後,拜户部侍郎,後曾出爲劍南東川節度使、劍南西川節度使等。與牛僧孺、李宗閔、李珏朋相黨,排擠异己。武宗立,出爲湖南觀察使。會昌元年(841)貶潮州史。大中二年(848),以吏部尚書徵召,卒於岳州。諡孝穆。善詩文,深於禮學。與白居易、劉禹錫、楊汝士等相酬唱。《全唐詩》有録其存詩;《全唐文》載其文七篇。

115　林逋(974—1020)：字君復,錢塘(今浙江杭州)人。性恬淡好古,不趨名利,隱居西湖孤山,終身不仕不娶,種梅養鶴,人稱“以梅爲妻,以鶴爲子”,死後諡爲“和靖先生”。工書畫,喜作詩,多寫清苦幽静的隱居生活和西湖風景,亦以咏梅著稱。詩風淡遠,長於五七言律詩。有《林和靖先生詩集》。

116　杜小山：即杜耒,字子野,小山是其號。南宋盱江(在今江西南城東南)人。有詩名,理宗嘉熙(1237—1238)時,爲山東“忠義”李全部屬誤殺。

117　杜耒《即事》有二首,此録其一,另首也提及茶事,附此供參考：“一聞殊足藥,物物入吾詩。雨過苔逾碧,風來竹屢敧。日長思睡急,磨老出茶遲。近得邊頭信,今當六月師。”

118　邵雍(1011—1077)：字堯夫,諡康節。其祖范陽人,幼隨父遷共城(今河南輝縣)。屢授官不赴,隱於蘇門山百源之上,後世稱爲百源先生。其後遷居洛陽,與司馬光、吕公著等過從甚密。爲理學象數派的創立者。著作有《皇極經世》《觀物内外篇》《漁樵問對》及詩集《伊川擊壤集》。

119　了元(1032—1098)：字覺老,饒州浮梁(今江西景德鎮)人,俗姓林。號佛印,故又稱佛印了元。先從寶積寺日用出家,受具足戒,遍參諸師。十九歲,入廬山開先寺,列善暹之法席。又參圓通之居訥。長於書法,能詩文,尤善言辯。二十八歲,住江州承天寺,凡歷道場九所,道化不止。當時名士蘇東坡、黃山谷等均與之交善,以章句相酬酢。歷住潤州金山、焦山、江西大仰、雲居。《禪林僧寶傳》有其傳。神宗欽其道風,特賜高麗磨衲、金鉢,贈號"佛印禪師"。元符元年(1098)正月圓寂,世壽六十七,法臘五十二。有語錄行世。

120　羅願(1136—1184):字端良,號存齋。宋徽州歙縣人,羅汝楫子。早年以蔭補承務郎。孝宗乾道二年(1166)進士。歷知鄱陽縣、贛州通判、攝州事、知南劍州、知鄂州。博學好古,長於考證。文章高雅精練,爲朱熹、楊萬里、馬廷鸞等人推重。有《爾雅翼》《新安志》《鄂州小集》。

121　周必大(1126—1204):字子充,一字洪道,號省齋居士,晚號平園老叟,宋吉州廬陵(今江西吉安)人。紹興二十一年(1153)進士。授徽州戶曹,累遷監察御史。孝宗即位,除起居郎,應詔上十事,皆切時弊。後歷任樞密使、右丞相及左丞相。光宗時,封益國公。遭彈劾,出判潭州。寧宗初,以少傅致仕。卒謚文忠。工於詞,有《玉堂類稿》《玉堂雜記》《平園集》《省齋集》等八十一種。

122　李南金:近出《中國茶文化經典》,將本詩列爲羅大經作,誤。李南金,宋樂平(治所初設今江西樂平縣東)人,字晉卿,自號三谿冰雪。紹興二十七年(1157)進士,授光化軍教授。登第後畫師以冠裳寫真趣詩稱"落魄江湖十二年,布衫闊袖裹風煙,如今各樣新裝束",説明其及第前生活貧困。《鶴林玉露》稱其詩詞"清婉可愛",其"茶聲"詩千年傳誦不斷。

123　羅大經:宋吉州廬陵(今江西吉安)人,字景綸。理宗寶慶二年(1226)進士。歷容州法曹掾、撫州軍事推官,坐事罷。有《鶴林玉露》。

124　蔡松年(1107—1159):字伯堅,號蕭閒老人,金真定(今河北正定)人。父蔡靖宋宣和末年守燕山府,後降金。蔡松年亦隨父入金,任真定府判,後官至右丞相,加儀同三司,封衛國公。工詩,風格清俊,部分作品流露出仕之悔恨。亦工詞,與吳激齊名,時稱"吳蔡體"。

有詞集《明秀集》，魏道明注。今《中州集》中存詩五十九首，《中州樂府》存詞十二首。

125　高士談（？—1146）：字子文，一字季默。宋宣和末年任（斤）州户曹，入金後官至翰林直學士。金皇統六年（1146），因字文虛中案被捕，兩人亦同時被殺。其詩多表達對故國的懷念，悲憤抑鬱。今《中州集》有其存詩三十首。

126　党懷英（1134—1211）：字世傑，號竹溪。原籍馮翊（今陝西大荔）人，後徙奉符（今山東泰安）。少時與辛弃疾同師劉瞻，屢應舉不第。後於金世宗大定十年（1170）應試中第，歷官翰林待制兼同修國史，出爲泰定軍節度使，官至翰林學士承旨。能詩善文，兼工書法，趙秉文謂其詩如陶謝，文如歐陽修。有《竹溪集》。今《中州集》中存詩六十四首，《中州樂府》中存詞五首。

127　程宣子：宋代人。《茶夾銘》，銘是文體的一種，隨着茶文化的發展，也成爲茶葉詩文中的一種體裁。如李卓吾也有《茶夾銘》傳世。其形式爲每句四字。

128　湯説：説，一作“悦”，即殷崇義，陳州（今河南）西華人，南唐保大十三年（955）進士。曾任右僕射，入宋避趙匡胤名諱，改姓名爲湯悦。頌也爲古時一種文體，森伯，即指茶。《森伯頌》見陶谷《茗荈録》引。

129　權紓：唐人。

130　孫樵：字可之，一作隱之，關東人，唐散文家。大中九年（855）登進士第，遷中書舍人。黃巢入長安，隨僖宗奔岐隴，遷職方郎中。

131　黃廷堅：即黃庭堅。

132　此處删節，見唐代陸羽《茶經》。

133　《煮茶泉品序》：泉，《全宋文》作“小”，現存其他各版本，只有宛委山堂《説郛》本等少數幾種取“小”字，一般都用“泉”字，或作《述煮茶泉品》《煮茶泉品》等名。一般都不提“序”字，此當不是“小品”或“泉品”全文，疑是其前言或序。原文不分段。此處删節，見宋代葉清臣《述煮茶泉品》。

134　此處删節，見宋代蔡襄《茶録》。

135 此處删節,見宋代蔡襄《茶録》。

136 此處删節,見宋代黃儒《品茶要録·總論》。

137 此處删節,見宋代趙佶《大觀茶論·序》。

138 此處删節,見唐代張又新《煎茶水記》。

139 此段前删"《經》云:茶有千萬狀"至"皆茶之瘠老也",見唐代陸羽《茶經》。此段後續有兩段删節,見明代張源《茶録》"湯辨"及"湯用老嫩"條。

140 關於茶墨相較,蘇軾在多篇文章中提及,很多茶書,如聞龍《茶箋》等也有輯述,這段内容非輯自一書,乃由高元濬摘合諸説而成。下輯拾遺,很多屬這一類,其文非出一書一處,可以視爲高元濬自己輯綴的内容。

141 本條内容,疑據徐𤊹《蔡端明别紀》摘寫。

142 本條内容,疑輯自《茶解·品》。

143 本段内容,非出自《茶記》,係全文照録屠本畯《茗笈·品泉章·評》。

144 以上兩段内容,出自徐獻忠《水品·六品》。

145 本段内容,據徐獻忠《水品·揚子中泠水》摘録,基本全同。

146 "掘地得之"以上内容,出自徐獻忠《水品·金陵八功德水》,下面兩句,爲高元濬從他處補加。

147 以上三條,疑摘自金陵(今南京)有關地志。

148 以上内容,均見明代田藝蘅《煮泉小品》。

149 本條和下條内容,爲高元濬據當地有關地志而寫,如這裏蔡襄守福州時汲龍腰泉内容,即取之《三山誌》。

校　記

① 本書有脱頁,此前文已不存。

② 附:"茶乘拾遺"及"上篇""下篇",底本目次上無録,本書編校時補加。

③ 泰寧:泰,底本作"太",徑改。

④ 本段文前和文後，都未注明出處。本文凡未注明出處的內容，除少數是屬於疏漏外，其他基本上都是高元濬從一本或幾本茶書的有關部分選輯和綜合組織而成的。如本段內容，即是以摘抄屠本畯《茗笈》所引《茶疏》資料爲主，插進高元濬從其他書中輯錄的如"虎丘山窄，歲採不能十斤"，"龍井之山，不過十數畝，此外有茶，皆不及也"等組合而成的。以後凡無出處的條文，我們一般不作校也不在校記中一一詳加說明，對於其摘抄資料，能查出其變動和不同來源的，擬在頁下注中略志提供參考。

⑤ 宋子安：宋，底本作"朱"，徑改。

⑥ 許次紓：紓，底本作"杼"，徑改。

⑦ 欲全香、味與色，妙在扇之與炒，此不易之準繩：本條內容，係據屠本畯《茗笈·第四揆製章·評》縮寫。原文爲"必得全色，惟須用扇；必全香味，當時焙炒。此評茶之準繩，傳茶之衣鉢"。

⑧ 《茶錄》：錄，底本作"疏"，徑改。

⑨ 張源《茶錄》：錄，底本作"解"字，查原文，非是《茶解》而是張源《茶錄》內容，高元濬此條未看《茶解》，而是轉抄屠本畯《茗笈》造成的傳訛。將本條內容由"茶錄"誤作"茶解"的始者，爲屠本畯《茗笈》。

⑩ 《茶疏》：疏，底本作"錄"字。校時，諸《茶錄》均不見，唯存許次紓《茶疏·煮水器》中，徑改。高元濬此誤，是自己未查核原書，轉引《茗笈》所致。是《茗笈》首先將《茶疏》內容誤作《茶錄》的。《茗笈》引錄《茶疏》時，將最後第二句"銚中必穿其心"，簡作"製必穿心"。餘全同。

⑪ 《茶說》也即屠隆《茶箋》無此內容。本條內容和出處，本文完全照《茗笈》轉抄，張源《茶錄·點染失真》中有茶自有真香、真色、真味，"茶中著料，碗中著果，皆失真也"之句，但沒有《茗笈》和本文所錄的"譬如玉貌加脂，蛾眉著黛，翻累本色"這後面幾句。不知《茗笈》究據何書所錄？存疑。

⑫ 竹編爲方箱，用以收茶具者：錢撰顧校《茶譜》"器局"名下，無上刊十一字，與本文其他六具說明一樣，爲高元濬所加。

⑬　即《茶經》支腹也：茶，底本作"竹"，徑改。

⑭　人有力、悦志："人"之前，陸羽《茶經》有一"令"字，本文疑脱。

⑮　荆巴間採葉作餅：葉，《太平御覽》卷八六七引文作"茶"字。

⑯　先炙令赤色：令，底本作"冷"，徑改。

⑰　所服藥有松、蜜、薑、松、桂、茯苓之氣：底本此處明顯有衍誤。陸羽《茶經》引《藝術傳》此句作"所服藥有松、桂、蜜之氣"。

⑱　湖、常二縣：常，底本作"長"，據毛文錫《茶譜》改。

⑲　本段内容，雖注有出處，但也非原文照録。如本文"至處惟茶是求，或飲百碗不厭"，即有改動删節。《南部新書》原文爲："至處唯茶是求，或出亦日遇百餘碗，如常日，亦不下四五十碗。"

⑳　《茶譜》：此指毛文錫《茶譜》。經查，此則内容，高元濬不是直接據吴淑《事類賦註》原引輯録，而是轉抄自陳繼儒《茶董補》。與吴淑《事類賦註》等引文差异較大，文字與《茶董補》内容全同。

㉑　自奉以萱草帶：草，本文原稿作"華"，據其他引文改。

㉒　本段内容，毛文錫《茶譜》就已有引，但查對文字，本文與《茶譜》差异較大，與後來《雲仙雜記》的引文及其系脉所傳的記載相近，係輯或轉輯自《雲仙雜記》及有關引文。

㉓　日試其藝，呼爲湯神：藝，底本作"茶"，參照其他引文改。"呼爲湯神"，一般引文都無此四字。

㉔　能注湯幻茶成將詩一句：將，疑爲衍字。

㉕　鮑令暉《香茗賦》：鮑，底本作"曹"，徑改。

㉖　如羅玳筵："如"字前，《全唐文》有一"至"字，作"至如羅玳筵"。

㉗　所獻愈艱勤。未知供御餘：在兩句之間，本文還省略"況減兵革困，重兹固疲民"兩句。

㉘　在"誰合分此珍"之下，本文又省略最後四句："顧省忝邦守，又慚復因循。茫茫滄海間，丹憤何由申。"

㉙　咄此蓬瀛客，無爲貴流霞：客、爲，《全唐詩》作"侣""乃"。

㉚　未任供春磨：春，底本作"白"，據《蘇軾詩集》改。

㉛　千團輪大官：團，《蘇軾詩集》作"困"。

㉜ 謝薖：底本作“謝邁”，徑改。
㉝ 祛滯亦稍稍：滯，底本作“帶”，據《竹友集》改。
㉞ 《飲茶歌誚崔石使君》：誚，底本作“請”，據《全唐詩》改。
㉟ 孰知茶道全爾真：爾，底本作“汝”，據《全唐詩》改。
㊱ 《飲茶歌送鄭容》：容，底本作“客”，據《全唐詩》改。
㊲ 攪時繞箸天雲緑：箸，底本作“筋”，徑改。
㊳ 閒教鸚鵡啄窗響：響，底本作“請”，據《全唐詩》改。
㊴ 移時卻坐推金箏：移，《全唐詩》作“臺”，一作“前”字。
㊵ 仙翁白扇霜鳥翎：鳥，底本作“烏”，據《全唐詩》改。
㊶ 建安三千五百里：《宋詩鈔》《全宋詩》等各本無“五百”兩字，疑高元濬收時加。
㊷ 泉甘器潔天色好：器、色，底本作“氣”“然”，據《全宋詩》等改。
㊸ 亦使色味超塵凡：色，底本作“氣”，據《全宋詩》《演山集》改。
㊹ 今看茶龍堪行雨：堪，底本作“解”，據《演山集》原詩改。
㊺ 廚中蒸粟堆飯瓮：堆，底本作“埋”，據《蘇軾詩集》改。
㊻ 畫舫何妨宿太湖：畫，底本作“盡”，據《全宋詩》等改。
㊼ 口不能言心自省。雪花雨腳何足道：在“省”字和“雪”字之間，本文略或脱“爲君細説我未暇……骨清肉膩和且正”三句42字。雪，底本作“雲”，據《全宋詩》等改。
㊽ 體輕雖復強浮沉：沉，底本作“泛”，據《全宋詩》等改。
㊾ 透紙自覺光炯炯：光，底本作“先”，據《全宋詩》等改。
㊿ 年來病懶百不堪：病懶，底本作“懶病”，據《欒城集》《全宋詩》改。
51 晁子胸中開典禮：開，底本作“閒”，據《全宋詩》等改。
52 肥如瓠壺鼻雷吼：肥，底本作“肌”，據《全宋詩》等改。
53 堆胸磊塊一澆散：塊，底本作“落”，據《栟櫚集》等改。
54 故人氣味茶樣清：樣，底本作“操”，據《誠齋集》等改。
55 麴生勸人墜巾幘：勸，底本作“勒”，據《誠齋集》等改。
56 身輕便欲登天衢：身，底本作“自”，據《宋之詩會》《石倉歷代詩選》改。

(57) 裒:底本作"哀",據《松陵集》改。

(58) 一一輸膏粱:粱,底本作"梁",徑改。

(59) 奇香襲春桂:襲,底本作"籠",據《全唐詩》等改。

(60) 維憂碧粉散,煎覺緑花生:維、粉,底本作"羅""柳",據《全唐詩》改。煎覺,《全唐詩》作"常見"。

(61) 萌芽先社雨:先,底本作"元",據《全宋詩》等改。

(62) 吟苦更長了不知:不,底本作"了",據《清獻集》改。

(63) 卻憶高人不同試,暮山空翠共無言:試、暮,底本作"識""莫"。據《石門文字禪》改。

(64) 睡後煎茶:《全唐詩》題作《睡後茶興憶楊同州》。本文是摘録,删"昨晚飲太多……偶然得幽致"開頭四聯。

(65) 本詩原未書作者,按前例,上一首詩爲王禹偁作,本詩也當理解爲王禹偁作。但經查,實際爲文同作,徑補。

(66) 日調金鼎閲芳香:日,底本作"自",據《全唐詩》改。

(67) 生拍芳叢鷹嘴芽:生,底本作"坐",據《全唐詩》改。

(68) 紅紙一封書後信:紙,底本作"細",據《全唐詩》等改。此爲全詩的第二句,前删"故情周匝向交親,新茗分張及病身"句。

(69) 末下刀圭攪麴塵:此爲全詩倒數第二句,下删"不寄他人先寄我,應緣我是别茶人"兩句。

(70) 《答友人寄新茶》:人,底本原闕,據《全唐詩》補。

(71) 穿雲摘盡社前春,一兩平分半與君:社、一,底本作"岫""半",據《全宋詩》改。

(72) 詞:本文原稿脱,據文前"目次"補。

(73) 文苑:本文原稿脱,據文前"目次"補。

(74) 前得安豐乾薑一斤、桂一斤,黄芩一斤:《太平御覽》卷867引作"前得安州乾茶二斤、薑一斤、桂一斤",無"黄芩一斤"。安州的州,疑誤,晉時尚未設安州。

(75) 遠餉新茗,當自攜大瓢:茗,《誠齋集》作"茶"。本文是節録,在"茗"字和"當"字之間,本文還省略"所謂元豐至今人未識者,老夫是已敢不重拜"共 18 字。

㊆ 呷恩敢同於嘗酒：嘗，底本作"膏"，據《全唐文》改。

㊆ 《鬥茶説》：各書均作《鬥茶記》。本文所録《鬥茶説》，内容雖全摘自
《鬥茶記》，但前後内容錯亂删略，與原文篇幅面貌均有不同。

㊆ 將茶瓶口朝下：口，底本作"日"，徑改。

㊆ 焙去其滋蔓之草："焙"爲"培"之形訛。此段内容不是甚麽"拾遺"，
趙汝礪《北苑别録・開畬》和夏樹芳《茗笈》等也有轉引，原文、引文均
清楚隨處可查見。《茶乘》編者明明據自此兩書，爲之其异，瞎改亂
纂，反而出誤露醜。以此句爲例，《北苑别録》原文："每歲六月興工，
虚其本，培其末（一作土），滋蔓之草、遏鬱之木，悉用除之。"《茶乘》
一改，不僅不如原文清楚，甚至與原意不符，故本段内容如需參用，請
徑看原文和其他引文。

㊇ 雅州：州，底本作"川"。

㊇ 即今之中泠：泠，底本作"冷"，徑改。下同，不出校。

茶録

◇明　程用賓　撰[①]

　　程用賓，生平事迹不詳，由書端題名"新都程用賓觀我父著"幾字來看，"觀我"當是其字，"新都"是其所籍"徽州"的古地名。萬國鼎《茶書總目提要》説"新都"爲："古地名，三國吴置新都郡，晉改名新安，故城在今浙江淳安縣境。"并認爲程用賓"大概和校刊陸羽《茶經》的新都孫大綬和新安汪士賢是同鄉"。萬國鼎此説，只是抄了臧勵龢《中國古今地名大辭典》"新安郡"辭條。晉以前的情況，後面隋唐的内容未説，隋初新都故地置歙州，尋又改新安郡，治休寧，又移治歙。唐改歙州，尋又改新安郡，旋復爲歙州。隋唐新安郡，相當於明包括今江西婺源縣在内的南直隸徽州府地，故萬國鼎將明人沿用的"新都""新安"古郡名簡單理解爲三國、晉時治所"淳安"，是有疏誤的。經查，明時特别是嘉靖、萬曆年間徽州的歙縣、婺源、休寧、祁門等地，是我國書商較多、刻書事業較爲發達的地區，所以，萬國鼎所説程用賓和汪士賢、孫大綬"是同鄉"的説法并不確切。要説"同鄉"，也不是縣而是同一個府的大同鄉，更不是甚麼"淳安人"。

　　程用賓《茶録》，國内現僅見北京國家圖書館收藏的明刻本一個版本，有書目提到還有一種"京都書肆本"，未見；不知所指是中國還是日本的"京都"。關於本文的成書年代，萬國鼎在書目中稱"明刻本，前有萬曆甲辰年(1604)邵啟泰序"。近出有些茶書，據此即稱"是書也撰於這年"。這實際與萬國鼎所説原意也有出入，萬先生并没有肯定這就是程用賓《茶録》的成書時間。其實他本人也没有看過是書明刻本，所説只是重複原北京圖書館所編的《館藏古農書目録》内容。編者從邵序"共成一帙，於笥中十數春秋，未遇知己，恐人類於口舌，不以示人"這類内容來看，認爲程氏《茶録》初稿的撰成時間明顯不是"萬曆甲辰"，至少當撰於萬曆二十年(1592)或更早一些。

　　本書以北京國家圖書館藏程用賓《茶録》明刻本作收，首集的十二款
《摹古茶具圖贊》已見於審安老人的《茶具圖贊》，是以不録。附集的内容，
也見於孫大綬《茶經外集》，這裏所以僅存其目。

　　序[1]

　　目録
　　首集十二款
　　摹古茶具圖贊

　　正集十四篇
　　原種　採候　選製　封置　酌泉　積水　器具　分用　煮湯　治
壺　潔盞　投交　釃啜　品真

　　末集十二款
　　擬時茶具圖説

　　附集七篇
　　六羨歌（陸鴻漸）　茶歌（盧玉川）　試茶歌（劉夢得）　茶賦（吴
淑）　鬥茶歌（范希文）　煎茶賦（黄魯直）　煎茶歌（蘇子瞻）

　　首集
　　茶具圖贊[2]
　　茶具十二先生姓氏[2]
　　附圖一至十二

　　正集
　　原種
　　茶無異種，視産處爲優劣。生於幽野，或出爛石，不俟灌培，至時自

茂,此上種也。肥園沃土,鋤溉以時,萌蘖豐腴,香味充足,此中種也。樹底竹下,礫壤黃砂,斯所產者,其第又次之。陰谷勝滯,飲結瘕疾,則不堪掇矣。

採候

問茶之勝,貴知採候。太早其神未全,太遲其精復渙。前穀雨五日間者爲上,後穀雨五日間者次之,再五日者再次之,又再五日者又再次之。白露之採③,鑒其新香。長夏之採,適足供廚。麥熟之採,無所用之。凌露無雲,採候之上。霽日融和,採候之次。積陰重雨,吾不知其可也。

選製

既採就製,毋令經宿。擇去枝梗老敗葉屑,以茶芽紫而筍及葉捲者上,綠而芽及葉舒者次。鍋廣徑一尺八九寸,蕩滌至潔,炊炙極熱,入茶觔許,急炒不住,火不可緩。看熟撤入筐中,輕輕團挪數遍④,再解復下鍋中,漸漸減火,再炒再挪,透乾爲度。邇時言茶者,多羨松蘿蘿墩之品。其法取葉腴津濃者,除筋摘片,斷蒂去尖,炒如正法。大要得香在乎始之火烈,作色在乎末之火調。逆挪則澀,順挪則甘。經曰:茶之否臧,存於口訣。

封置

製成,盛以舊竹木器,覆藏三日,俾回未老死之勝;再復舉微火於鍋炒極乾,撤冷,篩去茶末,入新壜中,乾箬襯實,取相宜也。而以紙包所篩茶末塞其口,以花筍攢重紙封固。火煨新磚,冷定壓之,置於燥密之處,勿令露風臨日,近火犯濕。

酌泉

茶之氣味,以水爲因,故擇水要焉。矧天下名泉,載於諸水記者,亦多不合。故昔人有言,舉天下之水,一一而次第之者,妄説也。大抵流動者,愈於安静;負陰者,勝於向陽。鴻漸氏曰:山水上,江水中,井水下。山水揀乳泉石池漫流者上,瀑湧湍漱勿食。江水取去人遠者,井水取汲多者。

言雖簡而意則盡該矣。

積水

世傳水仙遺人鮫綃可以積水。此語數幻。江流山泉,或限於地,梅雨,天地化育萬物,最所宜留。雪水,性感重陰,不必多貯,久食,寒損胃氣。凡水以甕置負陰燥潔簷間穩地,單帛掩口,時加拂塵,則星露之氣常交而元神不爽。如泥固封紙,曝日臨火,塵矇擊動,則與溝渠棄水何異。

器具

昔東岡子以銀鍑煮茶,謂涉於侈,瓷與石難可持久,卒歸於銀。此近李衛公煎汁調羹,不可爲常,惟以錫瓶煮湯爲得。壺或用瓷可也,恐損茶真,故戒銅鐵器耳。以頗小者易候湯,況啜存停久,則不佳矣。茶盞不宜太巨,致走元氣。宜黑青瓷,則益茶。茶作白紅之色,體可稍厚,不烙手而久熱。拭具布用細麻布,有三妙:曰耐穢,曰避臭,曰易乾。又以錫爲小茶盒,徑可四寸許。

分用

貯茶時發,多受氛氣,不若間開,分數兩於茶盒置之。用之多寡,當準中平。茶重則味苦香沉,水勝則氣薄味淡;如水一勺,約茶八分可矣。此其大略也,若茶有厚薄,水有輕重,調劑工巧,存乎其人。

煮湯

湯之得失,火其樞機,宜用活火。徹鼎通紅,潔瓶上水,揮扇輕疾,聞聲加重,此火候之文武也。蓋過文則水性柔,茶神不吐;過武則火性烈,水抑茶靈。候湯有三辨,辨形、辨聲、辨氣。辨形者,如蟹眼,如魚目,如湧泉,如聚珠,此萌湯形也;至騰波鼓濤,是爲形熟。辨聲者,聽噫聲,聽轉聲,聽驟聲,聽亂聲,此萌湯聲也;至急流灘聲,是爲聲熟。辨氣者,若輕霧,若淡煙,若凝雲,若布露,此萌湯氣也;至氤氳貫盈,是爲氣熟。已上則老矣。

治壺

伺湯純熟,注盃許于壺中,命曰浴壺,以祛寒冷宿氣也。傾去交茶,用拭具布乘熱拂拭,則壺垢易遁,而磁質漸蛻。飲訖,以清水微蕩,覆净再拭藏之,令常潔冽,不染風塵。

潔盞

飲茶先後,皆以清泉滌盞,以拭具布拂净,不奪茶香,不損茶色,不失茶味,而元神自在⑤。

投交

湯茶協交,與時偕宜。茶先湯後,曰早交。湯半茶入,茶入湯足,曰中交。湯先茶後,曰晚交。交茶,冬早夏晚,中交行於春秋。

釃啜

協交中和,分釃布飲,釃不當早,啜不宜遲,釃早元神未逞,啜遲妙馥先消。毋貴客多,溷傷雅趣。獨啜曰神,對啜曰勝,三四曰趣,五六曰泛,七八曰施。毋雜味,毋嗅香。腮頤連握,舌齒噴嚼,既吞且噴,載玩載哦,方覺雋永。

品真

茶有真乎? 曰有。爲香、爲色、爲味,是本來之真也。抖擻精神,病魔歛跡,曰真香。清馥逼人,沁入肌髓,曰奇香。不生不熟,聞者不置,曰新香。恬澹自得,無臭可倫,曰清香。論乾葩,則色如霜臉菱荷;論釃湯,則色如蕉盛新露;始終惟一,雖久不渝,是爲嘉耳。丹黃昏暗,均非可以言佳。甘潤爲至味,淡清爲常味,苦澀味斯下矣。乃茶中著料,盞中投菓,譬如玉貌加脂,蛾眉施黛,翻爲本色累也。

末集

茶具十二執事名説

鼎　擬經之風爐也,以銅鐵鑄之。

都籃　按經以總攝諸器而名之,製以竹篾。今擬攜遊山齋亭館泉石之具。

盒　以錫爲之,徑三寸,高四寸,以貯茶時用也。

壺　宜瓷爲之,茶交於此。今儀興時氏⑥多雅製。

盞　《經》言,越州上,鼎州次,婺州次,岳州次⑦,壽州、洪州次。越岳瓷皆青,青則益茶。茶作白紅之色,邢瓷白,茶色紅。壽瓷黃,茶色紫。洪瓷褐,茶色黑。悉不宜茶。

罐　以錫爲之,煮湯者也。

瓢　按經剖瓠或刊木爲之,今用汲也。

具列　按,經或作床,或作架,或純木純竹而製之。長三尺,闊二尺,高六寸,以列器。

火筴　按,經以鐵或熟銅製之。

籃　擬經之漉水囊也,以支盥器,用竹爲之。

水方　按,經以稠木、槐、楸、梓等合之,受一斗,今以之沃盥。

巾　按,經作二枚互用,以潔諸器。

萬曆戊戌上巳日夢墩樵生書

下附圖“銅鼎、都籃、錫盒、陶壺、磁盞、錫罐、瓠瓢、銅筴、竹籃、水方、麻巾”十一幅[3]。

銅鼎

都籃

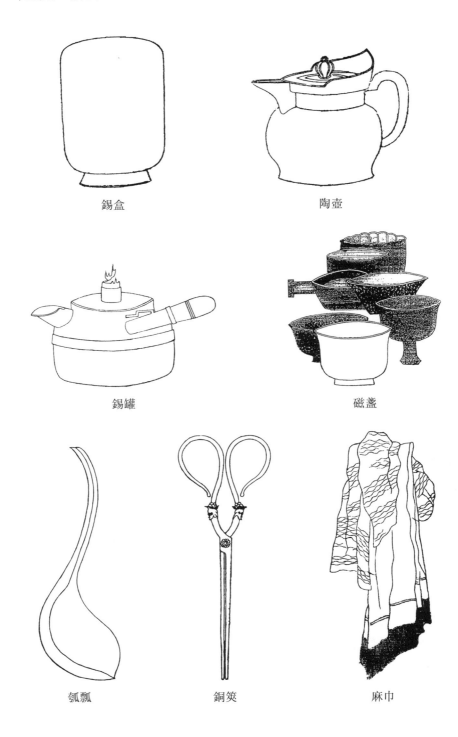

錫盒　　　　　　　陶壺

錫罐　　　　　　　磁盞

瓠瓢　　　銅筴　　　麻巾

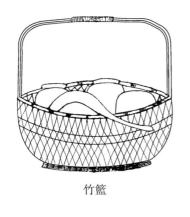
竹籃

水方

附集

六羡歌（陸鴻漸）　茶歌（盧玉川）　試茶歌（劉夢得）　茶賦（吳淑）　鬥茶歌（范希文）　煎茶賦（黃魯直）　煎茶歌（蘇子瞻）

注　釋

1　此"序"是邵啟泰爲程用賓《茶録》撰書的前序,惜現在僅殘存七個半頁。白口單道,半頁六行,行十一字左右。無首,前缺幾頁不詳。

2　此《茶具圖贊》收録宋審安老人《茶具圖贊》一書的文圖,故删。

3　明刻本缺十二執事中的具列圖一幅,故只十一幅。

校　記

①　明程用賓撰,爲本書所定統一題署。明刻本原署:在題下第一行作"新都程用賓觀我父著",第二行"歙人邵啟泰道卿父校",第三行"戴鳳儀鳴虞父閲",俱校録時改删。

②　茶具十二先生姓氏:審安老人《茶具圖贊》原題作《茶具十二先生姓名字號》,程用賓稍改。

③　白露之採:採,近出如《中國茶葉歷史資料選輯》等作"探"。

④　輕輕團挪數遍：挪,近出如《中國茶葉歷史資料選輯》等作"挪",下同,不出校。

⑤　自在：在,底本作"王",《中國茶葉歷史資料選輯》本校作"在",據改。

⑥　儀興時氏：儀,當作今江蘇宜興,舊名"義興"的"義"字。氏,底本作"氐",當是"氏"的形誤。時氏,指明代時大彬,徑改。

⑦　岳州次：明鄭熜陸羽《茶經》校本作"岳州上"。

茶録^①

◇明　馮時可　著

　　馮時可,隆慶、萬曆時直隸華亭(今上海松江)人。字敏卿,號元成,隆慶五年(1571)進士。官至湖廣布政司參政,有文名,編撰有《左氏釋》《左氏討》《上池雜識》《雨航雜録》等。萬曆間,刻印過自撰的《寶善編》甲集一卷,乙集一卷;《衆妙仙方》四卷,傅順孫輯《新刻批點西漢精華》十六卷。

　　《茶録》,萬國鼎推定初出於萬曆三十七年(1609)前後。現存只有《説郛續》和《古今圖書集成》兩個版本及清人鈔本一册,都只是不足六百字的五六條短文,無序跋題記,如《古今圖書集成》本在文前標有"總敍",下録五段,是首段爲"總敍"還是五段都屬"總敍"? 不明確。總敍之下,是否有分述? 未見。《説郛續》本,較《古今圖書集成》本多"茶爲名,見《爾雅》。又《神農食經》:茶茗久服,令人有力、悦","悦"以下顯然缺文。萬國鼎曾提出《茶録》或許并不是馮時可"自己編寫",而由"《説郛續》編印者從馮氏其他寫作中摘抄成書"。從現存版本來看,其中均是常見文字,無多少參考價值,也有可能是他人僞托。

　　本書以《説郛續》本^②爲底本,以《古今圖書集成》本等作校。

　　茶,一名檟,又名蔎,名茗,名荈。檟,苦茶也;蔎,則西蜀語;茗,則晚取者。《本草》:荈甘檟苦。羽《經》則稱:檟甘荈苦。茶尊爲《經》,自陸羽始。羽《經》稱:茶味至寒,採不時,造不精,雜以卉莽,飲之成疾。若採造得宜,便與醍醐、甘露抗衡。故知茶全貴採造^③。蘇州茶飲遍天下,專以採造勝耳。徽郡向無茶,近出松蘿茶,最爲時尚。是茶始比丘大方。大方居虎丘最久,得採造法,其後於徽之松蘿結庵,採諸山茶於庵焙製,遠邇争市,價倏翔湧,人因稱松蘿茶,實非松蘿所出也。是茶比天池茶稍粗,而氣甚香,味更清,然於虎丘能稱仲、不能伯也。松郡佘山亦有茶,與天池無異,顧採造不如。近有比丘來,以虎丘法製之,味與松蘿等。老衲嘔逐之,曰:"無爲此山開羶徑而置火坑。"蓋佛以名爲五欲之一,名媒利,利媒禍,物且難容,況人乎?

　　鴻漸伎倆磊塊,著是《茶經》,蓋以逃名也。示人以處其小,無志於大也。意亦與韓康市藥[1]事相同,不知者,乃謂其宿名。夫羽惡用名,彼用名者,且經六經,而經茶乎。張步兵[2]有云:"使我有身後名,不如生前一杯酒。"夫一杯酒之可以逃名也,又惡知一杯茶之欲以逃名也。

　　芘莉,一曰篣筤,茶籠也。犧,木杓也,瓢也。永嘉中,餘姚人虞洪入瀑布山採茗,遇一修真道士云:"吾丹丘子,祈子他日甌犧之餘,乞相遺也。"故知神仙之貴茶久矣。

　　《茶經》用水,以山爲上,江爲中,井爲下④。山勿太高,勿多石,勿太荒遠,蓋潛龍、巨虺所蓄毒多於斯也。又其瀑湧湍激者,氣最悍,食之令頸疾。惠泉最宜人,無前患耳。江水取去人遠者,井取汲多者。其沸如魚目,微有聲,爲一沸;緣邊如湧泉連珠,爲二沸;騰波鼓浪,爲三沸。過此,水老不可食也。沫餑,湯之華也。華之薄者曰沫,厚者曰餑,皆《茶經》中語⑤。大抵蓄水惡其停,煮水惡其老,皆於陰陽不適,故不宜人耳。

　　茶爲名,見《爾雅》。又《神農食經》:茶茗久服,令人有力、悅⑥

注　釋

1　韓康市藥:《後漢書・韓康傳》稱:東漢隱士韓康,字伯休。賣藥於長安寺,三十多年口不二價。一次,有女子來買藥,韓康不讓價,女子怒説:"你難道是韓伯休嗎? 居然不讓價錢。"韓康嘆説:"我本來以賣藥來避名,現在一個普通女子也知道我,我還賣甚麼藥呢?"於是他就躲進霸林山去了。

2　張步兵:指晉張翰。張翰,字季鷹,江東吳郡人,博學能文,縱任不羈,時人號爲"江東步兵",以比阮籍。

校　記

① 集成本作者姓名入題，作《馮時可茶録》。

② 《説郛續》署作"吴郡馮時可"。"吴郡"，此係用"華亭"古屬郡名。集成本作者姓名入題，題下無再署名。

③ 羽《經》稱……全貴採造：此非原文照録，而是由陸羽《茶經·一之源》最後兩段綜合選摘組成。此以下内容，摘自其他各書，非出之《茶經》。

④ 《茶經》用水，以山爲上，江爲中，井爲下：集成本同底本，但《茶經》原文作："其水，用山水上，江水中，井水下。"此以下，即非《茶經》内容，爲雜摘他書有關語句組成。

⑤ 皆《茶經》中語：本段此以上内容，確實選摘自《茶經·五之煮》，但文字有幾句稍有改動。此以下四句，疑係作者對上引《茶經》内容的概括和看法。

⑥ 此處底本缺尾。

羅岕茶記[1]

◇明　熊明遇　著

　　熊明遇，字良儒，號壇石，江西進賢人。萬曆二十九年（1601）擢進士第，三十三年（1605），授長興知縣。時年“二十餘，至任首濬二渠繕七橋，水利既通，食貨坌集”，後縣民請董其昌、丁元薦爲其作記立碑。四十三年（1615），遷兵科給事中，旋掌科事，多所論劾，疏陳時弊，言極危切。天啟時，官南京右僉都御史，提督操江。坐東林黨事，被革職戍邊。崇禎初召還，累官至兵部尚書。明亡後卒，《明史》卷二五七有傳。

　　“岕”，宜興方言音 kai 楷，指介於兩山和諸山之間。羅岕位長興、宜興分界長興一側的羅山，其山北也即宜興歷史名茶產地茗嶺山。長興、宜興，唐時稱長城、義興，即以所產顧渚紫笋、陽羨茶名揚全國，立爲貢焙之地。宋、元貢焙和御茶園改置建甌北苑和武夷以後，兩縣茶名稍掩，至明初朱元璋廢止貢焙改貢各地芽茶，宜興、長興才以復貢又獨采用蒸青傳統工藝，在明中期及前清，伯仲全國各名茶之間。因是，在明末清初，除各茶書有專門介紹外，還先後出現有本文和馮可賓《岕茶牋》、周高起《洞山岕茶系》、冒襄《岕茶彙鈔》以及失佚的周慶叔《芥茶別論》等至少五種著作。一兩個縣出產的一種名茶，能出現和傳存如此衆多的地方性茶書，除宋代的建茶以外，別無他見。本文是有關宜興、長興岕茶撰刊的第一本茶書。

　　本文撰寫年代，無直接證據。經查《湖州府志》和《長興縣志》，熊明遇知長興縣期間爲萬曆三十三年（1605）至四十三年（1615），此文當寫於其時。

　　現存《羅岕茶記》，主要有《説郛續》和《古今圖書集成》兩個版本[2]。本書以《説郛續》本作底本，以《古今圖書集成》本作校。

　　產茶處①，山之夕陽，勝於朝陽。廟後³山西向，故稱佳；總不如洞山⁴

南向,受陽氣特專,稱仙品。

茶產平地,受土氣多,故其質濁。岕茗產於高山,渾是風露清虛之氣,故爲可尚②。

茶以初出雨前者佳,惟羅岕立夏開園,吳中⁵所貴,梗粗葉厚,微有蕭箬之氣。還是夏前六七日,如雀舌者佳,最不易得。

藏茶宜箬葉而畏香藥,喜溫燥而忌冷濕。收藏時,先用青箬以竹絲編之,置罌四周。焙茶俟冷,貯器中,以生炭火煅過,烈日中曝之令滅,亂插茶中,封固罌口,覆以新磚,置高爽近人處。霉天雨候,切忌發覆,須於晴明,取少許別貯小瓶。空缺處,即以箬填滿,封置如故,方爲可久。或夏至後一焙,或秋分後一焙。

烹茶,水之功居大。無泉則用天水,秋雨爲上,梅雨次之。秋雨洌而白,梅雨醇而白。雪水,五穀之精也③,色不能白。養水須置石子於瓮,不惟益水,而白石清泉,會心亦不在遠。

茶之色重、味重、香重者,俱非上品。松羅香重,六安味苦而香與松羅同;天池亦有草萊氣,龍井如之;至雲霧,則色重而味濃矣。嘗啜虎丘茶,色白而香似嬰兒肉,真精絕。

茶色貴白,然白亦不難。泉清瓶潔,葉少水洗,旋烹旋啜,其色自白。然真味抑鬱,徒爲目食⁶耳。若取青綠,則天池、松蘿及岕之最下者,雖冬月,色亦如苔衣,何足爲妙。莫若余所收洞山茶,自穀雨後五日者,以湯薄浣,貯壺良久,其色如玉;至冬則嫩綠,味甘色淡,韵清氣醇,亦作嬰兒肉香,而芝芬浮蕩,則虎丘所無也。

注　釋

1　《羅岕茶記》,近見有的論著中,常轉引清陸廷燦《續茶經》,作《岕山茶記》。羅岕,在長興縣西北七十里互通山,西有兩洞曰明洞、暗洞,兩池曰東池、西池,俱產茶。山地廟後尤佳。岕以唐代羅隱隱於此故名。

2　吳楓主編《簡明中國古籍詞典》云,此書有《廣百川學海》《説郛續》等版本。《説郛續》本不錯,《廣百川學海》本疑將本書誤作《岕茶箋》,係錯録。

3　廟後:宜興、長興茗嶺或羅山附近處的岕名和茶名。如嘉慶《宜興縣志·山川》:"茗嶺山……山脊與長興分界(宿茶神,俗誤劉秀廟),舊多茶,較離墨尤勝,俗稱廟前、廟後茶者是。"

4　洞山:明末和清前期宜興、長興著名岕茶産地。與羅岕相近的宜興一側,即《致富奇書廣集》所説的峒山;一稱君山,又名荆南山,即今宜興銅官山。

5　吴中:此非單指蘇州吴縣一帶,而是廣指會稽、吴興、丹陽等蘇南、浙江數十州縣的所謂三吴地區。

6　目食:同《洞山岕茶系》提及的"耳食",即非指用口品嘗,而是猶用"耳"聞、"目"看有偏差的感官印象來判斷和決定茶葉的"真味"。

校　記

①　産茶處:集成本在"熊明遇《羅岕茶記》"和本條"産茶處"之間,添加"七則"兩字標題。本書據《説郛續》本省。

②　可尚:尚,《中國古代茶葉全書》校稱《説郛續》本作"的",不知所據何本訛舛。

③　五穀之精也:五穀,集成本作"天地"。

茶解

◇明　羅廩　撰[①]

　　羅廩,字高君,明嘉靖、萬曆時浙江慈谿(今浙江慈溪)人,事迹不詳。
僅《慈谿縣志·藝文志》記其《茶解》一卷,《勝情集》一卷,《青原集》一卷,
《補陀遊草》一卷。屠本畯《茶解·序》稱其"讀書中隱山"[1],羅廩在《茶
解·總論》中亦提到"余自兒時性喜茶",後"乃周遊産茶之地,採其法制,
參互考訂,深有所會,遂於中隱山陽栽植培灌,兹且十年"。這即是説,至
少在萬曆四十年(1612)《茶解》增訂本付梓前,羅廩曾周游各地,潛心調查
種茶、製茶技藝之後,隱居中隱山種茶、讀書有十多年時間。

　　《茶解》是明代後期乃至整個明清時期,中國古代茶書或傳統茶學有
關茶葉生産和烹飲技藝最爲"論審而確""詞簡而核",并且較爲全面反映
和代表其時實際水平的一篇茶葉專著。因作者"周遊産茶之地,採其法
制",然後回鄉居山十年,親自實踐,加以驗證、總結,所以除陸羽及其《茶
經》之外,其人其書幾無可與比者。

　　關於本書的成書年代和版本情況,萬國鼎在《茶書總目提要》中稱"此
書有萬曆己酉(1609)屠本畯序及萬曆壬子(1612)龍膺跋。没有自序",
因此他即取"1609年"也即萬曆三十七年(1609)作其撰寫時間。至於龍
膺的跋爲甚麽遲後三年才寫,萬國鼎未再涉及。也因爲他未作查考,所以
他對《茶解》版本情況,也説得不準。如其稱:"刊本有(1)《茶書全集》
本,(2)《説郛續》本,(3)《古今圖書集成》……但後二種只摘録一小部
分,不但字句有變更,次序有顛倒分合,而且取捨毫無標準,原書的精華幾
乎完全失掉。"其實萬國鼎所否定的《説郛續》本,所謂句子變更、次序顛倒
等原因,不是《説郛續》的責任。相反,《説郛續》所根據的,是《茶解》初稿
鈔本或初版本,有些地方,較喻政《茶書》本可能還可靠。如屠本畯在《茶

解敍》中稱："初,予得《茶經》《茶譜》《茶疏》《泉品》等書,今於《茶解》而合璧(一同收録進《茗笈》)之。"也即是説,屠本畯在爲《茶解》寫叙時,就見過或得到過羅廪《茶解》的初稿和初稿鈔本,後來其《茗笈》所采收的内容,即來自此初稿。《説郛續》所收《茶解》内容,與喻政《茶書》本字句、序次均有不同,但與屠本畯《茗笈》所引《茶解》内容,也即與羅廪《茶解》初稿鈔本和最初版本,則一字不差,完全相同。因爲《説郛續》收録的是《茶解》初稿内容,所以便有可能出現初版不錯而喻政《茶書》重刻致錯的地方。這一點,經查對,《説郛續》至少可以訂正喻政《茶書》"茶園不宜雜以惡木……其不可蒔芳蘭幽菊及諸清芬之品"這樣一條頗關重要的内容。"其不可"的"不"字,《説郛續》也即《茶解》初稿或初版爲"下",作"其下可蒔芳蘭幽菊及清芬之品";一字之差,意義相反,"可蒔""不可"從喻政《茶書》見世至今,兩説并存和疑惑延續已近四個世紀。所以萬國鼎對《説郛續》本的簡單否定似亦不夠全面。另外,從屠本畯《茗笈》引文、《説郛續》和喻政《茶書・茶解》内容的差異,我們對《茶解》最初和《説郛續》的版本情況,至少可以得出這樣兩點看法:第一,《茗笈》和喻政《茶書》,差不多是同時編刊的兩書,但所引録的《茶解》内容,有些文字、編序明顯不同,表明兩書所録不是同一版本。屠本畯《茗笈》所據的,無疑是1609年他爲之作叙的羅廪《茶解》初稿和初刻本;喻政《茶書》所據的,當是1612年龍膺爲之書跋的增訂重刻本。第二,《説郛續》所收録的《茶解》,如上所説,與喻政《茶書》不同,與《茗笈》也即《茶解》初稿和初版相同。但《説郛續》所收的《茶解》内容,也不是《茶解》初稿或初版的完整稿本,而僅僅只是選輯其很少一部分。因爲如屠本畯《茶解敍》所載,屠本畯所見和所得的《茶解》初稿本,雖和喻政《茶書・茶解》所説不完全一樣,但亦分爲一原、二品、三程、四定、五撷、六辨、七評、八明、九禁、十約這樣十目,《説郛續》和據《説郛續》所刊的《古今圖書集成》本,則無目無序,不成體例,不但與《茶書》本不同,也與《茶解》初稿和初版本明顯有别。

　　本書此以喻政《茶書》本作録,以《茗笈》引文、《説郛續》本和其他有關内容作校。

敘②

羅高君性嗜茶,於茶理有縣解,讀書中隱山,手著一編曰《茶解》,云書凡十目,一之原,其茶所自出;二之品,其茶色、味、香;三之程,其藝植高低;四之定,其採摘時候;五之摭,其法製焙炒;六之辨,其收藏涼燥;七之評,其點瀹緩急;八之明,其水泉甘洌;九之禁,其酒果腥穢;十之約,其器皿精粗。爲條凡若干,而茶勣於是乎勒銘矣。其論審而確也,其詞簡而覈也,以斯解茶,非眠雲跂石人不能領略。高君自述曰:“山堂夜坐,汲泉烹茗,至水火相戰,儼聽松濤,傾瀉入杯,雲光瀲灩。此時幽趣,未易與俗人言者,其致可挹矣。”初,予得《茶經》《茶譜》《茶疏》《泉品》等書,今於《茶解》而合璧之,讀者口津津,而聽者風習習,渴悶既涓,榮憲斯暢。予友聞隱鱗,性通茶靈,早有季疵之癖,晚悟禪機,正對趙州之鋒,方與袁輯《茗笈》,持此示之,隱鱗印可,曰:“斯足以爲政於山林矣。”

萬曆己酉歲端陽日友人屠本畯撰

總論

茶通仙靈,久服能令昇舉,然蘊有妙理,非深知篤好,不能得其當。蓋知深斯鑒別精,篤好斯修製力。余自兒時性喜茶,顧名品不易得,得亦不常有,乃周遊產茶之地,採其法制,參互考訂,深有所會,遂於中隱山陽栽植培灌,茲且十年。春夏之交,手爲摘製,聊足供齋頭烹啜,論其品格,當雁行虎丘。因思制度有古人意慮所不到,而今始精備者,如席地團扇,以册易卷,以墨易漆之類,未易枚舉。即茶之一節,唐宋間研膏蠟面,京挺龍團,或至把握纖微,直錢數十萬,亦珍重哉。而碾造愈工,茶性愈失,矧雜以香物乎?曾不若今人止精於炒焙,不損本真。故桑苧茶經,第可想其風致,奉爲開山,其春碾羅則諸法,殊不足倣。余嘗謂茶、酒二事,至今日可稱精妙,前無古人,此亦可與深知者道耳。

原

鴻漸志茶之出,曰山南、淮南、劍南、浙東、黔州、嶺南諸地。而唐宋所稱,則建州、洪州、穆州、惠州、綿州、福州、雅州、南康、婺州、宣城、饒池、蜀州、潭州、彭州、袁州、龍安、涪州、建安、岳州。而紹興進茶，自宋范文虎始；余邑貢茶，亦自南宋季至今。南山有茶局、茶曹、茶園之名，不一而止。蓋古多園中植茶。沿至我朝，貢茶爲累，茶園盡廢，第取山中野茶，聊且塞責，而茶品遂不得與陽羨、天池相抗矣。余按：唐宋産茶地，僅僅如前所稱，而今之虎丘、羅岕、天池、顧渚、松蘿、龍井、雁蕩、武夷、靈山、大盤、日鑄諸有名之茶③，無一與焉。乃知靈草在在有之，但人不知培植，或疏於制度耳④。嗟嗟，宇宙大矣！

《經》云一茶、二檟、三蔎、四茗、五荈，精粗不同，總之皆茶也。而至如嶺南之苦登，玄嶽之騫林葉，蒙陰之石蘚，又各爲一類，不堪入口。⑤《研北志》云：交趾登茶如綠苔，味辛烈而不言其苦惡，要非知茶者。

茶，六書作“茶”；《爾雅》《本草》《漢書》，荼陵俱作“荼”。《爾雅》註云：“樹如梔子”是已；而謂冬生葉，可煮作羹飲，其故難曉。

品

茶須色、香、味三美具備。色以白爲上，青綠次之，黃爲下。香如蘭爲上，如蠶豆花次之。味以甘爲上，苦澀斯下矣。

茶色貴白。白而味覺甘鮮，香氣撲鼻，乃爲精品。蓋茶之精者，淡固白，濃亦白，初潑白，久貯亦白。味足而色白⑥，其香自溢，三者得則俱得也。近好事家，或慮其色重，一注之水，投茶數片，味既不足，香亦杳然，終不免水厄之誚耳。雖然，尤貴擇水⑦。

茶難於香而燥。燥之一字，唯真岕茶足以當之。故雖過飲，亦自快人。重而濕者，天池也。茶之燥濕，由於土性，不繫人事。

茶須徐啜，若一吸而盡，連進數杯，全不辨味，何異傭作。盧仝七碗，亦興到之言，未是實事。

山堂夜坐，手烹香茗，至水火相戰，儼聽松濤，傾瀉入甌，雲光縹渺，一段幽趣，故難與俗人言⑧。

藝

種茶，地宜高燥而沃。土沃，則産茶自佳。《經》云：生爛石者上，土者下,野者上,園者次,恐不然。

　　秋社²後摘茶子,水浮,取沉者,略曬去濕潤,沙拌藏竹簍中,勿令凍損。俟春旺時種之。茶喜叢生,先治地平正,行間疏密,縱橫各二尺許。每一坑下子一掬,覆以焦土,不宜太厚,次年分植,三年便可摘取。

　　茶地斜坡爲佳,聚水向陰之處,茶品遂劣。故一山之中,美惡相懸⑨。至吾四明海內外諸山,如補陀⑩、川山、朱溪等處,皆產茶而色、香、味俱無足取者。以地近海,海風鹹而烈,人面受之不免䵟𩑾而黑,況靈草乎。

　　茶根土實,草木雜生則不茂。春時薙草,秋夏間鋤掘三四遍,則次年抽茶更盛。茶地覺力薄,當培以焦土。治焦土法:下置亂草,上覆以土,用火燒過,每茶根傍掘一小坑,培以升許。須記方所,以便次年培壅。晴晝鋤過,可用米泔澆之。

　　茶園不宜雜以惡木,惟桂、梅、辛夷、玉蘭、蒼松、翠竹之類,與之間植⑪,亦足以蔽覆霜雪,掩映秋陽。其下可蒔芳蘭、幽菊及諸清芬之品⑫。最忌與菜畦相逼,不免穢污滲瀝,滓厥清真。

採

　　雨中採摘,則茶不香。須晴晝採,當時焙;遲則色、味、香俱減矣。故穀雨前後,最怕陰雨。陰雨寧不採。久雨初霽,亦須隔一兩日方可。不然,必不香美。採必期於穀雨者,以太早則氣未足,稍遲則氣散。入夏,則氣暴而味苦澀矣。

　　採茶入篚,不宜見風日,恐耗其真液。亦不得置漆器及瓷器內。

製

　　炒茶,鐺宜熱;焙,鐺宜溫。凡炒,止可一握,候鐺微炙手,置茶鐺中,札札有聲,急手炒勻;出之箕上,薄攤用扇搧冷,略加揉挼。再略炒,入文火鐺焙乾,色如翡翠。若出鐺不扇,不免變色。

　　茶葉新鮮,膏液具足,初用武火急炒,以發其香。然火亦不宜太烈,最忌炒製半乾,不於鐺中焙燥而厚罨籠內,慢火烘炙。

茶炒熟後,必須揉挼。揉挼則脂膏鎔液,少許入湯,味無不全。

鐺不嫌熟,磨擦光净,反覺滑脱。若新鐺,則鐵氣暴烈,茶易焦黑。又若年久鏽蝕之鐺,即加磋磨,亦不堪用。

炒茶用手,不惟匀適,亦足驗鐺之冷熱。

薪用巨幹,初不易燃,既不易熄,難於調適。易燃易熄,無逾松絲。冬日藏積,臨時取用。

茶葉不大苦澀,惟梗苦澀而黄,且帶草氣。去其梗,則味自清澈;此松蘿、天池法也。余謂及時急採急焙,即連梗亦不甚爲害。大都頭茶可連梗,入夏便須擇去。

松蘿茶,出休寧松蘿山,僧大方所創造。其法,將茶摘去筋脈,銀銚妙製。今各山悉倣其法,真僞亦難辨別。

茶無蒸法,惟岕茶用蒸。余嘗欲取真岕,用炒焙法製之,不知當作何狀。近聞好事者,亦稍稍變其初制矣。

藏

藏茶,宜燥又宜涼。濕則味變而香失,熱則味苦而色黄。蔡君謨云:"茶喜温。"此語有疵。大都藏茶宜高樓,宜大甕。包口用青箬。甕宜覆不宜仰,覆則諸氣不入。晴燥天,以小瓶分貯用。又貯茶之器,必始終貯茶,不得移爲他用。小瓶不宜多用青箬,箬氣盛,亦能奪茶香。

烹

名茶宜瀹以名泉。先令火熾,始置湯壺,急扇令湧沸,則湯嫩而茶色亦嫩。《茶經》云:如魚目微有聲,爲一沸,沿邊如湧泉連珠,爲二沸;騰波鼓浪,爲三沸;過此則湯老,不堪用。李南金謂:當用背二涉三之際爲合量。此真賞鑒家言。而羅大經懼湯過老,欲於松濤澗水後移瓶去火,少待沸止而瀹之。不知湯既老矣,雖去火何救耶? 此語亦未中窾[13]。

岕茶用熱湯洗過擠乾,沸湯烹點。緣其氣厚,不洗則味色過濃,香亦不發耳。自餘名茶,俱不必洗。

水

古人品水，不特烹時所須，先用以製團餅，即古人亦非遍歷宇内，盡嘗諸水，品其次第，亦據所習見者耳。甘泉偶出於窮鄉僻境，土人或藉以飲牛滌器，誰能省識。即余所歷地，甘泉往往有之。如象川蓬萊院後，有丹井焉，晶瑩甘厚，不必瀹茶，亦堪飲酌。蓋水不難於甘，而難於厚；亦猶之酒不難於清香美冽，而難於淡。水厚酒淡，亦不易解。若余中隱山泉，止可與虎跑甘露作對，較之惠泉，不免徑庭。大凡名泉，多從石中进出，得石髓故佳。沙潭爲次，出於泥者多不中用。宋人取井水，不知井水止可炊飯作羹，瀹茗必不妙，抑山井耳。

瀹茗必用山泉⑭，次梅水。梅雨如膏，萬物賴以滋長，其味獨甘。《仇池筆記》云：時雨甘滑，瀹茶煮藥，美而有益。梅後便劣。至雷雨最毒，令人霍亂，秋雨冬雨，俱能損人。雪水尤不宜，令肌肉銷鑠。

梅水，須多置器於空庭中取之，並入大甕，投伏龍肝兩許包，藏月餘汲用，至益人。伏龍肝，竈心中乾土也。

武林南高峯下，有三泉。虎跑居最，甘露亞之，真珠不失下劣，亦龍井之匹耳。許然明，武林人，品水不言甘露何耶？甘露寺在虎跑左，泉居寺殿角，山徑甚僻，遊人罕至。豈然明未經其地乎。

黄河水，自西北建瓶而東，支流雜聚，何所不有舟次，無名泉，聊取充用可耳。謂其源從天來，不減惠泉，未是定論。

《開元遺事》紀逸人王休，每至冬時，取冰敲其精瑩者，煮建茶以奉客，亦太多事。

禁

採茶、製茶⑮，最忌手汗、羶氣、口臭、多涕、多沫不潔之人及月信婦人。茶、酒性不相入，故茶最忌酒氣，製茶之人，不宜沾醉。

茶性淫，易於染著，無論腥穢及有氣之物，不得與之近。即名香亦不宜相雜。

茶内投以果核及鹽椒、薑、橙等物，皆茶厄也。茶採製得法，自有天香，不可方儗。蔡君謨云：蓮花、木犀、茉莉、玫瑰、薔薇、蕙蘭、梅花種種，皆可拌茶,且云重湯煮焙收用,似於茶理不甚曉暢。至倪雲林點茶用糖,則尤爲可笑。

器

箪

以竹篾爲之,用以採茶。須緊密,不令透風。

竈

置鐺二,一炒、一焙,火分文武。

箕

大小各數箇。小者盈尺,用以出茶;大者二尺,用以攤茶,揉挼其上,並細篾爲之。

扇

茶出箕中,用以扇冷。或藤、或箬、或蒲。

籠

茶從鐺中焙燥,復於此中再總焙入甕,勿用紙襯。

帨

用新麻布,洗至潔,懸之茶室,時時拭手。

甕

用以藏茶,須内外有油水者。預滌净曬乾以待。

爐⑯

用以烹泉,或瓦或竹,大小要與湯壺稱。

注

以時大彬手製粗沙燒缸色者爲妙,其次錫。

壺

内所受多寡,要與注子稱。或錫或瓦,或汴梁擺錫銚。

甌

以小爲佳,不必求古,只宣、成、靖窯足矣。

梜

以竹爲之,長六寸,如食篸而尖其末,注中潑過茶葉,用此梜出。

跋

宋孝廉兄有茶圃,在桃花源,西巖幽奇,別一天地,琪花珍羽,莫能辨識其名。所産茶,實用蒸法如岕茶,弗知有炒焙、揉接之法。予理鄖日,始游松蘿山,親見方長老製茶法甚具,予手書茶僧卷贈之,歸而傳其法。故出山中,人弗習也。中歲自祠部出,偕高君訪太和,輒入吾里。偶納涼城西莊稱姜家山者,上有茶數株,翳叢薄中,高君手擷其芽數升,旋沃山莊鐺,炊松茅活火,且炒且揉,得數合,馳獻先計部,餘命童子汲溪流烹之。洗盞細啜,色白而香,彷彿松蘿等。自是吾兄弟每及穀雨前,遣幹僕入山,督製如法,分藏堇堇。邇年,榮邸中益稔玆法,近採諸梁山製之,色味絶佳,乃知物不殊,顧腕法工拙何如耳。

予晚節嗜茶益癖,且益能別澠淄,覺舌根結習未化,于役湟塞,遍品諸水。得城隅北泉,自巖隙中淅瀝如線漸出,輒淒然迸流。嘗之味甘冽且厚,寒碧沁人,即弗能顔行中泠,亦庶幾昆龍泓而季蒙惠矣。日汲一盎,供博士鑪。茗必松蘿,始御弗繼,則以天池、顧渚需次焉。

頃從皋蘭書郵中接高君八行,兼寄《茶解》,自明州至。亟讀之,語語中倫,法法入解,贊皇失其鑒,竟陵褫其衡。風旨泠泠,翛然人外,直將蓮花齒頰,吸盡西江,洗滌根塵,妙證色、香、味三昧,無論紫茸作供,當拉玉版同參耳。予因追憶西莊採掇酣笑時,一彈指十九年矣。予疲暮尚逐戎馬,不耐膻鄉潼酪,賴有此家常生活,顧絶塞名茶不易致,而高君乃用此爲政中隱山,足以茹真卻老,予實妬之。更卜何時盤礴相對,倚聽松濤,口津津林塹間事,言之色飛。予近築灃園,作漚息計,饒陽阿爽墢藝茶,歸當手玆編爲善知識,亦甘露門不二法也。昔白香山治池園洛下,以所獲潁川釀法,蜀客秋聲,傳陵之琴、弘農之石爲快。惜無有以玆解授之者,予歸且習禪,無所事釀,孤桐怪石,夙故畜之。今復得玆,視白公池上物奢矣。率爾書報高君,志蘭息心賞。

時萬曆壬子春三月武陵友弟龍膺君御甫書

注　釋

1　中隱山：在羅廩老家慈谿或與慈谿接壤的鄰縣。查光緒《慈谿縣志》，慈谿原稱“隱山”之山很多，如縣南有“大隱山”“東隱山”，縣北有“隱山”“青隱山”等等。

2　秋社：古代於立秋後第五個戊日舉行酬祭土地之神的典禮。

校　記

① 原署“明慈谿羅廩高君著”。

② 敘：底本原將此“敘”編在《茶解》正文之後，正文前是龍應“跋”。現依慣例調整爲前“敘”後“跋”。

③ 日鑄諸有名之茶：“日鑄”下，《茗笈・溯源章》引文還多“朱溪”兩字。《説郛續》本作“日鑄、朱溪諸名茶”。

④ 但人不知培植，或疏於制度耳：不知培植，《茗笈・溯源章》引文、《説郛續》本和集成本作“培植不嘉”。疏於制度耳，《説郛續》本作“疏採製耳”。

⑤ 《經》云：本段内容，除茶名外，均非出自《茶經》，係羅廩自己所寫。茶茗“葭”《茶經》也一般都作“葭”。

⑥ 味足而色白：《茗笈・衡鑒章》引文、《説郛續》本作“味甘色白”。

⑦ 尤貴擇水：“水”字下，《説郛續》本還有“香以蘭花上，蠶豆花次”九字。

⑧ 故難與俗人言：“言”字下，《説郛續》本有一“矣”字。經查對《説郛續》“山堂夜坐”内容，與屠本畯《茶解敘》引文全同，表明《説郛續》與喻政《茶書》收録《茶解》内容的出入，不是《説郛續》的擅改和差錯，而是其所據係較喻政《茶書》更早的版本或羅廩原稿和原稿鈔本。

⑨ 茶地斜坡爲佳……美惡相懸：《説郛續》本作“茶地南向爲佳，向陰者遂劣，故一山之中，美惡大相懸也”。由上可以看出，《説郛續》此段内容，較喻政《茶書》明顯簡單粗淺，喻政《茶書》所載，疑據羅廩後來修

改稿或喻政、徐𤊹編刊《茶書》時所增改。

⑩ 補陀：補，近出有些茶書作"浦"或"普"。補陀，在慈谿，羅廩有《補陀遊草》。

⑪ 玉蘭、蒼松、翠竹之類，與之間植："玉蘭""蒼松"之間，《茗笈·得地章》引文、《説郛續》本有"玫瑰"兩字。另《説郛續》本"翠竹"下無"之類"兩字。

⑫ 其下可蒔芳蘭、幽菊及諸清芬之品：下，底本作"不"，其下可蒔作"其不可蒔"，據《茗笈》引文和《説郛續》本徑改。

⑬ 不知湯既老矣，雖去火何救耶？此語亦未中竅：《茗笈·定湯章》引文、《説郛續》本此句作"此語亦未中窾，殊不知湯既老矣，雖去火何救哉"。

⑭ "瀹茗必用山泉"及下段"梅水，須多置器於空庭中取之"兩段，《茗笈·品泉章》引文、《説郛續》本縮作一段。《説郛續》本的這段内容爲："烹茶須甘泉，次梅水。梅雨如膏，萬物賴以滋養，其味獨甘，梅後便不堪飲。大甕滿貯，投伏龍肝一塊，即灶中心乾土也。乘熱投之。"

⑮ "採茶、製茶"及下段"茶、酒性不相入"兩段，《茗笈·申忌章》引文、《説郛續》本合作一段，其内容具體爲："採茶製茶，最忌手汗、膻氣、口臭、多涕、不潔之人及月信婦人。又忌酒氣。蓋茶酒性不相入，故製茶人切忌沾醉。"

⑯ 爐：《説郛續》本作"茶爐"。

蔡端明別紀·茶癖①

◇明　徐𤊻　編纂②

　　《蔡端明別紀·茶癖》,喻政從《蔡端明別紀》中摘出第七卷《茶癖》,編入《茶書》,題作"《蔡端明別紀》摘録",又稱"明三山徐𤊻興公輯"。

　　"蔡端明"即蔡襄,官至端明殿學士,故有此稱。

　　《蔡端明別紀》記述了蔡襄一生的爲人、爲政、爲學事迹,全書共十二卷,分別是本傳、德行、政事、書學、藝談、賞鑒、茶癖、恩寵、崇報、紀異、《荔枝譜》、《茶録》(《茶録》現存孤本不全)。

　　編者徐𤊻(1570—1645),字惟起,號興公,閩縣(今福建福州)人。喜歡藏書、刻書,以紅雨樓爲藏書室名,積書達五萬三千餘卷。刻印過的書籍,有《唐歐陽先生文集》、宋《唐子西集》等二十餘種二百多卷。《明史》卷二八六《文苑傳·鄭善夫傳》稱,閩中詩文,"迨萬曆中年,曹學佺、徐𤊻輩繼起,謝肇淛、鄧原岳和之,風雅復振"。故後來也將徐𤊻、曹學佺主盟閩中詞壇的這段人事,稱爲"興公詩派"。徐𤊻博聞多識,他寫過這樣一段深切體會:"余嘗謂人生之樂,莫過閉户讀書。得一僻書,識一奇字,遇一異事,見一佳句,不覺踴躍,雖絲竹滿前,綺羅盈目,不足喻其快也。"他雖然布衣終身,但不僅以草書隸字、工文長詩盛名於時,所著《筆精》《榕陰新檢》《閩南唐雅》《荔枝通譜》《蜂經疏》惠及後人,甚至服務現在。其編《紅雨樓書目》,收録有一百四十多種戲曲類傳奇作品,對於研究中國戲曲史,也有重要意義。

　　《蔡端明別紀·茶癖》,可以説是有關蔡襄與茶的專輯,在我國古代各類茶書中,也爲"個人茶事專輯"之宗。據徐𤊻《蔡端明別紀·自序》,編纂時間當在"萬曆己酉",即萬曆三十七年(1609)春或稍前。

　　本文以明萬曆徐𤊻自編自刻的原本作底本,以喻政《茶書》本作校。

世言團茶③始於丁晉公,前此未有也。慶曆中,蔡君謨爲福建漕使,更製小團以充歲貢。元豐初,下建州,又製密雲龍以獻,其品高於小團,而其製益精矣。曾文昭[1]所謂:“莆陽學士蓬萊仙,製成月團飛上天”。又云:“密雲新樣尤可喜,名出元豐聖天子”是也。唐陸羽《茶經》於建茶尚云未詳,而當時獨貴陽羨茶,歲貢特盛。茶山居湖、常二州之間,修貢則兩守相會。山椒有境會亭,基尚存。盧仝《謝孟諫議茶》詩云:“天子須嘗陽羨茶④,百草不敢先開花”是已。然又云:“開緘宛見諫議面,手閱月團三百片”則團茶已見於此。當時李郢《茶山貢焙歌》云:“蒸之護之香勝梅,研膏架動聲如雷⑤。茶成拜表貢天子,萬人争嗷春山摧”。觀研膏之句,則知嘗爲團茶無疑。自建茶入貢,陽羨不復研膏,祇謂之草茶而已。《韻語陽秋》

茶之品莫貴於龍鳳,謂之團茶,凡八餅重一斤。慶曆中,蔡君謨爲福建路轉運使,始造小片龍茶以進。其品絕精,謂之小團,凡二十餅重一斤。其價值金二兩。然金可有,而茶不可得。每因南郊致齋,中書、樞密院各賜一餅,四人分之,宮人往往縷金花其上,蓋其貴重如此。《歸田録》

故事,建州歲貢大龍鳳團茶各二斤,以八餅爲斤。仁宗時,蔡君謨知建州,始別擇茶之精者,爲小龍團十斤以獻。斤爲十餅。仁宗以非故事,命劾之⑥。大臣爲請,因留而免劾。然自是遂爲歲額。《石林燕語》

論者謂君謨學行、政事高一世,獨貢茶一事,比於宦官、宫妾之愛君,而閩人歲勞費於茶,貽禍無窮。蘇長公亦以進茶譏君謨,有“前丁後蔡”之語。殊不知理欲同行異情,蔡公之意,主於敬君;丁謂之意,主於媚上,不可一概論也。後曾子固[2]在福州,亦進荔枝,未可以是少之也。《興化志》

丁晉公爲福建轉運使,始製鳳團,後又爲龍團〔貢〕不過四十餅⑦,專擬上供,雖近臣之家,徒聞之未嘗見也。天聖中,蔡君謨又爲小團⑧,其品迥加於大團。賜兩府,然止於一斤。惟上大齋宿,八人兩府,共賜小團一餅。縷之以金,八人折歸,以侈非常之賜,親知瞻玩,賡唱以詩。《畫墁録》

建茶盛於江南,近歲制作尤精。龍團茶最爲上品⑨,一斤八餅。慶曆中,蔡君謨爲福建運使,始造小團以充歲貢,一斤二十餅,所謂上品龍茶者也。仁宗尤所珍惜,雖宰相未嘗輒賜⑩;惟郊禮致齋之夕,兩府各四人共賜一餅。宫人剪金爲龍鳳花貼其上,八人分蓄之,以爲奇玩,不敢自試,有佳客，出爲傳玩。歐陽文忠公云："茶爲物之至精，而小團又其精者也。"嘉祐中，小團初出時也，今小團易得，何至如此珍貴。《澠水燕談録》

歐陽文忠公《嘗新茶呈聖俞》云："建安三千里，三月嘗新茶⑪。人情好先務取勝，百物貴早相矜誇。年窮臘盡春欲動，蟄雷未起驅龍蛇。夜間擊鼓滿山谷⑫，千人助叫聲喊呀。萬木寒癡睡不醒，惟有此樹先萌芽。乃知此爲最靈物，宜其獨得天地之英華。終朝採摘不盈掬，通犀銙小圓復窊。鄙哉穀雨槍與旗，多不足貴如刈麻。建安太守急寄我，香蒻包裹封題斜。泉甘器潔天色好，坐中揀擇客亦嘉。新香嫩色如始造，不似來遠從天涯。停匕側盞試水路，拭目向空看乳花。可憐俗夫把金錠，猛火炙背如蝦蟆。由來真物有真賞，坐逢詩老頻咨嗟。須臾共起索酒飲，何異奏雅終淫哇。"《次韻再作》云："吾年向老世味薄，所好未衰惟飲茶。建溪苦遠雖不到，自少嘗見閩人誇。每嗤江浙凡茗草，叢生狼藉惟龍蛇⑬。豈如含膏入香作，金餅蜿蜒兩龍戲以呀。其餘品第亦奇絶，愈小愈精皆露芽。泛之白花如粉乳，乍見紫面生光華。手持心愛不欲碾，有類弄印幾成窊。論功可以療百疾，輕身久服信胡麻⑭。我謂斯言頗過矣，其實最能祛睡邪。茶官貢餘偶分寄，地遠物新來意嘉。親烹屢酌不知厭，自謂此樂真無涯。未言久食成手顫，已覺疾饑生眼花。客遭水厄疲捧碗，口吻無異蝕月蟆⑮。僮奴傍視疑復笑，嗜好乖僻誠堪嗟。更蒙酬句怪可駭，兒曹助噪聲哇哇。"《歐陽文忠公集》

余觀東坡《荔枝歎注》云："大小龍茶，始於丁晉公，而成於蔡君謨。"歐陽永叔聞君謨進龍團，驚歎曰："君謨士人也，何至作此事？"今年，閩中監司乞進鬥茶，許之。故其詩云："武夷溪邊粟粒芽，前丁後蔡相寵加。爭買龍團各出意，今年鬥品充官茶。"則知始作俑者，大可罪也。《冷齋夜話》

蔡君謨善別茶，後人莫及。建安能仁院，有茶生石縫間，寺僧採造得茶八餅，號石巖白。以四餅遺君謨，以四餅密遣人走京師，遺王内翰禹玉。歲餘，君謨被召還闕，訪禹玉。禹玉命子弟於茶笥中選取茶之精品者，碾待君謨。君謨捧甌未嘗，輒曰："此茶極似能仁石巖白，公何從得之？"禹玉未信，索茶貼驗之，乃服。《墨客揮犀》

王荆公爲小學士³時，嘗訪君謨。君謨聞公至，喜甚，自取絶品茶，親滌器烹點以待公，冀公稱賞。公於夾袋中取消風散一撮，投茶甌中，併食之。君謨失色。公徐曰：“大好茶味。”君謨大笑，且歎公之真率也。《墨客揮犀》

　　蔡君謨，議茶者莫敢對公發言。建茶所以名重天下，由公也。後公製小團，其品尤精於大團。一日，福唐[4]蔡葉丞秘敕召公啜小團，坐久，復有一客至，公啜而味之曰：“非獨小團，必有大團雜之。”丞驚呼童，曰：“本碾造二人茶，繼有一客至，造不及，乃以大團兼之。”丞服公之明審[16]。《墨客揮犀》

　　晁氏曰[5]：《試茶錄》二卷，皇朝蔡襄撰，皇祐中修注。仁宗常面諭云：卿所進龍茶甚精。襄退而記其烹試之法，成書二卷進御。世傳歐公聞君謨進小團茶，驚曰：君謨士人，何故如此。《文獻通考》

　　公[6]《茶壠》詩云（造化曾無私）。《採茶》詩云（春衫逐紅旗）。《造茶》詩云（屑玉寸陰間）《試茶》詩云（兔毫紫甌新）。《茶書》[7]

　　晁氏曰：“《東溪試茶錄》一卷，皇朝朱子安[8]集拾丁、蔡之遺。”東溪亦建安地名。《茶書》

　　梅聖俞《和杜相公謝蔡君謨寄茶》云：“天子歲嘗龍焙茶，茶官催摘雨前芽。團香已入中都府，聞品爭傳太傅家[17]。小石冷泉留早味，紫泥新品泛春華。吳中內史才多少，從此尊罍不足誇。”因茶而薄尊罍，是亦至論。陸機以尊罍對晉武帝羊酪，是時尚未有茶耳。然張華《博物志》，已有“真茶令人不寐”之語。《瀛奎律髓》

　　陸羽《茶經》、裴汶《茶述》，皆不載建品，唐末，然後北苑出焉。宋朝開寶間，始命造龍團以別庶品。厥後，丁晉公漕閩，乃載之《茶錄》。蔡忠惠又造小龍團以進。東坡詩云：“武夷溪邊粟粒芽，前丁後蔡相寵加。吾君所乏豈此物，致養口體何陋邪。”茶之爲物，滌煩雪滯，於務學勤政，未必無助。其與進荔枝、桃花者不同。然充類至義，則亦宦官、宮妾之愛君也。忠惠直道高名，與范、歐相亞，而進茶一事，乃儕晉公。君子之舉措，可不慎哉。《鶴林玉露》

　　歐陽修《龍茶錄後序》云：茶爲物之至精……廬陵歐陽修書還公期書室。《歐陽文忠集》[9]

　　北苑茶焙，在建寧吉苑里鳳皇山之麓。咸平中，丁謂爲本路漕，監造御茶，歲進龍鳳團。慶曆間，蔡襄爲漕使，始改造小龍團茶，尤極精妙。邑人熊蕃詩云:"外臺慶曆有仙官,龍鳳才聞製小團"蓋謂是也。其後,則有細色五綱:第一綱,曰貢新;第二綱,曰試新;第三綱,曰龍團勝雪[18],曰白茶,曰御苑玉芽,曰萬壽龍芽,曰上林第一,曰乙夜供清,曰承平雅玩,曰龍鳳英華,曰玉除清賞,曰啟沃承恩,曰雪英,曰雲葉[19],曰蜀葵,曰金錢,曰玉華,曰寸金;第四綱,曰無比壽芽,曰萬春銀葉,曰宜年寶玉,曰玉清慶雲[20],曰無疆壽龍,曰玉葉長春,曰瑞雲翔龍,曰長壽玉圭,曰興國巖銙,曰香口焙銙,曰上品揀芽,曰新收揀芽;第五綱,曰太平嘉瑞,曰龍苑報春,曰南山應瑞,曰興國揀芽[21],曰興國巖小龍,曰興國巖小鳳,曰大龍,曰大鳳。其粗色七綱,曰小龍小鳳,曰大龍大鳳,曰不入腦上品揀芽小龍,曰入腦小龍,曰入腦小鳳,曰入腦大龍,入腦大鳳。此茶之名色也。北焙之名,極盛於宋。當時士大夫以爲珍異而寶重之。嗟夫,以一草一木之味,而勞民動衆,糜費不貲。餘人不足道,君謨號正人君子,亦忍爲此,何也。《北苑雜述》

武夷喊山臺,在四曲御茶園中。製茶爲貢,自宋蔡襄始。先是建州貢茶,首稱北苑龍團,而武夷之石乳,名猶未著也。宋劉說道詩云:"靈芽得春光,龍焙收奇芬。進入蓬萊宮,翠甌生白雲。"坡詩詠"粟粒猶記少時聞"。《武夷志》

公[10]《出東門向北路》詩云:"曉行東城隅,光華著諸物。溪漲浪〔花生,天〕晴鳥聲出[22]。稍稍見人煙,川原正蒼鬱。"《北苑》詩云:"蒼山走千里,村落分兩臂[23]。靈泉出地〔清,嘉〕卉得天味[24]。入門脫世氛,官曹真傲吏。"《建州志》

歐陽公《和梅公儀嘗茶》云:"溪山擊鼓助雷驚,逗曉靈芽發翠莖。摘處兩旗香可愛,貢來雙鳳品尤精。寒侵病骨惟思睡,花落春愁未解酲。喜共紫甌吟且酌,羨君瀟灑有餘清。"《歐陽文集》

歐陽公《送龍茶與許道人》(潁陽道士青霞客)《歐陽文集》

蔡君謨謂范文正曰,公《採茶歌》云:"黃金碾畔綠塵飛,碧玉甌中翠濤起。"今茶絕品,其色甚白,翠綠乃下者耳。欲改爲"玉塵飛""素濤起"如何? 希文曰善。《珍珠船》

蘇才翁[11]與蔡君謨鬥茶,俱用惠山泉。蘇茶少劣,用竹瀝水煎,遂能取勝。《珍珠船》

蔡端明守福州日,試茶必取北郊龍腰泉水,烹煮無沙石氣。手書"苔泉"二字,立泉側。《三山志》

蔡君謨湯取嫩而不取老,蓋爲團餅茶發耳。今旗芽槍甲,湯不足則茶神不透,茶色不明,故茗戰之捷,尤在五沸。《太平清話》

東坡云:茶欲其白,常患其黑,墨則反是。然墨磨隔宿則色暗,茶碾過日則香減,頗相似也。茶以新爲貴,墨以古爲佳,又相反也。茶可於口,墨可於目。蔡君謨老病不能飲,則烹而玩之。呂行甫[12]好藏墨而不能書,則時磨而小啜之,此又可以發來者一笑也。《春渚紀聞》

北苑連屬諸山,茶最勝㉕。北苑前枕溪流,北涉數里,茶皆氣弇然色濁,味尤薄惡,況其遠者乎? 亦猶橘過淮爲枳也。近蔡公作《茶錄》亦云:"隔溪諸山,雖及時加意製造,色味皆重矣。"蔡公又云:"北苑鳳皇山連屬諸焙㉖,所産者味佳㉗。"慶曆中,歲貢有曾坑上品一斤,叢出於此,氣味殊薄㉘。而蔡公《茶錄》亦不云曾坑者佳。《東溪試茶錄》

龍鳳等茶,皆太宗朝所製。至咸平初,丁晉公漕閩,始載之於《茶錄》。慶曆中,蔡君謨將漕,創小龍團以進㉙,被旨乃歲貢之㉚。自小團出,而龍鳳遂爲次矣。熊蕃《北苑貢茶錄》

君謨論茶色,以青白勝黃白。余論茶味,以黃白勝青白㉛。黃儒《品茶要錄》

杭妓周韶[13],有詩名,好畜奇茗,嘗與蔡君謨鬥勝,題品風味,君謨屈焉。《詩女史》

襄啟:暑熱不及通謁,所苦想已平復。日夕風日酷煩,無處可避,人生韁鎖如此,可歎可歎。精茶數片,不一一。襄上公謹左右。〔《宋名賢尺牘》〕㉜

注　釋

1　曾文昭:即曾肇(1047—1107),字子開,建昌軍南豐(今江西南豐)人。英宗治平四年(1067)進士,歷崇文院校書,館閣校刊兼國子直講。哲宗元祐初,擢中書舍人,出知潁、鄧諸州,有善政。徽宗立,遷翰林學士兼侍讀。崇寧初落職，謫知和州，後安置汀州，卒謚文昭。
有《曲阜集》等。

2　曾子固：即曾鞏（1019—1083），字子固，建昌軍南豐人，世稱南豐先
生。仁宗嘉祐二年（1057）進士。少有文名，爲歐陽修所賞，又曾與王
安石交游。累官通判越州，歷知齊、襄、洪、福諸州，多有政績。神宗
元豐四年（1801），擢中書舍人。曾校理《戰國策》《説苑》《新序》《列
女傳》等。尤擅散文，爲唐宋八大家之一。卒追文定。有《元豐
類稿》。

3　小學士：王安石在神宗即位後，由江寧府知府，召爲翰林學士，次年，
熙寧二年（1069）即拜參知政事，三年（1070）拜同中書門下平章事。
有人將其拜相前爲翰林學士時，稱“小學士”。

4　福唐：即唐和五代時的福唐縣（今福建福清）。

5　晁氏曰：此指晁公武《郡齋讀書志》載蔡襄《茶録》。

6　公：指蔡襄。

7　《茶書》：此和下兩條《茶書》資料，由於所指不具體，查閱了部分輯集
類茶書，未查出確切出處。

8　朱子安：《郡齋讀書志》所載《東溪試茶録》作者名誤，“朱”應作“宋”。

9　此處删節，見宋代蔡襄《茶録》附録。

10　公：指蔡襄。

11　蘇才翁：蘇舜元（1006—1054），才翁是其字。綿州鹽泉人。仁宗天聖
七年（1029）賜進士出身，曾任殿中丞、太常博士等職，官至尚書度支
員外郎、三司度支判官。詩歌豪健，尤善草書。

12　吕行甫：即吕希賢，行甫是其字。北宋仁宗時宰相吕夷簡之後，行義
過人，但不幸短命。生平好藏墨，士大夫戲之爲墨顛。

13　周韶：北宋杭州名妓。韶原本良家女，後流落營籍。性慧善詩，其詩
與杭妓胡楚、龍靚并著。一次，蘇頌（1020—1101）過杭州，杭守陳述
古飲之，召韶佐酒。韶因蘇頌求，就籠中白鸚鵡作一絶。韶應聲立
成：“隴上巢空歲月驚，忍教回首自梳翎。開籠若放雪衣女，長念觀音
般若經。”

校　記

① 《蔡端明別紀·茶癖》：底本作"蔡端明別紀卷之七"，喻政《茶書》本作"蔡端明別紀摘録"。"茶癖"，是正文前一行底本作爲卷數之名（如蔡端明別紀卷之一，爲"本傳"；卷之二，爲"德行"等等），喻政《茶書》本作爲"摘録"《蔡端明別紀》的篇名而設置的文題。"茶癖"，是底本和喻政《茶書》本想借以與"蔡端明別紀"區別的標題。但是，如本文題記所説，自喻政《茶書》本把本文列作茶書以後，幾百年來，幾很少人分辨得出，以致有的專家也把《蔡端明別紀》看作整本茶書，而完全不解"茶癖"的原意。本書作編時，爲解決這一歷史疑誤，經研究，決定將"茶癖"直接入題，明確改題爲《蔡端明別紀·茶癖》。

② 明徐㶿編纂，爲本書統一落款格式。底本作"鄉後學徐㶿編纂"；次行與之并列的，爲"新安吳寓賣校正"；喻政《茶書》本簡作"明三山徐㶿興公輯"。

③ 世言團茶：此爲本文正文之首，在本句前行，有卷名或文題"茶癖"兩字，此刪移入本文正式題名。

④ 天子須嘗陽羨茶：須，《韻語陽秋》作"未"。

⑤ 研膏架動聲如雷：動，底本、喻政《茶書》本作"勤"，據《韻語陽秋》改。

⑥ 命㔶之：㔶，喻政《茶書》本同底本作"儁"，據《石林燕語》改。下同，不出校。

⑦ 貢不過四十餅：貢，底本和喻政《茶書》本均無，據《畫墁録》加。

⑧ 蔡君謨又爲小團：《畫墁録》原文無"蔡君謨"三字，疑徐㶿編加。

⑨ 龍團茶最爲上品：《澠水燕談録》在"龍"字後有一"鳳"字，作"龍鳳團茶"。

⑩ 雖宰相未嘗輒賜：相，《澠水燕談録》作"臣"。

⑪ 三月嘗新茶：《宋詩鈔》等在"三"字前有"京師"兩字。

⑫ 夜間擊鼓滿山谷：間，《宋詩鈔》作"聞"。

⑬ 叢生狼藉惟龍蛇：龍，《宋詩鈔》作"藏"。

⑭ 輕身久服信胡麻：信，《宋詩鈔》作"勝"。

⑮ 口吻無異蝕月蟆：吻，《宋詩鈔》作"腹"。

⑯ 丞服公之明審：《墨客揮犀》在"丞"字後有一"神"字。

⑰ 聞品爭傳太傅家：聞，《全宋詩》作"鬥"。

⑱ 龍園勝雪：園，底本和喻政《茶書》本作"團"，據《北苑別録》改。

⑲ 雲葉：雲，底本和喻政《茶書》本作"雪"，據《北苑別録》改。

⑳ 玉清慶雲：玉，底本和喻政《茶書》本作"王"，據《北苑別録》改。

㉑ 興國揀芽：《北苑別録》在"國"字和"揀"字之間有一"岩"字。

㉒ 溪漲浪花生，天晴鳥聲出："花生，天"三字底本闕，花生，喻政《茶書》本爲"墨丁"，據蔡襄原詩補。

㉓ 村落分兩臂：村，蔡襄《十詠詩帖》拓本作"斗"。

㉔ 靈泉出地清，嘉卉得天味："清，嘉"兩字，底本闕，據喻政《茶書》本補。

㉕ 北苑連屬諸山，茶最勝：茶，《東溪試茶録》原文作"者"，即"北苑連屬諸山者最勝"。

㉖ 蔡公又云，北苑鳳皇山連屬諸焙：又云，《東溪試茶録》作"亦云"；"北苑鳳皇山"前多一"唯"字，作"唯北苑鳳皇山連屬諸焙"。

㉗ 本段內容，非完全照録，是選摘，下面"慶曆中"的內容，就跳隔很遠，爲下段《總敘焙名》之文。

㉘ 叢出於此，氣味殊薄：在"此"字和"氣"字之間，《東溪試茶録》原文還有"曾坑山土薄，苗發多葉，復不肥乳"十三字。

㉙ 創小龍團以進：底本與喻政《茶書》本同，但《宣和北苑貢茶録》在"創"字下，有一"造"字，作"創造小龍團以進"。

㉚ 被旨乃歲貢之：乃，《宣和北苑貢茶録》作"仍"。

㉛ 本段內容與《品茶要録》原文，每句都有個別字异，録《品茶要録》原文如下："故君謨論色，則以青白勝黃白。予論味，則以黃白勝青白。"

㉜ 《宋名賢尺牘》：底本無出處，據喻政《茶書》本補。

茗笈

◇明　屠本畯　撰

　　屠本畯,字田叔,號豳叟,甬東鄞縣(今浙江寧波)人。屠大山(嘉靖二年[1523]進士,累遷至川湖總督,南京兵部侍郎)之子,以父蔭,受刑部檢校,遷太常典簿,後出爲兩淮運同、福建鹽運司同知,遷辰州(今湖南沅陵)知府。自撰行狀,稱憨先生。撰有《閩中海錯疏》三卷(《四庫全書》著錄)以及《太常典録》《田叔詩草》和《茗笈》等書。

　　《茗笈》也是一部輯集類茶書。類書在中國古籍中,作爲一種獨特體例,緣起甚早。但中國茶書,特別是明中期以後的茶書中,何以輯集類茶書特別多?這除了與明代刻書發展和當時的社會風氣有關之外,與陸羽《茶經》的直接影響,也不無關係。陸羽《茶經》中被"後稱茶史"的"七之事"這一章,就是全部摘録匯集其他各書的茶事内容。繼《茶經·七之事》之後,五代毛文錫《茶譜》、宋曾慥《茶録》援以爲例,結果在明代後期和清代,出現了茶書摘輯成風的現象。關於《茗笈》,《四庫全書總目提要》言之甚詳,它稱《茗笈》是一本"雜論茗事"的茶書。全書分上下兩卷共十六章,"每章多引諸書(茶書十四種,其他文獻四種)論茶之語,而前引以贊,後系以評。又取陸羽《茶經》,分冠各篇,頂格書之,其他諸書皆亞一格書之,然割裂餖飣,已非《茶經》之全文。點瀹兩章,併無《茶經》可引,則竟闕之。核其體例,似疏解《茶經》,又不似疏解《茶經》,似增删《茶經》,又不似增删《茶經》,紛紜錯亂,殊不解其何意也"。《四庫全書總目提要》所説有其中肯的一面,但屠本畯所贊所評,較其輯録的内容,有的更爲精要,所以,它對《茗笈》"紛紜錯亂"的批評又失之於苛刻。在明清諸多輯集類茶書中,《茗笈》是一本内容整潔、編排清楚、出處詳全、時間也較早的具有代表性的較好茶書,有人譽之爲一種"小型的茶書資料分類彙編",似不無道理。

關於成書年代,有兩種意見:一爲萬國鼎據《茗笈》薛岡前序"萬曆庚戌(三十八年)"的落款,提出的"1610年"説。一爲《中國古代茶葉全書》據屠隆所撰《考槃餘事》"龍威秘書萬曆三十四年"刊本已"引有《茗笈·品泉章》一段(喻政《茶書》將其删去)内容"提出的"1606年之前"説。我們認爲《中國古代茶葉全書》所説是錯的,因爲《龍威秘書》不是明代而是清乾隆年間浙江石門馬俊良輯刊的叢書,這是一。二是查閲中國科學院圖書館藏明萬曆《考槃餘事》、《寶顔堂秘笈》本,其中并没有《茗笈·品泉章》的内容,如果後來有了,也是乾隆時《龍威秘書》編印者所加。根據這些,我們認爲《茗笈》的成書年代,還是"萬説"爲是。

本文明清只有喻政《茶書》和明末毛氏汲古閣《山居小玩》、毛氏汲古閣《羣芳清玩》三個版本。本書以喻政《茶書》本作録。

序[①]

清士之精華,莫如詩,而清士之緒餘,則有掃地、焚香、煮茶三者。焚香、掃地,余不敢讓,而至於茶,則恆推轂吾友聞隱鱗[1]氏,如推轂隱鱗之詩。蓋隱鱗高標幽韻,迥出塵表於斯二者,吾無間然,其在縉紳,惟鬮叟先生與隱鱗同其臭味。隱鱗嗜茶,鬮叟之於茶也,不甚嗜,然深能究茶之理、契茶之趣,自陸氏《茶經》而下,有片語及茶者,皆旁蒐博訂,輯爲《茗笈》,以傳同好。其間採製之宜、收藏之法、飲啜之方,與夫鑑别品第之精,當可謂陸氏功臣矣。余謂鬮叟宦中詩,多取材齊梁,而其林下諸作,無不力追老杜。少陵之後,有稱詩史者,惟鬮叟。而季疵之後稱茶史者,亦惟鬮叟。隱鱗有鬮叟,似不得專其美矣。兩君皆吾越人,余因謂茶之與泉,猶生才,何地無佳者。第託諸通都要路者,取名易,而僻在一隅者,起名難。吾鄉泉若它山,茶若朱溪,以其産於海隅,知之者遂鮮。世有具贊皇之日[2],玉川之量[3],不遠千里可也。

庚戌上巳[4]日,社弟薛岡題

序

屠鬮叟先生,昔轉運閩海衙齋中,閒若僧寮。予每過從,輒具茗碗,相對品騭古人文章詞賦，不及其他。茗盡而談未竟，必令童子數燃鼎繼之，率以爲常。而先生亦賞予雅通茗事，喜與語且喜與啜。凡天下奇名異品，無不烹試定其優劣，意豁如也。及先生擢守辰陽，掛冠歸隱鑑湖，益以烹點爲事。鉛槧之暇，著爲《茗笈》十六篇，本陸羽之文爲經，採諸家之説爲傳，又自爲評贊以美之。文典事清，足爲山林公案，先生其泉石膏肓者耶？予與先生別十五載，而謝在杭自燕歸，出《茗笈》讀之，清風逸興，宛然在目，乃謀諸守公喻使君梓之郡齋，以廣同好。善夫陸華亭[5]有言曰：此一味非眠雲跂石人未易領略，可爲幽叟實録云。

萬曆辛亥年秋日，晉安徐𤊺興公書

自序[②]　明甬東屠本畯幽叟著[③]

不佞生也憨，無所嗜好，獨於茗不能忘情。偶探友人聞隱鱗架上，得諸家論茶書，有會於心，採其雋永者，著於篇，名曰《茗笈》。大都以《茶經》爲經，自《茶譜》迄《茶箋》列爲傳，人各爲政，不相沿襲。彼創一義，而此釋之，甲送一難，而乙駁之，奇奇正正，靡所不有。政如《春秋》爲經而案之，左氏、公、穀爲《傳》而斷之，是非予奪，豁心胸而快志意，間有所評。小子不敏，奚敢多讓矣。然書以筆札簡當爲工，詞華麗則爲尚。而器用之精良，賞鑑之貴重，我則未之或暇也。蓋有含英吐華、收奇覓秘者，在書凡二篇，附以贊評。幽叟序。

南山有茶，美茗笈也，醒心之膏液，砭俗之鼓吹，是故詠之。

南山有茶，天雲卿只，采采人文，笈筒盈只。一章有經有譜，有記有品，寮録解箋，説評斯盡。二章溯原得地，乘時揆制，藏茗勛高，品泉論細。三章候火定湯，點瀹辯器，亦有雅人，惟申嚴忌。四章既防糜濫，又戒混淆，相度時宜，乃忘至勞。五章我狙東山，高岡捃拾，衡鑑玄賞，咸登於笈。六章予本憨人[④]，坐草觀化，趙茶未悟，許瓢欲掛。七章滄浪水清，未可濯纓，旋汲旋瀹，以註茶經。八章蘭香泛甌，靈泉在卣，惟喜詠茶，罔解頌酒性。九章竹裏韻士，松下高僧，汲甘露水，禮古先生。十章

南山有茶十章，章四句。

上篇目録⑤

下篇目録⑦

附品藻

品茶姓氏

《茶經》,陸羽著,字鴻漸,一名疾,字季疵,號桑苧翁。

《試茶歌》,劉夢得著,字禹錫。

《陸羽點茶圖跋》,董逌⑨著。

《茶録》⑩,蔡襄著,字君謨。

《煮茶泉品》,葉清臣著。

《仙芽傳》,蘇廙著。

《東溪試茶録》,宋子安著⑪。

《鶴林玉露》,羅景綸著,字大經。

《茶寮記》,陸樹聲著,字與吉。

《煎茶七類》,同上。

《煮泉小品》,田藝蘅著,字子藝。

《類林》,焦竑著,字弱侯。

《茶録》,張源著,字伯淵。

《茶疏》,許次紓著,字然明。

《羅岕茶記》,熊明遇著。

《茶説》,邢士襄著,字三若。

《茶解》,羅廩著,字高君。

《茶箋》,聞龍著,字隱鱗,初字仲連。

上篇贊評[12]

第一溯源章

贊曰:世有仙芽,消顙[6]捐忿,安得登枚而忘其本。

茶者,南方之嘉木。其樹如瓜蘆,葉如梔子,花如白薔薇,實如栟櫚,蕊如丁香,根如胡桃。其名:一曰茶,二曰檟,三曰蔎,四曰茗,五曰荈。山南以陝州上,襄州、荊州次,衡州下,金州、梁州又下。淮南以光州上,義陽郡舒州次,壽州下,蘄州、黃州又下。浙西以湖州上,常州次,宣州、睦州、歙州下,潤州、蘇州又下。劍南以彭州上,綿州、蜀州、邛州次,雅州、瀘州下,眉州、漢州又下。浙東以越州上,明州、婺州次,台州下。黔中生恩州、播州、費州、夷州。江南生鄂州、袁州、吉州。嶺南生福州、建州、韶州、象州。其恩、播、費、夷、鄂、袁、吉、福、建、韶、象十一州,未詳。往往得之,其味極佳。陸羽《茶經》

按:唐時產茶地,僅僅如季疵所稱,而今之虎丘、羅岕、天池、顧渚、松羅、龍井、雁宕、武夷、靈山、大盤、日鑄、朱溪諸名茶,無一與焉。乃知靈草在在有之,但培植不嘉或疏採製耳。羅廩《茶解》

吳楚山谷間,氣清地靈,草木穎挺,多孕茶荈。大率右於武夷者,爲白乳;甲於吳興者,爲紫筍;產禹穴者,以天章顯;茂錢塘者,以徑山稀。至於續廬之巖,雲衢之麓,雅山著於宣[13],蒙頂傳於岷蜀,角立差勝,毛舉實繁。葉清臣《煮茶泉品》

唐人首稱陽羨,宋人最重建州,於今貢茶,兩地獨多。陽羨僅有其名,建州亦非上品,惟武夷雨前最勝。近日所尚者,爲長興之羅岕,疑即古顧渚紫筍。然岕故有數處,今惟洞山最佳。姚伯道云:明月之峽,厥有佳茗,韻致清遠,滋味甘香,足稱仙品。其在顧渚,亦有佳者,今但以水口茶名之,全與岕別矣。若歙之松羅,吳之虎丘,杭之龍井,並可與岕頡頏。郭次甫極稱黃山,黃山亦在歙,去松羅遠甚。往時士人皆重天池,然飲之略多,令人脹滿。浙之產曰雁宕、大盤、金華、日鑄,皆與武夷相伯仲。錢塘諸山,產茶甚多,南山盡佳,北山稍劣。武夷之外,有泉州之清源,儻以好手製之,亦是武夷亞匹;惜多焦枯,令人意盡。楚之產曰寶慶,滇之產曰五華,皆表表有名,在雁茶之上。其他名山所產,當不止此,或余未知,或名未著,故不及論。許次紓[14]《茶疏》

評曰:昔人以陸羽飲茶,比於后稷樹穀,然哉!及觀韓翃《謝賜茶啟》云:"吳主禮賢,方聞置茗;晉人愛客,纔有分茶。"則知開創之功,雖不始於桑苧,而製茶自出至季疵而始備矣。嗣後名山之產靈草漸繁,人工之巧,佳茗日著,皆以季疵為墨守,即謂開山之祖可也。其蔡君謨而下,為傳燈之士。

第二得地章

贊曰:燁燁靈荈,托根高崗,吸風飲露,負陰向陽。

上者生爛石,中者生礫壤,下者生黃土。野者上,園者次,陰山坡谷者,不堪採掇。《茶經》

產茶處,山之夕陽,勝於朝陽。廟後山西向,故稱佳;總不如洞山南向,受陽氣特專,稱仙品。熊明遇《岕山茶記》[15]

茶地南向為佳,向陰者遂劣。故一山之中,美惡相懸。《茶解》

茶產平地,受土氣多,故其質濁。岕茗產於高山,渾是風露清虛之氣,故為可尚。《岕茶記》

茶固不宜雜以惡木,惟桂、梅、辛夷、玉蘭、玫瑰、蒼松、翠竹與之間植,足以蔽覆霜雪,掩映秋陽。其下可植芳蘭、幽菊、清芬之物,最忌菜畦相逼,不免滲漉,淬厥清真。《茶解》

評曰:瘠土民癯,沃土民厚;城市民囂而漓,山鄉民樸而陋。齒居晉而黃,項處齊而癭。人猶如此,豈惟茗哉?

第三乘時章

贊曰:乘時待時,不愆不崩,小人所援,君子所憑。

採茶在二月、三月、四月之間。茶之筍者,生爛石沃土,長四五寸,若薇蕨始抽,凌露採焉。茶之芽者,發於蘪薄之上,有三枝、四枝、五枝者,選其中枝穎拔者採焉。《茶經》

清明太早,立夏太遲,穀雨前後,其時適中。若再遲一二日,待其氣力完足,香烈尤倍,易於收藏。《茶疏》

茶以初出雨前者佳,惟羅岕立夏開園,吳中所貴,梗粗葉厚,有蕭箬之氣;還是夏前六七日如雀舌者最佳,不易得。《岕茶記》

岕茶,非夏前不摘。初試摘者,謂之開園。採自正夏,謂之春茶。其地稍寒,故須得此,又不當以太遲病之。往時無秋日摘者,近乃有之。七八月重摘一番,謂之早春。其品甚佳,不嫌少薄,他山射利,多摘梅茶。梅雨時摘,故曰梅茶。梅茶苦澀,且傷秋摘,佳産戒之。《茶疏》

凌露無雲,採候之上;霽日融和,採候之次;積雨重陰,不知其可。邢士襄《茶說》

評曰:桑苧翁,製茶之聖者歟。《茶經》一出,則千載以來,採製之期,舉無能違其時日而紛更之者。羅高君謂,知深斯鑑別精,好篤斯修制力,可以贊桑苧翁之烈矣。

第四揉制章

贊曰:爾造爾製,有矱有矩,度也惟良,於斯信汝。

其日有雨不採,晴有雲不採;晴,採之、蒸之、擣之、拍之、焙之、穿之、封之、茶之乾矣。《茶經》

斷茶,以甲不以指。以甲則速斷不柔,以指則多濕易損。朱子安《東溪試茶錄》

其茶初摘,香氣未透,必借火力以發其香。然茶性不耐勞,炒不宜久。多取入鐺,則手力不勻,久於鐺中,過熟而香散矣。炒茶之鐺,最嫌新鐵,須預取一鐺,毋得別作他用。一說惟常煮飯者佳,既無鐵腥,亦無脂膩。炒茶之薪,僅可樹枝,不用幹葉。幹則火力猛熾,葉則易焰易滅。鐺必磨洗瑩潔,旋摘旋炒。一鐺之內,僅用四兩。先用文火炒軟,次加武火催之。手加木指,急急鈔轉,以半熟爲度。微俟香發,是其候也。《茶疏》

茶初摘時……亦未之試耳。聞龍《茶箋》[7]

火烈香清,鐺寒神倦;火烈生焦,柴疏失翠;久延則過熟,速起卻還生。熟則犯黃,生則著黑,帶白點者無妨,絕焦點者最勝。張源《茶錄》

《經》云：焙鑿地深二尺……色香與味不致大減。《茶箋》[8]

茶之妙,在乎始造之精,藏之得法,點之得宜。優劣定乎始鐺,清濁係乎末火。《茶錄》

諸名茶法多用炒,惟羅岕宜於蒸焙,味真蘊藉,世競珍之。即顧渚、陽羡,密邇洞山,不復倣此。想此法偏宜於岕,未可概施他茗,而《經》已云"蒸之、焙之",則所從來遠矣。《茶箋》

評曰：必得色全,惟須用扇;必全香味,當時焙炒。此評茶之準繩,傳茶之衣鉢。

第五藏茗章

贊曰：茶有仙德⑯,幾微是防,如保赤子,云胡不臧。

育以木製之,以竹編之,以紙糊之。中有槅,上有覆,下有宝,傍有門掩一扇。中置一器,貯塘煨火,令熅熅然。江南梅雨,焚之以火。《茶經》

藏茶宜箬葉而畏香藥……或秋分後一焙。《岕茶記》[9]

切勿臨風近火。臨風易冷,近火先黃。《茶錄》

凡貯茶之器,始終貯茶,不得移爲他用。《茶解》

吳人絶重岕茶,往往雜以黃黑箬,大是闕事。余每藏茶,必令樵青入山,採竹箭箬拭净烘乾,護罌四週,半用剪碎,拌入茶中。經年發覆,青翠如新。《茶箋》

置頓之所,須在時時坐臥之處。逼近人氣,則常溫不寒。必在板房,不宜土室;板房熅燥,土室則蒸。又要透風,勿置幽隱之處,尤易蒸濕。《茶錄》

評曰：羅生言茶酒二事,至今日可稱精絶,前無古人,此可與深知者道耳。夫茶酒超前代希有之精品,羅生創前人未發之玄談。吾尤詫夫厄談名酒者十九,清談佳茗者十一。

第六品泉章

贊曰：仁智之性,山水樂深,載刲清泚,以滌煩襟。

山水上,江水中,井水下。山水擇乳泉石池漫流者上,其瀑湧湍激勿食。久食,令人有頸疾[17]。又多別流於山谷者,澄浸不洩,自火天至霜郊以前,或潛龍蓄毒於其間,飲者可決之以流其惡,使新煙涓涓然。酌之其江水,取去人遠者。《茶經》

山宣氣以養萬物,氣宣則脈長,故曰山水上。泉不難於清而難於寒,其瀨峻流駛而清,巖奧積陰而寒者,亦非佳品。田藝衡《煮泉小品》

江,公也,衆水共入其中也。水共則味雜,故曰江水次之。其水取去人遠者,蓋去人遠,則澄深而無蕩漾之漓耳。

余少得溫氏所著《茶說》,嘗識其水泉之目,有二十焉。會西走巴峽,經蝦蟆窟;北憩蕪城,汲蜀岡井;東遊故都,挹楊子江;留丹陽,酌觀音泉;過無錫,斟惠山水。粉槍朱旗,蘇蘭薪桂,且鼎且缶,以飲以啜,莫不淪氣滌慮,蠲病析酲,袪鄙吝之生心,招神明而還觀,信乎? 物類之得宜,臭味之所感,幽人之嘉尚,前賢之精鑑,不可及矣。《煮茶泉品》

山頂泉,清而輕;山下泉,清而重;石中泉,清而甘;砂中泉,清而洌;土中泉,清而白。流於黃石爲佳,瀉出青石無用。流動愈於安静,負陰勝於向陽。《茶録》[10]

山厚者泉厚,山奇者泉奇,山清者泉清,山幽者泉幽,皆佳品也。不厚則薄,不奇則蠢,不清則濁,不幽則喧,必無用矣。《小品》

泉不甘,能損茶味。前代之論水品者以此。蔡襄《茶録》

吾鄉四陲皆山……亦且永托知希矣。《茶箋》[11]

山泉稍遠,接竹引之,承之以奇石,貯之以净缸,其聲琮琮可愛。移水取石子,雖養其味,亦可澄水。《小品》

甘泉,旋汲用之斯良。丙舍在城,夫豈易得,故宜多汲貯以大瓮。但忌新器,爲其火氣未退,易於敗水,亦易生蟲。久用則善,最嫌他用。水性忌木,松杉爲甚。木桶貯水,其害滋甚,挈瓶爲佳耳。《茶疏》

烹茶須甘泉,次梅水。梅雨如膏,萬物賴以滋養,其味獨甘。梅後便不堪飲,大瓮滿貯,投伏龍肝一塊,即竈中心乾土也,乘熱投之。《茶解》

烹茶,水之功居六。無泉則用天水,秋雨爲上,梅雨次之。秋雨洌而白,梅雨醇而白。雪水,五穀之精也,色不能白。養水須置石子於瓮,不惟益水,而白石清泉,會心亦不在遠。《岕茶記》

貯水甕須置陰庭，覆以沙帛，使承星露，則英華不散，靈氣常存。假令壓以木石，封以紙箬，暴於日中，則外耗其神，內閉其氣，水神敝矣。《茶解》

評曰：《茶記》言養水置石子於甕，不惟益水，而白石清泉，會心不遠。夫石子須取其水中表裏瑩澈者佳，白如截肪，赤如雞冠，藍如螺黛，黃如蒸栗，黑如玄漆，錦紋五色，輝映甕中，徙倚其側，應接不暇。非但益水，亦且娛神。

第七候火章

贊曰：君子觀火，有要有倫，得心應手，存乎其人。

其火用炭，曾經燔炙爲脂膩所及，及膏木敗器不用。古人識勞薪之味，信哉。《茶經》

火必以堅木炭爲上，然本性未盡，尚有餘煙，煙氣入湯，湯必無用。故先燒令紅，去其煙焰，兼取性力猛熾，水乃易沸。既紅之後，方授水器，乃急扇之。愈速愈妙，毋令手停。停過之湯，寧棄而再烹。《茶疏》

爐火通紅，茶銚始上。扇起要輕疾，待湯有聲，稍稍重疾，斯文武火之候也。若過乎文，則水性柔，柔則水爲茶降；過於武，則火性烈，烈則茶爲水制，皆不足於中和，非茶家之要旨。《茶錄》

評曰：蘇廙《仙芽傳》載湯十六云：調茶在湯之淑慝，而湯最忌煙。燃柴一枝，濃煙滿室，安有湯耶，又安有茶耶？可謂確論。田子藝以松實、松枝爲雅者，乃一時興到之言，不知大繆茶理。

第八定湯章

贊曰：茶之殿最，待湯建勳，誰其秉衡，跂石眠雲。

其沸如魚目，微有聲爲一沸；緣邊如湧泉連珠，爲二沸；騰波鼓浪，爲三沸。已上水老，不可食也。凡酌，置諸碗，令沫餑均。沫餑，湯之華也；華之薄者曰沫，厚者曰餑。細輕者曰華，如棗花漂漂然於環池之上，又如迴潭曲渚青萍之始生，又如晴天爽朗有浮雲鱗然。其沫者，若綠錢浮於渭水，又如菊英墮於尊俎之中；餑者，以滓煮之，及沸，則重華累沫，皓皓然若積雪耳。《茶經》

水入銚便須急煮,候有松聲,即去蓋,以消息其老嫩。蟹眼之後,水有微濤,是爲當時。大濤鼎沸,旋至無聲,是爲過時。過時老湯決不堪用。《茶疏》

沸速,則鮮嫩風逸;沸遲,則老熟昏鈍。《茶疏》

湯有三大辨:一曰形辨,二曰聲辨,三曰捷辨。形爲内辨,聲爲外辨,氣爲捷辨。如蝦眼、蟹眼、魚目、連珠,皆爲萌湯;直至湧沸如騰波鼓浪,水氣全消,方是純熟。如初聲、轉聲、振聲、駭聲,皆爲萌湯,直至無聲,方爲純熟。如氣浮一縷、二縷、三縷及縷亂不分,氤氳亂繞,皆爲萌湯;直至氣直沖貫,方是純熟。蔡君謨因古人製茶碾磨作餅,則見沸而茶神便發,此用嫩而不用老也。今時製茶,不假羅碾,全具元體,湯須純熟,元神始發也。《茶錄》

余友李南金云:《茶經》以魚目、湧泉、連珠爲煮水之節,然近世瀹茶,鮮以鼎鍑,用瓶煮水,難以候視,則當以聲辨一沸、二沸、三沸之節。又陸氏之法,以未就茶鍑,故以第二沸爲合量;而下未若以今湯就茶甌瀹之,則當用背二涉三之際爲合量,乃爲聲辨之。詩云:"砌蟲唧唧萬蟬催,忽有千車捆載來,聽得松風並澗水,急呼縹色綠瓷杯",其論固已精矣。然瀹茶之法,湯欲嫩而不欲老,蓋湯嫩則茶味甘,老則過苦矣。若聲如松風澗水,而遽瀹之,豈不過於老而苦哉。惟移瓶去火,少待其沸,止而瀹之,然後湯適中而茶味甘,此南金之所未講者也。因補一詩云:"松風桂雨到來初,急引銅瓶離竹爐。待得聲聞俱寂後,一瓶春雪勝醍醐。"羅大經《鶴林玉露》

李南金謂"當用背二涉三之際爲合量",此真賞鑑家言。而羅鶴林懼湯老,欲於松風澗水後移瓶去火,少待沸止而瀹之,此語亦未中窾。殊不知湯既老矣,雖去火何救哉!《茶解》

評曰:《茶經》定湯三沸,而貴當時。《茶錄》定沸三辨,而畏萌湯。夫湯貴適中,萌之與熟,皆在所棄。初無關於茶之芽餅也,今通人所論尚嫩,《茶錄》所貴在老,無乃闊於事情耶。羅鶴林[12]之談,又別出兩家外矣。羅高君因而駁之,今姑存諸説。

《茗笈》上篇贊評終。

下篇贊評⑱

第九點瀹章⑲

贊曰：伊公作羹，陸氏製茶，天錫甘露，媚我仙芽。

未曾汲水，先備茶具，必潔必燥。瀹時，壺蓋必仰置，瓷盂勿覆案上，漆氣、食氣，皆能敗茶。《茶疏》

茶注宜小不宜大，小則香氣氤氳，大則易於散漫。若自斟酌，愈小愈佳。容水半升者，量投茶五分；其餘以是增減。《茶疏》

投茶有序，無失其宜。先茶後湯曰下投；湯半下茶，復以湯滿，曰中投；先湯後投曰上投。春秋中投，夏上投，冬下投。《茶錄》

握茶手中，俟湯入壺，隨手投茶，定其浮沉，然後瀉以供客，則乳嫩清滑，馥郁鼻端，病可令起，疲可令爽。《茶疏》

釃不宜早，飲不宜遲。釃早則茶神未發，飲遲則妙馥先消。《茶錄》

一壺之茶，只堪再巡。初巡鮮美，再巡甘醇，三巡意欲盡矣。余嘗與客戲論：初巡為婷婷嫋嫋十三餘，再巡為碧玉破瓜年；三巡以來，綠葉成陰矣。所以茶注宜小，小則再巡已終，寧使餘芬剩馥尚留葉中，猶堪飯後供啜嗽之用。《茶疏》

終南僧亮公從天池來，餉余佳茗，授余烹點法甚細。予嘗受法於陽羨士人，大率先火候，次候湯，所謂蟹眼、魚目參沸，沫浮沉法皆同，而僧所烹點，絕味清，乳面不黣，是具入清淨味中三昧者。要之，此一味非眠雲跂石人未易領略。余方避俗，雅意棲禪，安知不因是悟入趙州耶？陸樹聲《茶寮記》

評曰：凡事俱可委人，第責成效而已，惟瀹茗須躬自執勞。瀹茗而不躬執，欲湯之良，無有是處。

第十辯器章

贊曰：精行惟人，精良惟器，毋以不潔，敗乃公事。

鍑音釜以生鐵為之，洪州以瓷，萊州以石。瓷與石皆雅器也，性非堅實，難可持久。用銀為之，至潔，但涉於侈麗，雅則雅矣，潔亦潔矣，若用之恆，而卒歸於鐵⑳也。《茶經》

山林隱逸，水銚用銀，尚不易得，何況鍑乎[21]。若用之恆，而卒歸於鐵也。《茶箋》

貴欠金銀，賤惡銅鐵，則瓷瓶有足取焉。幽人逸士，品色尤宜，然慎勿與誇珍衒豪者道。蘇廙[22]《仙芽傳》

金乃水母，錫備剛柔，味不鹹澀，作銚最良。製必穿心，令火氣易透。《茶錄》

茶壺，往時尚龔春，近日時大彬所製，大爲時人所重。蓋是粗砂，正取砂無土氣耳。《茶疏》

茶注、茶銚、茶甌，最宜蕩滌燥潔。修事甫畢，餘瀝殘葉，必盡去之。如或少存，奪香散味[23]。每日晨興，必以沸湯滌過，用極熟麻布向内拭乾，以竹編架，覆而求之燥處，烹時取用。《茶疏》

茶具滌畢，覆於竹架，俟其自乾爲佳。其拭巾只宜拭外，切忌拭内。蓋布帨雖潔，一經人手，極易作氣，縱器不乾，亦無大害。《茶箋》

茶甌以白瓷爲上，藍者次之。《茶錄》

人必各手一甌，毋勞傳送。再巡之後，清水滌之。《茶疏》

茶盒以貯茶，用錫爲之。從大叠中分出，若用盡時再取。《茶錄》

茶爐或瓦或竹，大小與湯銚稱。《茶解》

評曰：鍑宜鐵，爐宜銅，瓦竹易壞。湯銚宜錫與砂，甌則但取圓潔白瓷而已，然宜小。若必用柴、汝、宣、成，則貧士何所取辦哉？許然明之論，於是乎迂矣。

第十一申忌章

贊曰：宵人欒欒，腥穢不戒，犯我忌制，至今爲箴。

採茶、製茶，最忌手污、膻氣、口臭、多涕不潔之人及月信婦人。又忌酒氣，蓋茶酒性不相入，故製茶人切忌沾醉。《茶解》

茶性淫，易於染着，無論腥穢及有氣息之物，不宜近，即名香亦不宜近。《茶解》

茶性畏紙，紙於水中成，受水氣多，紙裹一夕，隨紙作氣盡矣。雖再焙之，少頃即潤。雁宕諸山，首坐此病，紙帖貽遠，安得復佳。《茶疏》

吳興姚叔度言，茶葉多焙一次，則香味隨減一次，予驗之，良然。但於始焙極燥,多用炭箬,如法封固,即梅雨連旬,燥固自若。惟開叠頻取,所以生潤,不得不再焙耳。自四五月至八月,極宜致謹。九月以後,天氣漸肅,便可解嚴矣。雖然,能不弛懈,尤妙尤妙。《茶箋》

不宜用惡木、敝器、銅匙、銅銚、木桶、柴薪、麩炭、粗童惡婢、不潔巾帨及各色果實香藥。《茶錄》

不宜近陰室、廚房、市喧、小兒啼、野性人、童奴相鬨、酷熱齋舍。《茶疏》

評曰:茶猶人也,習於善則善,習於惡則惡,聖人致嚴於習染有以也。墨子悲絲,在所染之。

第十二防濫章

贊曰:客有霞氣,人如玉姿,不泛不施,我輩是宜。

茶性儉,不宜廣,則其味黯淡,且如一滿碗,啜半而味寡,況其廣乎?夫珍鮮馥烈者,其碗數三,次之者碗數五。若坐客數至五,行三碗;至七,行五碗;若六人以下,不約碗數,但闕一人而已,其雋永補所闕人。《茶經》

按:《經》云,第二沸,留熱以貯之,以備育華救沸之用者,名曰雋永。五人則行三碗,七人則行五碗,若遇六人,但闕其一。正得五人,即行三碗,以雋永補所闕人。故不必別約碗數也。《茶箋》

飲茶以客少爲貴,客衆則喧,喧則雅趣乏矣。獨啜曰幽,二客曰勝,三四曰趣,五六曰汎,七八曰施。《茶錄》

煎茶燒香,總是清事,不妨躬自執勞。對客談諧,豈能親蒞,宜兩童司之。器必晨滌,手令時盥,爪須凈剔,火宜常宿。《茶疏》

三人以上,止爇一爐,如五六人,便當兩鼎爐,用一童,湯方調適。若令兼作,恐有參差。《茶疏》

煮茶而飲非其人,猶汲乳泉以灌蒿藋。飲者一吸而盡,不暇辨味,俗莫甚焉。《小品》

若巨器屢巡,滿中瀉飲,待停少溫,或求濃苦,何異農匠作勞,但資口腹,何論品賞,何知風味乎?《茶疏》

評曰:飲茶防濫,厥戒惟嚴,其或客乍傾蓋,朋偶消煩,賓待解酲,則玄賞之外,別有攸施矣。此皆排當於閫政,請勿弁髦乎茶榜。

第十三戒淆章

贊曰：珍果名花，匪我族類，敢告司存，亟宜屏置。

茶有九難：一曰造，二曰別，三曰器，四曰火，五曰水，六曰炙，七曰末，八曰煮，九曰飲。陰採夜焙，非造也；嚼味嗅香，非別也；膻鼎腥甌，非器也；膏薪庖炭，非火也；飛湍壅潦，非水也；外熟內生，非炙也；碧粉漂塵，非末也；操艱擾遽，非煮也；夏興冬廢，非飲也。《茶經》

茶用蔥、薑、棗、橘皮、茱萸、薄荷等煮之，百沸或揚令滑，或煮去沫，斯溝瀆間棄水耳。《茶經》

茶有真香，而入貢者微以龍腦和膏，欲助其香。建安民間試茶，皆不入香，恐奪其真。若烹點之際，又雜珍果、香草，其奪益甚，正當不用。《茶譜》

夫茶中著料，碗中著果，譬如玉貌加脂，蛾眉著黛，翻累本色。《茶說》

評曰：花之拌茶也，果之投茗也，為累已久，惟其相沿，似須斟酌，有難概施矣。今署約曰，不解點茶之儔，而缺花果之供者，厥咎慳；久參玄賞之科，而聵老嫩之沸者，厥咎怠。慳與怠，於汝乎有譴[24]。

第十四相宜章

贊曰：宜寒宜暑，既游既處，伴我獨醒，為君數舉。

茶之為用，味至寒，為飲最宜精行儉德之人。若熱渴、凝悶、腦痛、目澀、四肢煩、百節不舒，聊四五啜，與醍醐、甘露抗衡也。《茶經》

神農《食經》：“茶茗久服，令人有力、悅志。”《茶經》

華佗《食論》：“苦茶久食，益意思。”《茶經》

煎茶非漫浪，要須人品與茶相得。故其法往往傳於高流隱逸，有煙霞泉石、磊塊胸次者。陸樹聲《煎茶七類》

茶候：涼臺淨室，曲几明窗，僧寮道院，松風竹月，晏坐行吟，清談把卷。《七類》

山堂夜坐，汲泉煮茗，至水火相戰，如聽松濤；傾瀉入杯，雲光灧動。此時幽趣，故難與俗人言矣。《茶解》

凡士人登臨山水，必命壺觴，若茗碗薰爐，置而不問，是徒豪舉耳。余特置游裝[25]，精茗名香，同行異室，茶罌、銚、鈷、甌、洗、盆、巾，附以香奩、小

爐、香囊、匙箸。《茶疏》

評曰：《家緯真清》語云，"茶熟香清，有客到門，可喜鳥啼，花落無人"，亦自悠然，可想其致也。

第十五衡鑑章

贊曰：肉食者鄙，藿食者躁。色味香品，衡鑑三妙。

茶有千萬狀，如胡人靴者，蹙縮然；犎牛臆者，廉襜然；浮雲出山者，輪囷然；輕飆拂水者，涵澹然。有如陶家之子，羅膏土以水澄泚之；又如新治地者，遇瀑雨流潦之所經；此皆茶之精腴。有如竹籜者，枝幹堅實，艱於蒸搗，故其形籭簁然；有如霜荷者，莖葉凋阻，易其狀貌，故厥狀萎瘁，然此皆茶之瘠老者也。陽崖陰林，紫者上，綠者次；筍者上，芽者次；葉卷者上，葉舒者次。《茶經》

茶通仙靈，然有妙理。《茶錄序》

其旨歸於色香味，其道歸於精燥潔。《茶錄序》

茶之色重、味重、香重者，俱非上品。松羅香重，六安味苦，而香與松羅同；天池亦有草萊氣，龍井如之，至雲霧則色重而味濃矣。嘗啜虎丘茶，色白而香，似嬰兒肉，真精絶。《岕茶記》

茶色白，味甘鮮，香氣撲鼻，乃爲精品。茶之精者，淡亦白，濃亦白，初潑白，久貯亦白，味甘色白，其香自溢。三者得，則俱得也。近來好事者，或慮其色重，一注之水，投茶數片，味固不足，香亦窅然，終不免水厄之誚。雖然，尤貴擇水。香以蘭花上，蠶荳花次。《茶解》

茶色貴白……則虎丘所無也。《岕茶記》[13]

評曰：熊君品茶，旨在言外，如釋氏所謂"水中鹽味，非無非有"，非深於茶者，必不能道。當今非但能言人不可得，正索解人，亦不可得。

第十六玄賞章

贊曰：談席玄衿，吟壇逸思，品藻風流，山家清事。

其色緗也，其馨歝音備也，其味甘，檟也；啜苦咽甘，茶也。《茶經》

試茶歌曰："木蘭墜露香微似，瑤草臨波色不如"。又曰："欲知花乳清

泠味，須是眠雲跂石人"。劉禹錫

飲泉覺爽，啜茗忘喧，謂非膏粱紈慣可語，爰著《煮泉小品》，與枕石漱流者商焉。《小品》

茶侶：翰卿墨客，緇衣羽士，逸老散人，或軒冕中超軼世味者。《七類》

"茶如佳人"，此論甚妙，但恐不宜山林間耳。蘇子瞻詩云"從來佳茗似佳人"是也。若欲稱之山林，當如毛女麻姑，自然仙風道骨，不涴煙霞。若夫桃臉柳腰，亟宜屏諸銷金帳中，毋令污我泉石。《小品》

竟陵大師積公嗜茶，非羽供事不鄉口。羽出遊江湖四五載，師絕於茶味。代宗聞之，召入內供奉，命宮人善茶者烹以餉師。師一啜而罷。帝疑其詐，私訪羽召入。翼日，賜師齋，密令羽供茶，師捧甌，喜動顏色，且賞且啜曰："此茶有若漸兒所爲者"。帝由是嘆師知茶，出羽相見。董逌跋《陸羽點茶圖》

建安能仁院，有茶生石縫間，僧採造得八餅，號石巖白。以四餅遺蔡君謨，以四餅遣人走京師，遺王禹玉。歲餘，蔡被召還闕，訪禹玉。禹玉命子弟於茶笥中選精品餉蔡。蔡持杯未嘗，輒曰："此絕似能仁石巖白，公何以得之？"禹玉未信，索貼驗之，始服。《類林》

東坡云：蔡君謨嗜茶……後以殉葬。《茶箋》[14]

評曰：人論茶葉之香，未知茶花之香。余往歲過友大雷山中，正值花開，童子摘以爲供，幽香清越，絕自可人，惜非甌中物耳。乃予著《瓶史》，月表插茗花，爲齋中清玩。而高濂《盆史》，亦載茗花，足以助吾玄賞。昨有友從山中來，因談茗花可以點茶，極有風致，第未試耳，姑存其說，以質諸好事者。

外舅屠漢翁，經年著書種種，皆膾炙人口。大遠不佞，無能更僕也。其《茗笈》所彙，若採製、點瀹、品泉、定湯、藏茗、辨器之類，式之可享清供，讀之可悟玄賞矣。請歸殺青，庶展牘間，不待躬執而肘腋風生，齒頰薦爽，覺眠雲跂石人相與晤言。館甥范大遠記。

《茗笈》品藻[15]

品一　王嗣奭

昔人精茗事，自藝而採、而製、而藏、而瀹、而泉，必躬爲料理。又得家童潔慎者專司之，則可。余家食指繁，不能給饔餐，赤腳蒼頭，僅供薪水。

性雖嗜茶,精則無暇,偶得佳者,又泉品中下,火候多舛,雖胡靴與霜荷等。余貧不足道,即貴顯家力能製佳茗,而委之僮婢烹瀹,不盡如法。故知非幽人開士、披雲漱石者,未易了此。夫季疵著《茶經》爲開山祖,嗣後兢相祖述,屠幽叟先生擷取而評贊之,命曰《茗笈》,於茗事庶幾終條理者。昔人苦名山不能遍涉,託之於臥游。余於茗事效之,日置此笈於棐几上,伊吾之暇,神倦口枯,輒一披玩,不覺習習清風兩腋間矣。

品二　范汝梓

予謫歸過,幽叟出《茗笈》相視,凡陸季疵《茶經》諸家箋疏,暨幽叟所自爲評贊,直是一種異書。按《神農食經》:"茗久服,令人有力悦志。"周公《爾雅》:"檟,苦荼。而伊尹爲湯説,至味不及茗。"《周禮》漿人供王六飲,不及茗厥。後杜毓《荈賦》、傅巽《七誨》,間一及之。而原之《騷》、乘之《發》、植之《啟》、統之《契》,草木之佳者,採擷幾盡,竟獨遺茗何歟?因知古人不盡用茗,盡用茗,自季疵始,一切世味,葷臊甘脆,争染指垂涎。此物面孔嚴冷,絶無和氣,稍稍霑唇漬口,輒便唾去,疇則嗜之。咄咄幽叟,世有知味,必嗜茗,併嗜此笈。遇俗物,茗不堪與酪爲奴,此笈政可覆醬瓿也。

品三　陳鍈

夫茗,靈芽真筍,露液霜華,淺之滌煩消渴,妙至換骨輕身。藉非陸氏肇指於前,蔡、宋數家遞闡於後,鮮不犯經所謂"九難"也者。幽叟屠先生,搜剔諸書,標贊繋評,曰《茗笈》云。嗜茶者持循收藏,按法烹點,不將望先生爲丹丘子、黄山君之儔耶?要非畫脂鏤冰,費日損功者可擬耳。予斷除腥穢有年,頗得清净趣味,比獲受讀,甚愜素心。

品四　屠玉衡

幽叟著《茗笈》,自陸季疵《茶經》而外,採輯定品,快人心目,如坐玉壺冰啗哀仲梨也者。幽叟吐納風流,似張緒;終日無鄙言,似温太真。跡胃區中,心超物外。而余臭味偶同,不覺針水契耳。夫贊皇辨水,積師辨茶,精心奇鑑,足傳千古,幽叟庶乎近之。試相與松間竹下,置烏皮几,焚博山爐,瀹惠山泉,挹諸茗莽而飲之,便自羲皇上人不遠。

注　釋

1　聞隱鱗:即聞龍,隱鱗是其字。詳聞龍《茶箋》題記。

2　贊皇之日:贊皇,山名,在今河北保定,隋曾以其山置贊皇縣,後廢。《穆天子傳》(先秦古書·晉魏王墓中出土)稱"穆天子"或"穆王",曾居於此山。穆天子有八駿,日行千里,穆曾騎八駿逐日和西游。

3　玉川之量:玉川,即盧仝,唐詩人,自號玉川子,嗜茶。玉川之量,疑即指盧仝《走筆謝孟諫議寄新茶》詩中所咏的"七碗茶"。

4　上巳:節日名。古時以陰曆三月上旬"巳日"爲"上巳",是日官民皆洗濯於水以去宿垢疢。魏晉以後固定爲三月三日,仍稱上巳。宋《夢粱録·三月》:"三月三日,上巳之辰。"

5　陸華亭:即陸樹聲,華亭人。參見《茶寮記》題記。

6　消纇(lèi):消除怨氣。

7　此處删節,見明代聞龍《茶箋》。

8　此處删節,見明代聞龍《茶箋》。

9　此處删節,見明代熊明遇《羅岕茶記》。

10　茶録:此指明代張源《茶録》。

11　此處删節,見明代聞龍《茶箋》。

12　羅鶴林:即羅大經,字景綸,宋吉州盧陵人。理宗寶慶二年(1226)進士,歷容州法曹掾,撫州軍事推官,坐事被劾罷。撰有《鶴林玉露》一書,以書名傳,故亦有人稱其爲"羅鶴林"。

13　此處删節,見明代熊明遇《羅岕茶記》。

14　此處删節,見明代聞龍《茶箋》。

15　《茗笈》品藻:喻政《茶書》甲種本、乙種本在目録上均與《茗笈》分置似爲獨立茶書,但《山居小玩》《羣芳清玩》及民國年間所刻《美術叢書》本,皆附於《茗笈》書後。

校　記

①　序:在本序和下序的"序"字之前,底本、明毛氏汲古閣《山居小玩》本(簡稱山居本)、毛氏汲古閣《羣芳清玩》本(簡稱羣芳本),均冠有書名"茗笈"兩字,本書删。

②　自序:自,爲本書加。山居本和羣芳本同底本,在"序"字前,原文還冠書名"茗笈"兩字,本書删,改作"自序"。

③　明甬東屠本畯齒叟著:著,山居本和羣芳本作"編輯",又有"東吳毛晉子晉重訂"八字。

④　憨人:人,底本作"六",據山居本和羣芳本改。

⑤　上篇目録:編者改定。底本原作"茗笈上篇目",山居本、羣芳本作"茗笈目録",本書書名不入目録和子目標題,據山居本、羣芳本改。

⑥　揆制章:制,底本作"製",據山居本、羣芳本改。

⑦　下篇目録:同⑤上篇目録情况,據山居本、羣芳本改。

⑧　此"附品藻"目録五條,據羣芳本加。

⑨　迶:原作"卣",逕改。

⑩　《茶録》:録,山居本、羣芳本同底本作"譜"。逕改,下同。

⑪　《東溪試茶録》,宋子安著:溪,底本作"源";宋,底本作"朱",逕改。

⑫　上篇贊評:在"上"字之前,山居本、羣芳本同底本,例冠有書名"茗笈"兩字。編者删。

⑬　雅山著於宣:底本作"雅山著於無宣","無",當是衍文,逕删。雅山,疑應是"鴉山"之誤。宣,宣州(今安徽宣城),但,山居本和羣芳本作"歙"。歙亦在皖南,但"鴉山"在宣不在歙,存疑。

⑭　許次紓:紓,山居本、羣芳本同底本作"抒",逕改。

⑮　《岕山茶記》:當指《羅岕茶記》,簡作《岕茶記》。

⑯　仙德:仙,底本等作"遷",逕改。

⑰　令人有頸疾:令,底本作"今",據陸羽《茶經》改。

⑱　下篇贊評：在"下"字前，山居本同底本還冠有書名"茗笈"兩字，編者删。羣芳本無"茗笈下篇贊評"編目。

⑲　點瀹章：章，底本、山居本作"湯"，羣芳本作"章"，據改。

⑳　卒歸於鐵：鐵，山居本、羣芳本作"銀"。

㉑　何況鍑乎：鍑，底本作"銀"，據山居本、羣芳本改。

㉒　蘇廙：廙，底本作"廙，徑改。

㉓　奪香散味：散，山居本、羣芳本作"敗"。

㉔　有譴：譴，羣芳本同底本作"譴"，山居本作"譴"，據改。

㉕　余特置游裝：余，底本作"茶"，山居本、羣芳本作"余"，據文義改。

茶董

◇明　夏樹芳　輯①

　　夏樹芳，常州府江陰人，字茂卿，自號冰蓮道人。萬曆十三年(1585)中舉，後隱而未再進取入仕。隱於里，娛於書，友於友人名士，壽八十歲終。夏樹芳以清遠樓爲書室名，一生大部分時間就讀、著述於此。他喜歡書也愛護書，在萬曆和天啓年間，不但編寫過多種著述，并以宛委堂爲書坊名，刻印過不少前人佳作。其自撰和刊印的主要著作有：《法喜志》四卷，《續法喜志》四卷，《棲真志》四卷，《酒顛》二卷，《茶董》二卷，《詞林海錯》十六卷，《冰蓮集》四卷，《玉麒麟》二卷，《香林牘》一卷，《琴苑》二卷，《女嫕》八卷，《奇姓通》十四卷及《消暍集》等。

　　《茶董》亦是一種輯集類茶書，收於《四庫全書存目叢書》。《四庫全書總目提要》對本書的評價并不高，其云"是編雜録南北朝至宋金茶事，不及採造、煎試之法，但撫詩句故實。然疏漏特甚，舛誤亦多。其曰《茶董》者，以《世説》記干寶爲鬼之董狐，襲其文也。前有陳繼儒序，卷首又題繼儒補。其氣類如是，則其書不足詰矣"。這評述，還是比較貼切的。《四庫全書總目提要》所據版本，是"浙江汪啟淑家藏本"，萬國鼎依照"前有陳繼儒序，卷首又題繼儒補"的説法，聯繫他所見八千卷樓所藏《茶董》的不同，提出"也許是書賈合印二書，或者藉重繼儒的聲望而題上的"。其實將《茶董》和《茶董補》合印，未必一定是書賈射利之舉，萬國鼎撰寫《茶書總目提要》，當時主要查閱的是南京圖書館藏本，而將兩書合印一册，首起於陳繼儒本人，其所輯印的萬曆《酒顛茶董補》，即是彙刊"夏樹芳《酒顛》，陳繼儒《酒顛補》；夏樹芳《茶董》，陳繼儒《茶董補》"四書而成。四庫全書編纂所徵集到的，懷疑即《酒顛茶董補》中的"茶董補"或《茶董補》的抽印本。據《中國古籍善本書目》記載，現在北京大學及上海、重慶等圖書館所藏的

《茶董·茶董補》萬曆本,可能大都是這個版本。

　　本書有馮時可、陳繼儒、董其昌和夏樹芳的序和題詞,但都未注明年代。萬國鼎據上述幾人的生活時代,推定本書"寫成於1610年"也即萬曆三十八年(1610)前後。

　　本文主要版本除上說的陳繼儒《酒顛茶董補》外,還有夏樹芳萬曆清遠樓自刻本,以及萬曆《江陰夏茂卿九種》本(見孫殿起《叢書書目拾遺》),和民國初年鉛印《古今說部叢書》本等。今以夏樹芳《茶董》萬曆清遠樓刻本爲底本,以《古今說部叢書》本、日本寶曆八年(1758)刊本等作校。

茶董序

　　酒自三王時,天下已尤物視焉,爭腆於茲,致煩候邦誥也。茶最後出,至唐始遇知者。然惟清流素德始相酬酢,而傖父俗物或望之而卻走,則所謂時爲帝而遞相雌雄者乎?余嘗著論,酒德爲春,茗德爲秋;酒類狂,茗類狷;酒爲通人,茗爲節士,夙以此平章之。而夏茂卿集酒曰《酒顛》,集茶曰《茶董》,蓋因昔人有"酒家南董"之稱,而移其董酒者董茶。其降心折節,固有所獨先,與夫酒有酒禍,波及者大,茶特小損,即稱水阨,亦薄乎云爾。立監佐史之不須,何以董哉?無乃愛茶重茶而虞其辱,故稱董,以董其辱茶者非與?余家姑蘇虎丘之茶,爲天下冠。又近長興地,名洞山廟後所產岕,風格亦相絜焉。泉取惠山,甘過楊子,二妙相配,茗事始絕。嘗夫新雷既過,衆壑初晴,余與二三子親採露芽於山址,命僮如法焙製烹點。迨夫素濤翻雪,幽韻生雲,而余嘗之,如餐霞,如挹露,欲習仙舉,則歎夫茂卿之同好,真我枕漱之侶也。夫茶有四宜焉:宜其地,則竹林松澗,蓮沼梅嶺。宜其景,則朗月飛雪,晴晝疏雨。宜其事,則開卷手談,操琴草聖。宜其人,則名僧騷客,文士淑姬。否則與茶韻調大不相偕,不亦辱乎?是茶史氏之所必摻霜鉞而砭之者也。有右酒者曰:是四宜者,酒獨不宜乎?余曰:酒神之性炎如,而茶神之性溫如。是四宜者,得酒則或馳驟而殺景,得茶始馴伏而增趣。夫酒不能爲茶弼士,而茶能爲酒功臣久矣。妹邦禍流,天下濡首。天地若覆,日月若昏,清之重奠,滌之重明,唯茶之以。昔人所謂不減策勳凌煙,其斯之謂與?故酒有董,而茶尤不可無董。自茂卿著此書,而余爲序,當露花洗天,推窗而望,茶星益燁燁其明,酒星退舍矣。

姑蘇馮時可元成甫撰

茶董題詞

荀子曰:“其爲人也多暇,其出入也不遠矣。”陶通明[1]曰:“不爲無益之事,何以悦有涯之生?”余謂茗碗之事,足當之。蓋幽人高士,蟬脱勢利,藉以耗壯心而送日月。水源之輕重,辨若淄澠;火候之文武,調若丹鼎。非枕漱之侶不親,非文字之飲不比者也。當今此事,惟許夏茂卿,拈出顧渚、陽羨,肉食者往焉,茂卿亦安能禁?壹似強笑不樂,強顔無歡,茶韻故自勝耳。予夙秉幽尚,入山十年,差可不愧茂卿語。今者驅車入閩,念鳳團龍餅,延津爲瀹,豈必土思,如廉頗思用趙?惟是絶交書。所謂心不耐煩而官事鞅掌者,竟有負茶竈耳,茂卿猶能以同味諒我耶?

雲間董其昌

茶董小序

范希文[2]云:“萬象森羅中,安知無茶星?”余以茶星名館,每與客茗戰,自謂獨飲得茶神,兩三人得茶趣,七八人乃施茶耳。新泉活火,老坡窺見此中三昧;然云出磨則屑餅作團矣。黃魯直去芎用鹽,去橘用薑,轉於點茶,全無交涉。今旗鎗標格,天然色香映發。岕爲冠,他山輔之,恨蘇黃不及見。若陸季疵復生,忍作《毀茶論》乎?江陰夏茂卿敍酒,其言甚豪。予笑曰:“觸政不綱,曲爵分愬,詆呵監史,倒置章程,擊斗覆觚,幾於腐脅;何如隱囊紗帽,翛然林澗之間,摘露芽,煮雲腴,一洗百年塵土胃耶?醉鄉網禁疏闊,豪士升堂,酒肉傖父,亦往往擁盾排闥而入,茶則反是。周有《酒誥》;漢三人聚飲,罰金有律;五代東都有麴禁,犯者族,而於茶,獨無後言。吾朝九大塞著爲令,銖兩茶不得出關,正恐濫觴於胡奴耳。蓋茶有不辱之節如此。熱腸如沸,茶不勝酒;幽韻如雲,酒不勝茶。酒類俠,茶類隱,酒固道廣,茶亦德素。茂卿,茶之董狐也,試以我言平章之孰勝?”茂卿曰:“諾”。於是退而作《茶董》。

陳繼儒書於素濤軒

茶董序

夫登高丘望遠海,酒固爲吾儕張軍濟勝之資;而月團百片,消磨文字五千。或調鶴聽鶯,散髮臥羲皇,則檜雨松風,一甌春雪,亦所亟賞。故斷崖缺石之上,木秀雲腴,往往於此吸靈芽,漱紅玉,淪氣滌慮,共作高齋清話。自晉唐而下,紛紛邾莒之會,各立勝場,品列淄澠,判若南董,遂以《茶董》名篇。語曰:"窮春秋,演河圖,不如載茗一車",誠重之矣。如謂此君面目嚴冷,而且以爲水厄,且以爲乳妖,則請效綦毋先生無作此事。

冰蓮道人夏樹芳識

目録②

上卷

〔十八〕鮑令暉(鮑姊著賦)

〔十九〕左太沖[7](嬌女心劇)

〔二十〕李存博(山林性嗜)

〔二十一〕胡嵩(姓餘甘氏)

〔二十二〕桓宣武[8](名斛二痕)

〔二十三〕孫樵(茗戰)

〔二十四〕錢起(茶宴)

〔二十五〕曹業之(碧沉香泛)

〔二十六〕和成績[9](湯社)

〔二十七〕李鄴侯[10](翻玉添酥)

〔二十八〕陸鴻漸(茶品)

〔二十九〕白少傅(慕巢知味)

〔三十〕竇儀[11](龍陂仙子)

〔三十一〕皮日休(襲美雜詠)

〔三十二〕張文規(明月始生)

〔三十三〕盧仝(盧仝自煎)

〔三十四〕張志和(樵青竹裏煎)

〔三十五〕皮文通[12](甘心苦口)

〔三十六〕王仲祖(王濛水厄)

〔三十七〕蔡端明(能仁石縫生)

〔三十八〕梅聖俞(吐雪堆雲)

〔三十九〕歐陽永叔(珍賜一餅)

〔四十〕蘇廙(仙芽)

〔四十一〕何子華(甘草癖)

〔四十二〕王子尚(甘露)

〔四十三〕傅玄風(聖陽花)

下卷

〔四十四〕楊誠齋(玉塵香乳)

〔四十五〕鄭路(御史瓶)
〔四十六〕唐子西(貴新貴活)
〔四十七〕劉言史(滌盡昏渴)
〔四十八〕單道開(不畏寒暑)
〔四十九〕僧文了(乳妖)
〔五十〕東都僧(百碗不厭)
〔五十一〕吕居仁(魚眼針芒)
〔五十二〕李文饒[13](天柱烙數角)
〔五十三〕丁晉公(草木仙骨)
〔五十四〕蘇才翁(竹瀝水取勝)
〔五十五〕鄭若愚(鴉山鳥嘴)
〔五十六〕華元化(久食益意思)
〔五十七〕陶穀(党家應不識)
〔五十八〕李貞一(義興山萬兩)
〔五十九〕曾茶山(眉白眼青)
〔六十〕虞洪(瀑布山大獲)
〔六十一〕劉子儀(鯀哉點也)
〔六十二〕杜子巽(一片同飲)
〔六十三〕黄儒(山川真筍)
〔六十四〕韓太沖[14](練囊末以進)
〔六十五〕王休[15](冰敲其晶瑩)
〔六十六〕陸祖言(奈何穢吾素業)
〔六十七〕秦精(武昌山大藥)
〔六十八〕温嶠(列貢上茶)
〔六十九〕党魯(蕃使亦有之)
〔七十〕李肇(白鶴僧園本)
〔七十一〕郭弘農(名别茶荈)
〔七十二〕王禹偁(嘗味少知音)

〔七十三〕李季卿(博士錢)

〔七十四〕晏子(時食茗菜)

〔七十五〕陸宣公(止受一串)

〔七十六〕李南金(味勝醍醐)

〔七十七〕韋曜(密賜代酒)

〔八十〕葉少蘊[16](地各數畝)

〔八十一〕山謙之(温山御荈)

〔八十二〕沈存中(雀舌)

〔八十三〕毛文錫(蟬翼)

〔八十四〕張芸叟(以爲上供)

〔八十五〕司馬端明[17](景仁乃有茶器)

〔八十六〕黃涪翁[18](憑地怎得不窮)

〔八十七〕蘇長公(龍團鳳髓)

〔八十八〕賈春卿(丐賜受煎炒)

〔八十九〕張晉彥(包囊鑽權倖)

〔九十〕金地藏(金地藏所植)

〔九十一〕張孔昭(水半是南零)

〔九十二〕高季默(午碗春風)

〔九十三〕夏侯愷(見鬼覓茶)

〔九十四〕鄭可簡

〔九十五〕元乂(未遭陽侯之難)

〔九十六〕范仲淹(香薄蘭藏)

〔九十七〕王介甫(一旗一槍)

〔九十八〕福全(湯戲)

〔九十九〕党竹溪(一甌月露)

上卷

陶通明輕身換骨[19]

陶弘景《雜錄》：芳茶輕身換骨,丹丘子、黃山君嘗服之。

李青蓮還童振枯
李白茶述④：余聞荆州玉泉寺

顔清臣素瓷芳氣
顔魯公《月夜啜茶聯句》：流華淨肌骨，疏瀹滌心源⑤。素瓷傳静夜，芳氣滿閑軒。

謝宗丹丘仙品
謝宗《論茶》曰：此丹丘之仙茶，勝烏程之御莽⑥。首閲碧潤明月，醉向霜華，豈可以酪蒼頭，便應代酒從事。

劉越石潰悶常仰
劉琨《與兄子南兖州刺史演書》曰：吾體中潰悶，常仰真茶，汝可置之。

劉夢得樂天六班
白樂天方齋，劉禹錫正病酒，乃餉菊苗虀、蘆菔鮓，換取樂天六班茶二囊以醒酒。禹錫有《西山蘭若試茶歌》⑦：何况蒙山顧渚春，白泥赤印走風塵。欲知花乳清冷味，須是眠雲臥石人⑧。

釋覺林志崇三等
覺林院志崇收茶三等⑨，待客以驚雷莢，自奉以萱草帶，供佛以紫茸香。

周韶好奇鬥勝
周韶好蓄奇茗，嘗與蔡君謨鬥勝，題品風味，君謨屈焉。

林和靖²⁰静試對賞
林君復《試茶詩》⑩：白雲峯下兩槍新，膩緑長鮮穀雨春。静試恰如湖上雪,對嘗兼憶剡中人。

陸魯望_{顧渚取租}

甫里先生陸龜蒙[11],嗜茶荈,置小園於顧渚山下,歲取租茶,自判品第。

朱桃椎_{芒屩爲易}

朱桃椎嘗織芒屩置道上,見者爲鬻米茗易之[12]。

張載_{詩稱芳冠}

張孟陽詩:芳茶冠六清,溢味播九區。

權紓_{腦痛服愈}

隋文帝微時,夢神人易其腦骨,自爾腦痛。忽遇一僧云:“山中有茗草,服之當愈。”進士權紓讚曰:窮《春秋》,演河圖,不如載茗一車。

顧逋翁_{顧況論(茶)}

顧況論茶[13]:煎以文火細煙,小鼎長泉。

薛大拙_{薛能詩}

唐薛能詩[14]:偷嫌曼倩桃無味,搗覺嫦娥藥不香。

王肅_{人號漏卮}

琅琊王肅喜茗,一飲一斗,人因號爲漏卮。肅初入魏,不食羊肉酪漿,常飯鯽魚羹,渴飲茗汁。高帝曰:“羊肉何如魚羹,茗飲何如酪漿?”肅對曰:“羊是陸產之最,魚是水族之長,羊比齊魯大邦,魚比邾莒小國,惟茗不中與酪作奴[15]。”彭城王勰顧謂曰:“明日爲卿設邾莒之會,亦有酪奴。”

僧齊己_{高人愛惜}

龍安有騎火茶。唐僧齊己詩:高人愛惜藏巖裏,白甀封題寄火前。

鮑令暉鮑姊著賦

鮑昭姊令暉，著香茗賦。

左太沖嬌女心劇

左思《嬌女詩》：吾家有嬌女

李存博山林性嗜

李約，雅度簡遠，有山林之致，一生不近粉黛。性嗜茶，嘗曰："茶須緩火炙，活火煎。始則魚目散布，微微有聲；中則四際泉湧，纍纍若貫珠；終則騰波鼓浪，水氣全消，此謂老湯。三沸之法，非活火不能成也。"客至不限甌數，竟日爇火執器不倦。曾奉使行至陝州硤石縣[21][16]東，愛渠水清流，旬日忘發。

胡嵩姓餘甘氏

胡嵩《飛龍澗飲茶》詩："沾牙舊姓餘甘氏，破睡當封不夜侯。"陶穀愛其新奇，令猶子彝和之。應聲曰："生涼好喚雞蘇佛，回味宜稱橄欖仙。"彝時年十二。

桓宣武名斛二瘕

桓征西[22]步將，喜飲茶，至一斛二斗。一日過量，吐如牛肺一物，以茗澆之，容一斛二斗。客云："此名斛二瘕。"

孫樵茗戰

孫可之[23]送茶與焦刑部，建陽丹山碧水之鄉，月澗雲龕之品，慎勿賤用之。時以鬥茶爲茗戰。

錢起茶宴

錢仲文[24]與趙莒茶宴，又嘗過長孫宅，與郎上人作茶會。

曹業之_{碧沉香泛}

曹鄴[25]《謝故人寄新茶》詩：劍外九華英，緘題下玉京。開時微月上，碾處亂泉聲。半夜招僧至，孤吟對月烹。碧沉雲腳碎，香泛乳花輕。六腑睡神去，數朝詩思清。月餘不敢費，留伴肘書行。

和成績_{湯社}

五代時，魯公和凝率同列遞日以茶相飲，味劣者有罰，號爲湯社。

李鄴侯_{翻玉添酥}

唐奉節王好詩，嘗煎茶就鄴侯題詩。鄴侯戲題云："旋沫翻成碧玉池，添酥散出琉璃眼。"

陸鴻漸_{茶品}

陸羽品茶，千類萬狀，有如胡人靴者，蹙縮然；犎牛臆者，廉襜然；浮雲出山者，輪菌然；輕飆出水者，涵澹然。此茶之精腴者也。有如竹籜者，籭筵然；如霜荷者，萎萃然；此茶之瘠老者也。又論茶有九難：陰採夜焙，非造也；嚼味嗅香，非別也；膏薪庖炭，非火也；飛湍壅潦，非水也；外熟内生，非炙也；碧粉縹塵，非末也；操艱攪遽，非煮也；夏興冬廢，非飲也；膩鼎腥甌，非器也。造茶具二十四事，以都統籠貯之，遠近傾慕，好事者家藏一副。

白少傅_{慕巢知味}

白樂天[26]《睡後煎茶》詩："婆娑綠陰樹，斑駁青苔地。此處置繩牀，旁邊洗茶器。白瓷甌甚潔，紅罏炭方熾。沫下麴塵香，花浮魚眼沸。盛來有佳色，嚥罷餘芳氣。不見楊慕巢，誰人知此味。"楊同州亦當時之善茶者也。

竇儀_{龍陂仙子}

開寶初，竇儀以新茶餉客，盒面標曰"龍陂山子茶"。

皮日休_{襲美雜詠}

皮襲美《茶中雜詠序》云：國朝茶事，竟陵陸季疵始爲《經》三卷，後又有太原温從雲，武威段碣之各補茶事十數節，並存方册。昔晉杜育有《荈賦》，季疵有《茶歌》，遂爲《茶具十詠》寄天隨子[27]。

張文規_{明月始生}

明月峽在顧渚側，二山相對，石壁峭立，大澗中流，乳石飛走。茶生其間，尤爲絶品。張文規所謂"明月峽前茶始生"是也。文規好學，有文藻。蘇子由、孔武仲、何正臣皆與之游。

盧仝_{盧仝自煎}

孟諫議寄新茶，盧仝《走筆作歌》云："柴門反關無俗客，紗帽籠頭自煎喫。"今洛陽有盧仝煮茶泉。

張志和_{樵青竹裏煎}

顔清臣作《志和傳碑》："漁童捧釣收綸，蘆中鼓枻；樵青蘇蘭薪桂，竹裏煎茶。"

皮文通_{甘心苦口}

皮光業最耽茗飲。中表請嘗新柑，筵具甚豐，簪紱叢集。纔至，未顧樽罍而呼茶甚急。徑進一巨甌，題詩曰："未見甘心氏，先迎苦口師。"衆噱曰："此師固清高，難以療饑也。"

王仲祖_{王濛水厄}

晉司徒長史王濛，好飲茶。客至，輒飲之，士大夫甚以爲苦，每欲候濛，必云："今日有水厄。"

蔡端明_{能仁石縫生}

蔡君謨善別茶。建安能仁院，有茶生石縫間，僧採造得茶八餅，號石巖白。以四餅遺蔡,四餅遺王内翰禹玉。歲除,蔡被召還闕。禹玉碾以待蔡,蔡捧甌未嘗,輒曰:"此極似能仁石巖白。"禹玉未信,索帖驗之,乃服。

梅聖俞吐雪堆雲

梅堯臣在楚斫茶磨題詩有:"吐雪誇新茗,堆雲憶舊溪。北歸惟此急,藥臼不須齎。"可謂嗜茶之極矣。聖俞茶詩甚多,吳正仲餉新茶,沙門穎公遺碧霄峯茗[28],俱有吟詠。

歐陽永叔珍賜一餅

歐陽文忠《歸田録》:茶之品,莫貴於龍鳳團。小龍團,仁宗尤所珍惜,雖輔臣未嘗輒賜,惟南郊大禮致齋之夕,中書、樞密院各四人共賜一餅。宮人翦金為龍鳳花草綴其上。嘉祐七年,親享明堂,始人賜一餅,余亦恭與,至今藏之。因君謨著録,輒附於後,庶知小龍團自君謨始,其可貴如此。

蘇廙仙芽

蘇廙作《仙芽傳》,載《作湯十六法》:以老嫩言者,凡三品;以緩急言者,凡三品;以器標者,共五品;以薪論者,共五品。陶穀謂:"湯者,茶之司命",此言最得三昧。

何子華甘草癖

宣城何子華,邀客於剖金堂,酒半,出嘉陽嚴峻畫陸羽像。子華因言:"前代感駿逸者為馬癖;泥貫索者為錢癖;愛子者,有譽兒癖;耽書者,有《左傳》癖。若此叟溺於茗事,何以名其癖?"楊粹仲曰:"茶雖珍,未離草也,宜追目陸氏為甘草癖。"一坐稱佳。

王子尚甘露

新安王子鸞,豫章王子尚,詣曇濟道人於八公山。道人設茶茗,子尚味之曰:"此甘露也,何言茶茗?"

傅玄風<small>聖陽花</small>

雙林大士,自往蒙頂結庵種茶,凡三年。得絕佳者,號聖陽花,持歸供獻。

下卷

楊誠齋<small>玉塵香乳</small>

楊廷秀^⑰《謝傅尚書茶》:遠餉新茗,當自攜大瓢,走汲溪泉,束澗底之散薪,燃折腳之石鼎。烹玉塵,啜香乳,以享天上故人之意。愧無胸中之書傳,但一味攪破菜園耳。

鄭路<small>御史瓶</small>

會昌初,監察御史鄭路,有兵察廳掌茶。茶必市蜀之佳者,貯於陶器,以防暑濕。御史躬親監啟,謂之"御史茶瓶"。

唐子西<small>貴新貴活</small>

子西《鬥茶說》:茶不問團錡,要之貴新;水不問江井,要之貴活。唐相李衛公好飲惠山泉,置驛傳送,不遠數千里。近世歐陽少師,得內賜小龍團,更閱三朝,賜茶尚在此,豈復有茶也哉! 今吾提汲走龍塘,無數千步。此水宜茶,昔人以爲不減清遠峽。而海道趨建安,茶數日可至,故每歲新茶,不過三月,頗得其勝。

劉言史<small>滌盡昏渴</small>

劉言史《與孟郊洛北野泉上煎茶》:敲石取鮮火,撇泉避腥鱗。熒熒爨風鐺,拾得墜巢薪。恐乖靈草性,觸事皆手親。宛如摘山時^⑱,自歊指下春。湘瓷泛輕花,滌盡昏渴神。茲遊愜醒趣,可以話高人。

單道開²⁹<small>不畏寒暑</small>

燉煌單道開,不畏寒暑,常服小石子。藥有松、蜜、薑、桂、茯苓之氣,時復飲茶蘇一二升而已。

僧文了乳妖

吳僧文了,善烹茶。游荆南,高保勉子季興延置紫雲庵,日試其藝,奏授華亭水大師,目曰乳妖。

東都僧百碗不厭

唐大中三年,東都進一僧,年一百三十歲。宣宗問:"服何藥致然?"對曰:"臣少也賤,不知藥性,本好茶,至處惟茶是求,或飲百碗不厭。"因賜茶五十斤,令居保壽寺。

呂居仁魚眼針芒

呂文清[19]詩:春陰養芽鍼鋒芒,沆瀣養膏冰雪香。玉斧運風寶月滿,密雲候雨蒼龍翔。惠山寒泉第二品,武定烏瓷紅錦囊。浮花元屬三味手[20],竹齋自試魚眼湯。

李文饒天柱峯數角

有人授舒州牧,李德裕遺書曰:到郡日,天柱峯茶,可惠三數角。其人獻數十斤,李不受。明年,罷郡,用意精求,獲數角,投李。李閱而受之[21],曰:此茶可以消酒毒,因命烹一甌沃於肉食内,以銀合閉之。詰旦,視其肉已化爲水矣。衆服其廣識。

丁晉公草木仙骨

丁公言:嘗謂石乳出窒嶺、斷崖、缺石之間,蓋草木之仙骨。又謂鳳山高不百丈,無危烥絶嶮,而岡阜環抱,氣勢柔秀,宜乎嘉植靈卉之所發也。

蘇才翁竹瀝水取勝

蘇才翁嘗與蔡君謨鬥茶,蔡茶用惠山泉。蘇茶小劣,改用竹瀝水煎,遂能取勝。天台竹瀝水爲佳,若以他水雜之,則亟敗。

鄭若愚_{鴉山鳥嘴}

鄭谷[30]《峽中煎茶》詩：簇簇新芽摘露光，小江園裏火煎嘗[22]。吳僧謾說鴉山好，蜀叟休誇鳥嘴香[23]。合坐滿甌輕泛綠，開緘數片淺含黃。鹿門病客不歸去，酒渴更知春味長。

華元化_{久食益意思}

華佗[24]《食論》：苦茶久食，益意思。又《神農食經》：茶茗宜久服，令人有力悅志。

陶穀_{党家應不識}

陶學士買得党太尉故妓。取雪水烹團茶，謂妓曰："党家應不識此。"妓曰："彼粗人安得有此？但能向銷金帳下淺斟低唱，飲羊羔兒酒耳。"陶愧其言。

李貞一_{義興山萬兩}

御史大夫李栖筠[25]按義興。山僧有獻佳茗者，會客嘗之，芬香甘辣冠於他境，以爲可薦於上，始進茶萬兩。

曾茶山_{眉白眼青}

茶家碾茶，須碾著眉上白乃爲佳。曾茶山詩："碾處曾看眉上白，分時爲見眼中青。"茶山詩，極清峭。如："誰分金掌露，來作玉溪涼。""喚起南柯夢，持來北焙春。""子能來日鑄，吾得具風鑪。"用字著語，俱有鍛鍊。

虞洪_{瀑布山大獲}

虞洪入山採茗，遇一道士，牽三青牛，引洪至瀑布山。曰：山中有茗，可以給餉，祈子他日有甌犧之餘[26]，乞相遺也。洪因設奠祀之，後常令家人入山，獲大茗焉。

劉子儀_{鯱哉點也}

劉曄^㉗嘗與劉筠飲茶。問左右：“湯滾也未?”衆曰：“已滾。”筠曰：“僉曰鯱哉。”曄應聲曰：“吾與點也。”

杜子巽³¹_{一片同飲}

《杜鴻漸與楊祭酒書》云：顧渚山中紫筍茶兩片，一片上太夫人，一片充昆弟同歠。此物但恨帝未得嘗，實所歎息。

黄儒_{山川真筍}

黄儒《品茶要録》云：陸羽《茶經》不第建安之品，蓋前此茶事未興，山川尚閟，露牙真筍委翳消腐，而人不知耳。宣和中，復有白茶勝雪。熊蕃曰：使黄君閲今日，則前乎此者，未足詫也。

韓太沖_{練囊末以進}

韓晉公滉，聞奉天之難，以夾練囊緘茶末，遣使健步以進。

王休_{冰敲其晶瑩}

王休，居太白山下，每至冬時，取溪冰，敲其晶瑩者，煮建茗待客。

陸祖言_{奈何穢吾素業}

陸納爲吴興太守時，衛將軍謝安常欲詣納。納兄子俶，怪納無所備，乃私蓄十數人饌具。既至，所設惟茶茗而已。俶遂陳盛饌，珍饈畢集。及安去，納杖俶四十，云：“汝既不能光益叔父，奈何穢吾素業。”

秦精_{武昌山大藂}

《續搜神記》：晉孝武時，宣城秦精嘗入武昌山採茗。遇一毛人，長丈餘，引精至山曲大藂茗處便去。須臾復來，乃探懷中橘與精。精怖，負茗而歸。

温嶠_{列貢上茶}

温太真[32]條列貢上[28]茶千片,茗三百大薄。

常魯[29]_{蕃使亦有之}

常魯使西蕃,烹茶帳中。蕃使問何爲? 魯曰:滌煩消渴,所謂茶也。蕃使曰:我亦有之。命取出以示曰:“此壽州者,此顧渚者,此蘄門者。”

李肇_{白鶴僧園本}

《岳陽風土記》載:灉湖茶,李肇所謂灉湖之含膏也。今惟白鶴僧園有千餘本,一歲不過一二十兩,土人謂之白鶴茶,味極甘香。

郭弘農_{茗别茶荈}

郭璞云:茶者,南方佳木,早取爲茶,晚取爲荈。

王禹偁_{嘗味少知音}

王元之《過陸羽茶井》:甃石苔封百尺深,試令嘗味少知音。惟餘半夜泉中月,留得先生一片心。

李季卿_{博士錢}

常伯熊善茶。李季卿宣慰江南,至臨淮,乃召伯熊。伯熊著黄帔衫、烏紗幘,手執茶器,口通茶名,區分指點,左右刮目。茶熟,李爲歇兩杯。既至江外,復召陸羽。羽衣野服隨茶具而入,如伯熊故事。茶畢,季卿命取錢三十文,酬煎茶博士。鴻漸夙游江介,通狎勝流,遂收茶錢、茶具,雀躍而出,旁若無人。

晏子_{時食茗菜}

晏子相齊時,食脱粟之飯,炙三戈、五卵、茗菜而已。

陸宣公_{止受一串}

陸贄，字敬輿。張鎰餉錢百萬，止受茶一串，曰：敢不承公之賜。

李南金_{味勝醍醐}

瀹茶當以聲爲辨。李南金詩："砌蟲唧唧萬蟬催，忽有千車捆載來。聽得松風並澗水，急呼縹色綠瓷杯。"後《鶴林玉露》復補一詩："松風檜雨到來初，急引銅瓶離竹鑪。待得聲聞俱寂後，一甌春雪勝醍醐。"蓋湯不欲老，老則過苦。聲如澗水松風，不宜遽瀹，惟移瓶去火，少待其沸止而瀹之，方爲合節。此南金之所未講者也。

韋曜_{密賜代酒}

《韋曜傳》[33]：孫皓每饗宴，坐席率以七升爲限，雖不盡入口，皆澆灌取盡。曜飲酒不過二升，皓初禮異，密賜茶荈以待酒[㉚]。

葉少蘊_{地各數畝}

葉夢得《避暑錄》：北苑茶，有曾坑、沙溪二地，而沙溪色白過於曾坑，但味短而微澀。草茶極品惟雙井、顧渚。雙井在分寧縣，其地屬黃氏魯直家。顧渚在長興吉祥寺，其半爲今劉侍郎希范所有。兩地各數畝，歲產茶不過五六觔，所以爲難。

山謙之_{溫山御荈}

山謙之《吳興記》：烏程有溫山，出御荈。

沈存中_{雀舌}

沈括《夢溪筆談》：茶芽謂雀舌、麥顆，言至嫩也。茶之美者，其質素良，而所植之土又美。新芽一發，便長寸餘，其細如鍼，如雀舌、麥顆者，極下材耳。乃北人不識，誤爲品題。予山居有《茶論》，復口占一絕：誰把嫩香名雀舌，定來北客未曾嘗。不知靈草天然異，一夜風吹一寸長。

毛文錫蟬翼

毛文錫《茶譜》：有片甲、蟬翼之異。

張芸叟以爲上供

張舜民云[31]：有唐茶品，以陽羨爲上供，建溪北苑未著也。貞元中，常袞爲建州刺史，始蒸焙而研之，謂研膏茶。

司馬端明景仁乃有茶器

司馬溫公偕范蜀公游嵩山，各攜茶往。溫公以紙爲貼，蜀公盛以小黑合。溫公見之驚曰：景仁乃有茶器。蜀公聞其言，遂留合與寺僧[34]。《邵氏聞見録》云：溫公與范景仁共登嵩頂，由轘轅道至龍門，涉伊水，坐香山憩石，臨八節灘，多有詩什。攜茶登覽，當在此時。

黃涪翁憑地怎得不窮

黃魯直論茶：建溪如割，雙井如霆，日鑄如絣。所著《煎茶賦》：洶洶乎如澗松之發清吹，皓皓乎如春空之行白雲。一日以小龍團半鋌題詩贈晁無咎：曲兀蒲團聽渚湯，煎成車聲繞羊腸。雞蘇胡麻留渴羌，不應亂我官焙香。東坡見之曰："黃九憑地怎得不窮。"

蘇長公龍團鳳髓

東坡嘗問大冶長老乞桃花茶，有《水調歌頭》一首："已過幾番雨，前夜一聲雷，鎗旗爭戰建溪，春色占先魁。採取枝頭雀舌，帶露和煙擣碎，結就紫雲堆。輕動黃金碾，飛起緑塵埃。　老龍團，真鳳髓，點將來。兔毫盞裏，霎時滋味舌頭回。喚醒青州從事，戰退睡魔百萬，夢不到陽臺。兩腋清風起，我欲上蓬萊。"坡嘗游杭州諸寺，一日飲釅茶七碗。戲書云[35]："示病維摩原不病，在家靈運已忘家。何須魏帝一丸藥，且盡盧仝七碗茶。"

賈春卿丐賜受煎炒

葉石林云：熙寧中，賈青[32]爲福建轉運使，取小龍團之精者爲密雲龍。

自玉食外，戚里貴近丐賜尤繁。宣仁一日慨歎曰："建州今後不得造密雲龍，受他人煎炒不得也。"此語頗傳播縉紳間。

張晉彥_{包裹鑽權倖}

周淮海《清波雜志》云：先人嘗從張晉彥覓茶，張口占二首："内家新賜密雲龍，只到調元六七公。賴有家山供小草，猶堪詩老薦春風。""仇池詩裏識焦坑，風味官焙可抗衡。鑽餘權倖亦及我，十輩遣前公試烹。"焦坑產庾嶺下，味苦硬，久方回甘。包裹鑽權倖，亦豈能望建溪之勝耶？

金地藏[36]_{金地藏所植}

西域僧金地藏，所植名金地茶，出煙霞雲霧之中，與地上產者，其味復絕。

張孔昭_{水半是南零}

江州刺史張又新[33]《煎茶水記》曰：李季卿刺湖州，至維揚，逢陸處士，即有傾蓋之雅。因過揚子驛，曰："陸君茶天下莫不聞，揚子南零水又殊絕，今者二妙千載一遇，何可輕失？"乃命軍士深詣南零取水。俄而水至，陸曰："非南零者。"傾至半，遽曰："止，是南零矣。"使者乃吐實。李與賓從皆大駭。李因問歷處之水，陸曰："楚水第一，晉水最下。"因命筆口授而次第之。

高季默[37]_{午碗春風}

高士談，仕金爲翰林學士，以詞賦擅長。蔡伯堅有詠茶詞："天上賜金奩，不減壑源三月。午碗春風纖手，看一時如雪。幽人只慣茂林前，松風聽清絕。無奈十年黃卷，向枯腸搜徹。"士談和云："誰扣玉川門，白絹斜風團月。晴日小窗活火，響一壺春雪。　可憐桑苧一生顛，文字更清絕。直擬駕風歸去，把三山登徹。"

夏侯愷_{見鬼覓茶}

夏侯愷因疾死。宗人字苟奴，察見鬼神，見愷岸幘單衣，坐生時西壁大宝,就人覓茶飲。

元乂 未遭陽侯之難

蕭衍子西封侯,蕭正德歸降時,元乂欲爲設茗,先問:"卿於水厄多少?"正德不曉乂意,答曰:"下官生於水鄉,立身以來,未遭陽侯之難。"坐客大笑。

范仲淹 香薄蘭芷

范希文[31]《和章岷從事鬥茶歌》:新雷昨夜發何處,家家嬉笑穿雲去。露芽錯落一番新,綴玉含珠散嘉樹。北苑將期獻天子,林下雄豪先鬥美。鼎磨雲外首山銅,瓶攜江上中泠水。黃金碾畔綠塵飛,碧玉甌中翠濤起,鬥茶味兮輕醍醐,鬥茶香兮薄蘭芷。勝若登仙不可攀,輸同降將無窮恥。

王介甫 一旗一槍

王荆公[35]《送元厚之詩》:"新茗齋中試一旗。"世謂茶之始生而嫩者爲一槍,寖大而開謂之旗,過此則不堪矣。

福全湯戲

饌茶而幻出物象於湯面者,茶匠通神之藝也。沙門福全,長於茶海,能注湯幻茶成將詩一句,並點四甌,共一絶句,泛乎湯表。檀越日造其門,求觀湯戲。全自詠詩曰:"生成盞裏水丹青,巧畫工夫學不成。卻笑當年陸鴻漸,煎茶贏得好名聲。"

党竹溪[38] 一甌月露

學士党懷英,詠茶調《青玉案》:紅莎綠蒻春風餅,趁梅驛來雲嶺。紫柱崖空瓊寶冷,佳人卻恨,等閒分破,縹緲雙鸞影。　一甌月露心魂醒,更送清歌助幽興。痛飲休辭今夕永,與君洗盡滿襟煩暑,別作高寒境。

注　釋

1　陶通明：即陶弘景(452 或 456—536)，通明是其字。

2　范希文：即范仲淹(989—1052)，希文是其字。

3　陶通明：即南朝梁陶弘景，字通明。句出陶弘景《雜録》(一名《新録》，又名《名醫別録》)。

4　李青蓮：即李白，因居住過蜀之昌隆縣青蓮鄉，又號青蓮居士，故有李青蓮之稱。句出李白《答族姪僧中孚贈玉泉仙人掌茶》詩序。

5　顔清臣：即顔真卿，清臣是其字。

6　朱桃椎：唐成都人，淡泊絶俗，結廬山中，夏裸，冬以木皮葉自蔽。不受人遺贈。每織草鞋置路旁易米，終不見人。

7　左太沖：即左思，太沖是其字。

8　桓宣武：疑指東晉桓豁(320—377)，字郎子。桓温弟，任荆州刺史時，討平司馬勳、趙弘等的反叛。孝武帝寧康初，桓温死，遷征西將軍；太元初，遷征西大將軍。

9　和成績：即和凝(898—955)，五代鄆州須昌(治今山東東平西北)人，成績是其字。

10　李鄴侯：即李泌(722—789)。少聰穎，及長，博涉經史，善屬文，尤工詩。天寶間詔翰林，供奉東宫，太子厚之。肅宗即位，入議國事。代宗立，出爲楚州、杭州刺史。德宗時，拜中書侍中，同平章事。出入中禁，歷事四朝，封鄴侯，卒贈太子太傅，有文集二十卷。

11　竇儀(914—967)：五代宋初薊州漁陽(故治在今北京密雲西南)人，後晉天福間進士，後漢初召爲右補闕、禮部員外郎。後周爲翰林學士、給事中。宋太祖建隆元年(960)，遷工部尚書，兼判大理寺。以學問優博爲太祖所重。

12　皮文通：即皮日休子，皮光業，文通是其字。

13　李文饒：即李德裕，文饒是其字。

14　韓太沖：即韓滉(723—787)，字太沖。唐京兆長安人，韓休子。肅宗至德時，爲吏部員外郎。代宗大曆時，以户部侍郎判度支，帑藏稍實。

德宗時,加檢校左僕射、同中書門下平章事、江淮轉運使,興元六年 (784),京師兵變,擁朱泚爲帝,德宗出奔奉天(今陝西乾縣),糧食不 濟,韓滉急以夾練囊緘茶末遣使健步以進,德宗感之。

15　王休:宋浙東慈溪人,字叔賓,一字菰渚。寧宗慶元二年(1196)進 士。爲湖州教授,改徽州,累判樞密院事。嘉定末,與權臣不合,遂謝 仕歸。以文學著稱一時,晚益進。

16　葉少蘊:即葉夢得(1077—1148),少蘊是其字,號石林。宋蘇州吳縣 人,哲宗紹聖四年(1097)進士,爲丹徒尉。徽宗朝,累遷翰林學士。 高宗時,除户部尚書,遷尚書左丞,官終知福州兼福建安撫使。平生 嗜學博洽,尤工於詞。有《建康集》《石林詞》《石林燕語》《石林詩 話》等。

17　司馬端明:近見有人將此釋作元朝畫家司馬端明。據南宋朱弁《曲洧 舊聞》所載,此處當是指司馬光(1019—1086)。光字君實,宋陝州夏 縣人。仁宗寶元元年(1038)進士,累官知諫院、翰林學士、權御史中 丞,復爲翰林兼侍讀學士。神宗熙寧時,反對王安石新法,退居洛陽 西京御史台,專修史書。哲宗立,起爲門下侍郎、拜左僕射,主持朝 政。卒政太師、温國公。

18　黄涪翁:即黄庭堅(1045—1105),字魯直,涪翁是其號,又號山谷道 人。宋洪州分寧(今江西修水)人。哲宗即位,進秘書丞兼國史編修, 出知宣州、鄂州等地。工詩詞文章,開創江西詩派,以行、草書見長。 有《豫章黄先生文集》等。

19　題下的小字注,和目録部分一樣,爲古今説部本更改之題名。説部本 不用底本等所用的如陶通明等一類以人物姓氏名號的題名。

20　林和靖:即林逋(967—1028),字君復。宋杭州錢塘(今浙江杭州) 人。早年游江淮間,後歸隱杭州西湖孤山二十年,種梅養鶴。善行 書,喜爲詩,多奇句。卒,仁宗賜謚和静先生。有《和静詩集》。

21　陝州硤石縣:陝州,北魏太和十一年(487)置,民國二年(1913)廢州 改縣。故治在今河南三門峽西。硤石縣,唐貞觀十四年(640)改崤縣 置,故治在今河南陝縣峽石鎮,北宋熙寧時廢。

22　桓征西：也即桓宣武，"宣武"是其卒後賜謚。

23　孫可之：即孫樵，唐關東人，可之是其字。宣宗大中九年（855）進士，授中書舍人，黃巢軍入長安，僖宗奔岐隴，詔赴行在，遷職方郎中。所作《讀開元雜報》，爲古代最早關於新聞報導之記載。有集。

24　錢仲文：即錢起（約710—約780），仲文是其字。吳興（今浙江湖州）人，大曆十才子之一。詩與郎士元齊名，時有"前有沈、宋，後有錢、郎"之説。唐玄宗天寶九年（750）進士。肅宗乾元中任藍田縣尉，終考功郎中，世稱錢考功。有集。

25　曹鄴（約816—約875）：字業之，一作鄴之。唐桂林陽朔人，宣宗大中四年（850）進士。曾作太平節度使掌書記。懿宗咸通中遷太常博士，歷祠部、吏部郎中，洋州刺史。與劉駕爲詩友，時稱"曹劉"。有集。

26　白樂天：即白居易（772—840），樂天是其字，晚號香山居士，又號醉吟先生。

27　天隨子：即陸龜蒙，天隨子是其號。

28　吳正仲餉新茶：《全宋詩》題爲《吳正仲遺新茶》。　沙門穎公遺碧霄峯茗：《全宋詩》題爲《穎公遺碧霄峯茗》。

29　單道開：晉僧，甘肅敦煌孟氏。少懷棲隱，居山辟穀餌柏實松脂七年，頓獲神异，不畏寒暑，健步如飛。百餘歲終老於羅浮。

30　鄭谷：字守愚，唐末袁州宜春人，七歲能詩。僖宗光啟中進士。昭宗時，爲都官郎中，人稱"鄭都官"；嘗賦鷓鴣警絕，又稱"鄭鷓鴣"。有《雲臺編》《宜陽集》。

31　杜子巽：即杜鴻漸（709—769），子巽（一作之巽）是其字。唐濮州濮陽人。唐玄宗開元二十二年（734）進士，初爲朔方判官。安禄山作亂，鴻漸力勸太子即位，以安中外之望。肅宗立，累遷河西節度使，後入爲尚書右丞、太常卿。代宗廣德二年（763），以兵部侍郎同中書門下平章事。卒謚文憲。

32　温太真（288—329）：即温嶠，太真是其字。東晉太原祁縣人，博學能屬文，明帝即位後，拜侍中，參預機密，出爲丹陽尹。成帝咸和初爲江州刺史，鎮武昌，有惠政。預討蘇峻、祖約，封始安郡公，拜驃騎將軍、開府儀同三司。尋卒,諡忠武。

33　韋曜傳:此指《三國志·吳書·韋曜傳》。

34　本段内容,輯自兩書,此上録自南宋周煇《清波雜志》卷四"長沙匠者"條内容。

35　下詩,原題《蘇軾詩集》作:"游諸佛舍,一日飲釅茶七盞,戲書勤師壁。"

36　金地藏:唐時新羅國王支屬,非"西域僧"。出家後游方來唐,擇九華山谷中平地而居。村民入山,見其孤然閉目,端居石室,遂相與爲之構建禪宇。德宗建中初,張嚴移舊額奏請置寺。年近百歲遂卒。能詩。

37　高季默:即高士談(?—1146),金燕人,字子文,一字季默。任宋爲忻州(治所在今山西忻縣)户曹。入金授翰林直學士。熙宗皇統初,以宇文虚中案牽連被害。有《蒙城集》。

38　党竹溪:即党懷英(1134—1211),金泰安奉符人,原籍馮翊。字世傑,號竹溪。工詩文,能篆籀。世宗大定十年(1170)進士,調莒州軍事判官,官至翰林學士承旨。修《遼史》未成卒。

校　記

①　此爲本書統一題署,底本原作"延陵(今江蘇常州舊稱)夏樹芳茂卿甫輯"。

②　目録:底本冠書名,作《茶董目録》,本書編時省書名。本文文中標題和目録,底本與校本異,底本以每條輯文作者或主人姓氏名號爲題;後來有的重刻本如古今説部叢書本,將人名全部改爲詩文題句典故作名;且不同版本間,條題、内容排列前後序次也不盡同。爲使大家能清楚看出這兩者之間目録題名和序次的差異,本書作編時,特將校本更改過的題名,用括号和小號字附於每條之後,并在每一條題之前,分別用漢字和阿拉伯字標以序數,以供參考對照。本目録底本原文前無序數後無附注,序數和附注,均爲本書編時加。

③　周韶：韶，《古今説部叢書》本(簡稱古今説部本)作"昭"。

④　李白茶述：李白無名爲"茶述"的書文，下録内容，係李白《答族姪僧中孚贈玉泉仙人掌茶・序》"。但略有删節，引文中多處個別文字也有改動。如原序語"茗草叢生"，底本作"茗草羅生"；序文"中孚禪子"，底本作"中孚衲子"等。此條未與原序細校。

⑤　流華浄肌骨，疏瀹滌心源：顔魯公《月下啜茶聯句》，共七句。顔真卿僅聯上面第五句一句。下句"素瓷傳静夜，芳氣滿閑軒"，係全詩最後一句，聯者爲陸士修。

⑥　御荈：荈，底本作"舞"，徑改。

⑦　《西山蘭若試茶歌》：若，底本作"社"，徑改。

⑧　欲知花乳清冷味，須是眠雲卧石人：冷，本文底本作"泠"；卧，本文底本作"跂"。清冷味，日本寶曆本作"清泠"，脱一"味"字。

⑨　志崇收茶三等：底本所録與《蠻甌志》原文同，古今説部本在"志崇"前有一"釋"字，作"釋志崇"。

⑩　林君復《試茶詩》：古今説部本在林君復前，較底本多加"和靖先生"四字。《試茶詩》《全宋詩》題作《嘗茶次寄越僧靈皎》。全詩共四句，今摘前兩句，後兩句爲："瓶懸金粉師應有，箸點瓊花我自珍。清話幾時搔首後，願和松色勸三巡。"

⑪　甫里先生陸龜蒙：在"陸龜蒙"下，古今説部本有"字魯望"三字。

⑫　鬻米茗易之：米，底本和其他各本作"朱"，據《新唐書》卷 196 改。

⑬　顧況論茶：古今説部本作"顧況，號逋翁，論茶云"。底本全部以人物姓氏名號爲題，後來古今説部本等改易題名後，往往在前面人名下加字、號以補删除原題之不足。因本文原題未變，下面遇説部本這種補注情况，一般不再出校，只擬在有其他校注時才順作一提。

⑭　唐薛能詩：詩，指《謝劉相(一本有"公")寄天柱茶》。在"唐薛能"下，古今説部本有"字大拙"三字。

⑮　惟茗不中與酪作奴：不，底本作"下"，據《洛陽伽藍記》改。

⑯　硤石縣：縣，底本作"懸"，徑改。

⑰　楊廷秀：古今説部本改作"楊萬里，號誠齋"。

⑱ 拾得墜巢薪……宛如摘山時：底本在這兩句間，刪去原詩"潔色既爽別，浮甌亦殷勤。以兹委曲静，求得正味真"兩句。而以開頭刪去的第二句"恐乖靈草性，觸事皆手親"，移置之間作連接。本文與原詩，有如上之別。

⑲ 吕文清：古今説部本作"吕居仁，謚文清"。

⑳ 浮花元屬三味手：味，古今説部本作"昧"。

㉑ 李閲而受之：閲，古今説部本同底本作"閔"，徑改。

㉒ 簇簇新芽摘露光，小江園裏火煎嘗：芽，一作"英"。江，底本作"紅"，據《全唐詩》改。

㉓ 蜀叟休誇鳥嘴香：鳥，底本作"烏"，徑改。

㉔ 華佗：古今説部本作"華佗，字元化"。

㉕ 李栖筠：古今説部本作"李栖筠，字貞一"。

㉖ 甌犧之餘：犧，底本作"蟻"，據有關《神異記》引文原文徑改。

㉗ 劉曄：古今説部本作"劉曄，字子儀"。

㉘ 條列貢上：貢，底本和其他各本作"真"，故目録和文題也作"真"，徑改。

㉙ 常魯：常，底本和其他各本作"党"，徑改。下同。

㉚ 密賜茶荈以待酒：待，疑"代"之音誤。《三國志》作"密賜茶荈以當酒"。

㉛ 張舜民云：古今説部本作"張舜民，號芸叟，云"。

㉜ 賈青：古今説部本在此之下有"字春卿"三字。

㉝ 張又新：古今説部本在"張又新"之下有"字孔昭"三字。

㉞ 范希文：古今説部本作"范仲淹，字希文"。

㉟ 王荆公：古今説部本作"王荆公介甫"。

茶董補

◇明　陳繼儒　輯①

陳繼儒生平事迹，見前陳繼儒《茶話·題記》。

《茶董補》之作，是爲了補夏樹芳《茶董》一書的不足。夏樹芳編《茶董》是受了陳繼儒的鼓勵。名之爲《茶董》，是寄望能達到"茶之董狐"的境界，成爲茶的良史。然而，編輯《茶董》的成績却不如理想，誠如《四庫全書總目提要》所説，"是編雜録南北朝至宋金茶事，不及採造、煎試之法，但摭詩句故實，然疏漏特甚，舛誤亦多"。陳繼儒顯然也感到此書之不足，因此而作補輯，但基本還是沿着夏樹芳的體例，補充了材料，未曾改變"不及採造、煎試"的缺失。

萬國鼎《茶書總目提要》推定《茶董》成書於萬曆三十八年（1610）前後，而本書稍晚却不久。

本書主要刊本有明萬曆刊本、清道光二十七年（1847）潘仕成輯《海山仙館叢書》本、《叢書集成》本等。我們以明萬曆刊本作底本，以《海山仙館叢書》本及相關資料作校。

目録

之病　製法沿革　如針如乳　不逆物性　靈泉供造　湖常爲冠　畏香宜溫　焙籠法式　瓶鑊湯候　酌碗湯華　味辨浮沉　點勻多少

卷上

造法爲神以下十八則補敘嗜尚

景陵[2]僧於水濱得嬰兒，育爲弟子。稍長，自筮遇蹇之漸；繇曰：“鴻漸於陸，其羽可用爲儀。”乃姓陸氏，字鴻漸，名羽。始造煎茶法，至今鬻茶之家，陶其像置於煬器之間，祀爲茶神云。《因話錄》

漸兒所爲

有積師者，嗜茶久。非漸兒偕侍，不鄉口。羽出遊江湖，師絕於茶味。代宗召入供奉，命宮人善茶者餉師。一啜而罷。訪羽召入，賜師齋，俾羽煎茗，一舉而盡。曰：“有若漸兒所爲也。”於是出羽見之。《紀異錄》[3]

奠茗工詩

胡生者，失其名，以釘鉸爲業，居雪溪近白蘋洲。旁有古墳，生每茶，必奠之。嘗夢一人謂之曰：“吾姓柳，平生善爲詩而嗜茗，葬室子居之側，常銜子惠，欲教子爲詩。”生辭不能。柳曰：“但率子言之，當有致。”既寤，試搆思，果有冥助者，厥後遂工焉。《南部新書》

縛奴投火

陸鴻漸採越江茶,使小奴子看焙。奴失睡,茶燋爍。鴻漸怒,以鐵繩縛奴,投火中。《蠻甌志》

爲荈爲茗

任瞻,字育長,少時有令名。自過江失志,既下飲,問人云:"此爲荈爲茗?"覺人有怪色,乃自分明曰:"問飲爲熱爲冷。"《世説》[4]

祀墓獲錢

剡縣陳務妻,少寡,好茶茗。宅中有古塚,每飲,輒先祀之。夜夢一人曰:"吾塚賴相保護,又享吾佳茗,豈忘②翳桑之報。"及曉,於庭中獲錢十萬,從是禱祀愈切。《異苑》

鬻茗姥飛

晉元帝時,有老姥每旦提一器茗,往市鬻之。一市競買,自旦至夕,其器不減。得錢,散乞人。〔人〕或異之③,州法曹繫之獄。至夜,老姥執鬻茗器,從獄牖中飛出。《廣陵志傳》[5]

讌飲茶果

桓温爲揚州牧,性儉。每讌飲,唯下七奠柈茶果而已。《晉書》

日賜茶果

金鑾故例,翰林當直學士,春晚困,則日賜成象殿茶果。《金鑾密記》[6]

館閣湯飲

元和時,館閣湯飲待學士者,煎麒麟草。《鳳翔退耕傳》[7]

緑葉紫莖

同昌公主,上每賜饌,其茶有緑葉紫莖之號。《杜陽雜編》

慕好水厄

晉時給事中劉縞，慕王肅之風，專習茗飲。彭城王謂縞曰："卿不慕王侯八珍，好蒼頭水厄，海上有逐臭之夫，里內有學顰之婦，卿即是也。"《伽藍記》

白蛇銜子

義興南嶽寺，有真珠泉。稠錫禪師嘗飲之，曰此泉烹桐廬茶，不亦可乎！未幾，有白蛇銜子墜寺前，由此滋蔓，茶味倍佳。士人重之，爭先餉遺，官司需索不絕，寺僧苦之。《義興舊志》[8]

瞿唐自瀹

杜齊公悰[9]，位極人臣，嘗與同列言：平生不稱意有三：其一，爲澧州刺史；其二，貶司農卿；其三，自西川移鎮廣陵。舟次瞿唐，爲駭浪所驚，左右呼喚不至。渴甚，自瀹湯茶喫也。《南部新書》

山號大恩

藩鎮潘仁恭，禁南方茶，自擷山爲茶，號山曰大恩，以邀利。《國史補》

驛官茶庫

江南有驛官，以幹事自任。白太守曰："驛中已理，請一閱之。"乃往，初至一室，爲酒庫，諸醞皆熟，其外畫神。問何也？曰：杜康。太守曰："功有餘也。"又一室，曰茶庫，諸茗畢備，復有神。問何也？曰陸鴻漸。太守益喜。又一室，曰葅庫，諸葅畢具，復有神。問何也？曰蔡伯喈。太守大笑曰："不必置此。"《茶錄》[10]

士人作事

宋大小龍團，始於丁晉公，成於蔡君謨。歐陽公聞而歎曰："君謨，士人也，何至作此事。"《茗溪詩話》

前丁後蔡

陸羽《茶經》……可不謹哉。〔《鶴林玉露》〕[11]④

仙家雷鳴

蜀雅州蒙山中頂有茶園……不知所終。原闕[12][13]

陸羽別號

羽於江湖稱竟陵子,南越稱桑苧翁。少事竟陵禪師智積,異日羽在他處,聞師亡,哭之甚哀。作詩寄懷,其略曰:“不羨黄金罍,不羨白玉杯,不羨朝入省,不羨暮入臺,千羨萬羨西江水,曾向竟陵城下來。”羽貞元末卒。《鴻漸小傳》[14]

南方嘉木 以下十則,補敘産植

茶者,南方之嘉木也。樹如瓜蘆,葉如梔子,花如白薔薇,實如栟櫚,蒂如丁香,根如胡桃。其名一曰茶,二曰檟,三曰蔎,四曰茗,五曰荈。《茶經》[15]

早茶晚茗

早采者爲茶,晚取者爲茗,一名荈,蜀人名之苦茶。《爾雅》按:二則正集太略,補其未備。

山川異産

劍南有蒙頂石花,或小方,或散芽,號爲第一。湖州有顧渚之紫筍,東川有神泉小團,昌明獸目。硤州有碧澗明月,芳蕊,茱萸簝。福州有方山之生芽。夔州有香山,江陵有楠木,湖南有衡山。岳州有㴩湖之含膏;常州有義興之紫筍。婺州有東白,睦州有鳩坑。洪州有西山之白露,壽州有霍山之黄芽,蘄州有蘄門團黄,而浮梁商貨不在焉。《國史補》

又

建州之北苑先春龍焙,東川之獸目,綿州之松嶺,福州之柏巖,雅州之露芽,南康之雲居,婺州之舉巖碧乳。宣城之陽坡橫紋[⑤],饒池之仙芝、福合、禄合、運合[⑥]、慶合,蜀州之雀舌、鳥觜麥顆、片甲、蟬翼。潭州之獨行靈草,彭州之仙崖石花。臨江之玉津,袁州之金片,龍安之騎火,涪州之賓化,建安之青鳳髓,岳州之黃翎毛,建安之石巖白,岳陽之含膏冷。見《茶論》[⑦]《臆乘》及《茶譜通考》

又

湖州茶生長城縣顧渚山中,與峽州、光州同;生白茅懸腳嶺,與襄州、荊南義陽郡同;生鳳亭山伏翼澗飛雲、曲水二寺,啄木嶺,與壽州、常州同;安吉、武康二縣山谷,與金州、梁州同。《天中記》[16]

又

杭州寶雲山產者,名寶雲茶。下天竺香林洞者,名香林茶;上天竺白雲烤者,名白雲茶。《天中記》

又

會稽有日鑄嶺,產茶。歐陽修云:兩浙產茶,日鑄第一。《方輿勝覽》

茗之別名

西平縣[⑧]出皋蘆,茗之別名,葉大而澀,南人以爲飲。《廣州記》

茶之別種

茶之別者,有枳殼芽,枸杞芽,枇杷芽,皆治風疾。又有皂莢芽、槐芽、柳芽,乃上春摘其芽和茶作之,故今南人輸官茶,往往雜以眾葉,惟茅蘆、竹箬之類不可入。自餘,山中草木芽葉皆可和合,椿、柿尤奇。真茶,性極冷,惟雅州蒙山出者,性温而主疾。《本草》

至性不移

凡種茶樹,必下子,移植則不復生。故俗聘婦,必以茶爲禮,義固有所

取也。《天中記》

片散二類以下八則,補敍製茶

凡茶有二類,曰片、曰散。片茶、蒸造,實捲模中串之;惟劍建,則既蒸而研,編竹爲格,置焙室中,最爲精潔,他處不能造。其名有龍、鳳、石乳、的乳、白乳、頭金、蠟面、頭骨、次骨、末骨、粗骨、山挺十二等,以充國貢⑨及邦國之用,泊本路食茶。餘州片茶,有進寶。雙勝、寶山兩府,出興國軍;仙芝、嫩蕊、福合、禄合、運合、慶合、指合,出饒池州;泥片出虔州;綠英金片出袁州;玉津出臨江軍靈川;福州先春、早春、華英、來泉、勝金,出歙州;獨行靈草、綠芽片金、金茗出潭州;大柘枕出江陵、大小巴陵⑩;開勝、開捲、小捲、生黄翎毛,出岳州;雙上綠芽、大小方出岳、辰、澧州;東首、淺山薄側,出光州;總二十六名。兩浙及宣江等州,以上中下或第一至第五爲號。散茶有太湖、龍溪、次號、末號,出淮南、岳麓、草子、楊樹、雨前、雨後,出荆湖;青口,出歸州;茗子,出江南,總十一名。《文獻通考》

御用茗目

上林第一。乙夜清供。承平雅玩。宜年寶玉。萬春銀葉。延年石乳。瓊林毓粹⑪。浴雪呈祥。清白可鑒。風韻甚高。暘谷先春。價倍南金。雪英。雲葉。金錢。玉華。玉葉長春。蜀葵。寸金。並宣和時政和曰太平嘉瑞,紹聖曰南山應瑞⑫ 17。《北苑貢茶錄》

製茶之病

芽擇肥乳……此皆茶之病也。《茶錄》18

製法沿革

唐時製茶,不第建安品。五代之季,建屬南唐,諸縣採茶,北苑初造研膏,繼造蠟面,既而又製佳者,曰京挺。宋太平興國二年,始置龍鳳模。遣使即北苑團龍鳳茶,以別庶飲。又一種叢生石崖,枝葉尤茂;至道初,有詔造之,別號石乳;又一種,號的乳;又一種,號白乳。此四種出,而蠟面斯下矣。真宗咸平中,丁謂爲福建漕,監御茶,進龍、鳳團,始載之《茶録》。仁宗慶曆中,蔡襄爲漕,始改造小龍團以進。旨令歲貢,而龍鳳遂爲次矣。神宗元豐間,有旨造密雲龍,其品又加於小團之上。哲宗紹聖中,又改爲瑞雲翔龍,至徽宗大觀初,親製《茶論》二十篇,以白茶自爲一種,與他茶不同,其條敷闡,其葉瑩薄,崖林之間,偶然生出,非人力可致。正焙之有者,不過四五家,家不過四五株,所造止於一二銙而已。淺焙亦有之,但品格不及,於是白茶遂爲第一。既而又製三色細芽及試新銙、貢新銙。自三色細芽出,而瑞雲翔龍又下矣。宣和庚子,漕臣鄭可簡,始創爲銀絲水芽[13]。蓋將已揀熟芽再令剔去,止取其心一縷,用珍器貯清泉漬之,光瑩如銀絲然。又製方寸新銙,有小龍蜿蜒其上,號龍團勝雪。又廢白、的、石三鼎乳,造花銙二十餘色。初貢茶皆入龍腦,至是慮奪其味,始不用焉。蓋茶之妙,至勝雪極矣,合爲首冠;然在白茶之下者。白茶,上所好也。其茶歲分十餘綱,惟白茶與勝雪,驚蟄前興役[14],浹日乃成,飛騎仲春至京師,號爲綱頭玉芽。《負暄雜録》[19]

如針如乳

龍焙泉,即御泉也,北苑造貢茶、社前茶,細如針,用御水研造。每片計工直錢四萬文。試其色如乳,乃最精也。《天中記》

不逆物性

太和七年正月,吳蜀貢新茶,皆於冬中作法爲之。上務恭儉,不欲逆其物性,詔所貢新茶,宜於立春後作。《唐史》

靈泉供造

湖州長洲縣啄木嶺金沙泉……無沾金沙者。《茶録》[20][15]

湖常爲冠

浙西湖州爲上,常州次之。湖州出長城顧渚山中,常州出義興君山懸腳嶺北崖下。唐《重修茶舍記》：貢茶,御史大夫李栖筠典郡日,陸羽以爲

冠於他境,栖筠始進。故事湖州紫筍,以清明日到,先薦宗廟,後分賜近
臣。紫筍生顧渚,在湖、常間。當茶時,兩郡太守畢至,爲盛集。又玉川子
《謝孟諫議寄新茶》詩有云:“天子須嘗陽羨茶”,則孟所寄,乃陽羨者。《雲
錄漫抄》

畏香宜溫以下六則補敍焙瀹

藏茶宜箬葉而畏香藥,喜溫燥而忌濕冷。故收藏之家,以箬葉封裹入
焙,三兩日一次,用火常如人體溫溫然,以禦濕潤。若火多,則茶燋不可
食。蔡襄《茶錄》

焙籠法式

茶焙編竹爲之,裹以箬葉,蓋其上,以收火也,隔其中,以有容也,納火
其下,去茶尺許,常溫溫然,所以養茶色香味也。茶不入焙,宜密封裹,以
箬籠盛之置高處。蔡襄《茶錄》

瓶鑊湯候

《茶經》以魚目湧泉連珠爲煮水之節,然近世瀹茶,鮮以鼎鑊,用瓶煮
水,難以候視,則當以聲辨一沸、二沸、三沸之説。又陸氏之法,以末就茶
鑊,故以第二沸爲合量。而下末若以今湯就茶甌瀹之,當用背二涉三之際
爲合量。《鶴林玉露》

酌碗湯華

凡酌茶,置諸碗,令沫餑均。沫餑,湯之華也。華之薄者曰沫,厚者曰
餑,輕細者曰花。《茶經》

味辨浮沉

候湯最難,未熟則沫浮,過熟則茶沉[16]。前世謂之蟹眼者,過熟湯也。
況瓶中煮之,不可辨,故曰候湯最難。蔡襄《茶錄》

點勻多少

凡欲點茶,先須熁盞令熱,冷則茶不浮。若茶少湯多,則雲腳散。湯少茶多,則粥面聚。同上

卷下<small>全卷補敘詩文</small>

玉泉仙人掌茶<small>答族僧中孚贈</small>　唐　李白　（常聞玉泉山）<small>正集止收序,詩不可遺。</small>

竹間自採茶<small>酬巽上人見贈</small>　唐　柳宗元　（芳叢翳湘竹）

茶山<small>在今宜興</small>　唐　袁高　（禹貢通遠俗）

茶山<small>在今宜興</small>　唐　杜牧　（山實東吳秀）

喜園中茶生　唐　韋應物　（性潔不可污）

送陸鴻漸棲霞寺採茶　皇甫冉　（採茶非採菉）

陸鴻漸採茶相過　唐　皇甫曾[⑰]　（千峯待逋客）

長孫宅與郎上人茶會[⑱]　唐　錢起　（偶與息心侶）

茶中雜詠（皮陸倡和各十首）

茶塢　（唐　皮日休）　（閑尋堯氏山）

和　（唐　陸龜蒙）　（茗地曲隈回[⑲]）

茶人躅　（皮）　（生於顧渚山）

和　（陸）　（天賦識靈草）

茶筍　（皮）　（褒然三五寸[20]）

和　（陸）　（所孕和氣深）

茶籯　（皮）　（筐篣曉攜去）

和　（陸）　（金刀劈翠筠）

茶舍　（皮）　（陽崖枕白屋）

和　（陸）　（旋取山上材）

茶竈　（皮）　（南山茶事動）

和　（陸）　（無突抱輕嵐）

茶焙　（皮）　（鑿彼碧巖下）

和　（陸）　（左右擣凝膏）

茶鼎　（皮）　（龍舒有良匠）

和　（陸）　（新泉氣味良）

茶甌　（皮）　（邢客與越人）

和　（陸）　（昔人謝塸埞）

煮茶　（皮）（香泉一合乳）

和　（陸）（閒來松間坐）

茶嶺　唐　韋處厚　（顧渚吳商絕）

詠茶　宋　丁謂[21]　（建水正寒清）

詠茶　唐　鄭愚[22]　（嫩芽香且靈）

謝孟諫議寄新茶　唐　盧仝　（日高丈五睡正濃）此詩豪放不讓李翰林，終篇規諷不忘憂民如杜工部詩之上乘者，且談茶事津津有味，正集寥寥收數句，真稱缺典。

謝僧寄茶　唐　李咸用　（空門少年初志堅[23]）

西山蘭若試茶歌　唐　劉禹錫　（山僧後檐茶數叢）嗜茶十九吾輩此詩親切有味，熟讀可當盧仝七碗不妨全收，觀者勿疑重複。

煎茶歌　宋　蘇軾　（蟹眼已過魚眼生）

謝木舍人送講筵茶　宋　楊誠齋[21]　（吳綾縫囊染菊水）

茶述　唐　裴汶[24]　（茶起於東晉）以下原闕

注　釋

1　進新茶表：原本有目無文。

2　景陵：即竟陵，北周時置縣，五代晉改爲景陵，故後人有時並書，清改爲天門,即今湖北天門。

3　《紀異録》:即宋代秦再思《洛中記異録》。

4　《世説》:即南朝宋劉義慶《世説新語》。

5　《廣陵志傳》:陸羽《茶經》引文作《廣陵耆老傳》。

6　《金鑾密記》:唐末韓偓撰。金鑾,指皇帝車上的響鈴,或代指帝王的車駕。韓偓做過昭宗的翰林學士承旨,是書主要記録宫廷或翰林院故事。

7　《鳳翔退耕傳》:一作《鳳翔退耕録》,作者不詳,是一本有關唐元和時長安官宦生活的筆記雜考。

8　義興:即今江蘇宜興。

9　杜悰(794—873):京兆萬年(今陝西西安)人,尚憲宗女岐陽公主爲駙馬都尉。歷遷京兆尹,擢左僕射兼門下侍郎、同中書門下平章事。未幾,出爲東川節度使,復鎮淮南,再拜相。懿宗時,加太傅,封邠國公。後以疾卒。

10　此條疑取自李肇《唐國史補》。《中國古代茶葉全書》説《茶録》即《東溪試茶録》,疑説。

11　此處删節,見明代徐熥《蔡端明别紀·茶癖》。

12　此處删節,見明代高元濬《茶乘》。

13　底本注出處原闕,經查,此似據吳淑《事類賦注》毛文錫《茶譜》引文等輯綴而成。

14　《鴻漸小傳》:疑是陳繼儒據《新唐書·陸羽傳》等撮録而成。

15　此據《茶經·一之源》節録。

16　此出陳耀文《天中記》,《天中記》則由陸羽《茶經·八之出注》摘抄而來。

17　紹聖:《宣和北苑貢茶録》記南山應瑞爲“宣和四年造”,清人汪繼壕按稱《天中記》“宣和”作“紹聖”,是此從《天中記》。

18　此處删節,見宋代宋子安《東溪試茶録·茶病》。

19　此據《負暄雜録》,而《負暄雜録》則主要參考《宣和北苑貢茶録》編録。《負暄雜録》:宋顧逢撰。逢吳郡人,字君際,號梅山樵叟,居室名"五字田家",人稱"顧五言"。後辟吴縣學官。除《負暄雜録》外,還有《船窗夜話》等筆記小説和詩集。

20　此處删節,見明代高元濬《茶乘》。

21　楊誠齋:即楊萬里(1127—1206),字廷秀,誠齋是其號。宋吉州吉水(今江西吉安)人,高宗紹興二十四年(1154)進士,任零陵丞。孝宗初知奉新縣,擢太常博士、廣東提點刑獄,進太子侍讀。光宗立,召爲秘書監,出爲江東轉運副使。工詩,自成誠齋體,與尤袤、范成大、陸游號稱南宋四大家。有《誠齋集》。

校　記

① 原作"茸城眉公陳繼儒采輯"。

② 豈忘:底本原脱"忘"字,據《茶經》徑補。

③ 人或異之:人,底本無,據陸羽《茶經》引文補。

④ 《鶴林玉露》:此出處底本原缺,據海山仙館叢書本(簡稱海山本)補。

⑤ 舉巖碧乳。宣城之陽坡横紋:乳、宣,底本作"貌""宜",據毛文錫《茶譜》等有關文獻改。

⑥ 運合:其他有些書和版本作"蓮合"。

⑦ 見《茶論》:《茶論》有沈括所撰本,但書似早佚,所録爲各地茶名。"論"可能爲"譜"字之誤,應是毛文錫《茶譜》。

⑧ 西平縣:西,底本作"酉",據《廣州記》徑改。

⑨ 山挺十二等,以充國貢:在"等"字下,《文獻通考》原文還有"龍、鳳皆團片……乳以下皆闊片"28字的雙行小字注,本文録時略。下面在"洎本路食茶"下面,亦删小字注33字。另"以充國貢","國"字,《文獻通考》原文爲"歲"字。

⑩ 巴陵:巴,底本作"巳",據《文獻通考》原文改。

⑪ 瓊林毓粹:粹,底本作"瑞",據《宣和北苑貢茶録》改。下同。

⑫ "並宣和時"以下,海山本及叢書集成本,全部刊作雙行小字。

⑬ 水芽:水,本文和其他各本作"冰",據《宣和北苑貢茶録》改。

⑭　惟白茶與勝雪,驚蟄前興役：前,底本和海山本等各本,有的作"驚
蟄",有的作"驚蟄後"興役,本身就不統一,《宣和北苑貢茶録》原文
作"前",據原文徑改。

⑮　《茶録》：疑爲毛文錫《茶譜》之誤。

⑯　未熟則沫浮,過熟則茶沉：沫、茶,本文和其他各本作"味",誤作"未
熟則味浮,過熟則味沉"。

⑰　唐皇甫曾：底本原署作"前人"。接上詩《送陸鴻漸山人採茶回》,指
仍爲"皇甫冉"。據《全唐詩》改。

⑱　長孫宅與郎上人茶會：《全唐詩》"長"字前有一"過"字,作"過長孫
宅與郎上人茶會"。

⑲　茗地曲隈回：回,底本作"同",據《全唐詩》改。

⑳　襃然三五寸：襃,底本作"衰",據《全唐詩》改。襃(一) 音 xiù,同袖；
(二) 音 yòu,此作生長、長高講。《詩·大雅·生民》："實方實苞,實
種實襃"即是。

㉑　宋丁謂：底本無署作者,此據海山本補。

㉒　唐鄭愚：底本和其他各本作"宋鄭遇",據《全唐詩》徑改。

㉓　空門少年初志堅：志,各本作"行",據《全唐詩》改。

㉔　唐裴汶：底本作"宋裴汶",似應作"唐裴汶",徑改。